Marcos Luiz Crispino

Parabolóides N-Dimensionais

Parabolóides N-Dimensionais
Copyright© **Editora Ciência Moderna Ltda., 2008**
Todos os direitos para a língua portuguesa reservados pela EDITORA CIÊNCIA MODERNA LTDA.
De acordo com a Lei 9.610 de 19/2/1998, nenhuma parte deste livro poderá ser reproduzida, transmitida e gravada, por qualquer meio eletrônico, mecânico, por fotocópia e outros, sem a prévia autorização, por escrito, da Editora.

Editor: Paulo André P. Marques
Produção Editorial: Camila Cabete Machado
Capa: Cristina Satchko Hodge
Assistente Editorial: Vivian Horta

Várias **Marcas Registradas** aparecem no decorrer deste livro. Mais do que simplesmente listar esses nomes e informar quem possui seus direitos de exploração, ou ainda imprimir os logotipos das mesmas, o editor declara estar utilizando tais nomes apenas para fins editoriais, em benefício exclusivo do dono da Marca Registrada, sem intenção de infringir as regras de sua utilização. Qualquer semelhança em nomes próprios e acontecimentos será mera coincidência.

FICHA CATALOGRÁFICA

Crispino, Marcos Luiz
Parabolóides N-Dimensionais
Rio de Janeiro: Editora Ciência Moderna Ltda., 2008.

1. Matemática, 2. Geometria analítica, 3. Álgebra linear.
I — Título

ISBN: 978-85-7393-731-2

CDD 510
512
516

Editora Ciência Moderna Ltda.
R. Alice Figueiredo, 46 – Riachuelo
Rio de Janeiro, RJ – Brasil   CEP: 20.950-150
Tel: (21) 2201-6662/ Fax: (21) 2201-6896
E-MAIL: LCM@LCM.COM.BR
WWW.LCM.COM.BR

08/08

Sumário

Capítulo 1 – Apresentação   1

Capítulo 2 – Notações e conceitos básicos   5

Capítulo 3 – Revisão de Álgebra Linear   9
3-1 Independência linear   9
3-2 Funcionais lineares   12
3-3 Variedades lineares e hiperplanos   20
3-4 Distâncias   24
3-5 Operadores auto-adjuntos   26

Capítulo 4 – Formas e funções quadráticas   29
4-1 Introdução   29
4-2 Formas bilineares   29
4-3 Formas quadráticas   37
4-4 Funções quadráticas   64

Capítulo 5 – Parabolóides n-dimensionais   72
5-1 Introdução   72
5-2 Quádricas   72
5-3 Parabolóides   101

Capítulo 6 – Posições relativas de parabolóides e variedades lineares   128
6-1 Introdução   128
6-2 Posições relativas de retas e parabolóides   128
6-3 Interseções   145
6-4 Conexidade de parabolóides hiperbólicos   159

Bibliografia   168

Índice   171

Capítulo 1

Apresentação

Como é mostrado por numerosos artigos publicados recentemente, parabolóides em espaços $\mathbb{R}^n$ onde $n > 3$ (também chamados hiperparabolóides) intervêm frequentemente, através da análise de regressão multilinear, na modelagem matemática de diversos fenômenos e na otimização de vários processos em Engenharia Civil, Mecânica e Química. Portanto, o interesse pelo conhecimento das propriedades dos parabolóides n-dimensionais está longe de ser exclusivo da Matemática pura.

Desta forma, este livro é dirigido aos pesquisadores que atuam nas áreas aludidas acima. Ele tem como objetivo mostrar que os métodos da Álgebra Linear fornecem, de modo simples, elegante e independente da dimensão do espaço vetorial em discussão, provas de importantes propriedades geométricas e topológicas dos parabolóides n-dimensionais, estendendo diversos resultados da Geometria Analítica clássica para os espaços euclidianos de dimensão finita n qualquer.

O conteúdo do texto está organizado do modo seguinte:

–No Capítulo 2 são apresentados os conceitos básicos e as notações utilizadas.

–O Capítulo 3, que é incluído para tornar o texto tão auto-suficiente quanto possível, é uma revisão dos resultados de Álgebra Linear necessários para o desenvolvimento subseqüente.

–No Capítulo 4 são estudadas as formas e funções quadráticas em espaços euclidianos de dimensão finita.

2 PARABOLÓIDES *N*-DIMENSIONAIS

–No Capítulo 5 são estudadas as quádricas em espaços euclidianos de dimensão finita, com ênfase nos parabolóides. Em primeiro lugar, é demonstrado o importante teorema da unicidade da representação. Em seguida, são apresentadas a definição e as propriedades gerais dos parabolóides.

O Capítulo 5 contém a prova de um importante resultado: Parabolóides de revolução em espaços euclidianos n-dimensionais podem ser definidos de maneira análoga às parábolas no plano, com hiperplano em lugar de reta. Noutras palavras: Um parabolóide de revolução em um espaço euclidiano n-dimensional $\mathbb{E}$ é o conjunto dos pontos $\vec{x} \in \mathbb{E}$ equidistantes de um hiperplano $\mathbb{Y} \subseteq \mathbb{E}$ e de um ponto $\vec{q} \in \mathbb{E}$ que não pertence a $\mathbb{Y}$.

O Capítulo 5 inclui exemplos que mostram como obter, a partir da equação de um parabolóide $\mathbb{X} \subseteq \mathbb{R}^n$ relativamente à base canônica, uma base ortonormal $\mathbb{B}$ de $\mathbb{R}^n$ relativamente à qual a equação de $\mathbb{X}$ assume a forma mais simples possível.

–No Capítulo 6 são estudadas as posições relativas de variedades lineares e parabolóides. Um resultado da Geometria Analítica clássica mostra que parabolóides hiperbólicos do espaço $\mathbb{R}^3$ são regrados, ou seja, são reuniões de classes de retas. Este resultado será estendido, pela aplicação das propriedades dos operadores lineares auto-adjuntos e das formas quadráticas, para espaços euclidianos n-dimensionais. Será então demonstrada uma interessante propriedade dos parabolóides hiperbólicos n-dimensionais: Se $\mathbb{E}$ é um espaço euclidiano de dimensão maior do que 3, então um parabolóide hiperbólico $\mathbb{X} \subseteq \mathbb{E}$ qualquer não só é regrado, como existe, para cada ponto $\vec{p} \in \mathbb{X}$, *uma classe infinita não enumerável de retas concorrentes no ponto $\vec{p}$, que estão todas contidas em* $\mathbb{X}$.

CAPÍTULO 1 – APRESENTAÇÃO   3

Será também demonstrado no Capítulo 6 que as propriedades refletoras das parábolas de $\mathbb{R}^2$ e dos parabolóides de revolução em $\mathbb{R}^3$, que são usadas em Ótica para a construção gráfica de imagens de objetos por espelhos parabólicos, *permanecem válidas* para os parabolóides de revolução n-dimensionais, *seja qual for n maior ou igual a dois.*

O Capítulo 6 contém outro interessante resultado: Dado arbitrariamente um parabolóide hiperbólico $\mathbb{X}$ em um espaço euclidiano n-dimensional $(n \geq 3)$, a interseção $\mathbb{X} \cap \mathbb{Y}$ entre $\mathbb{X}$ e *qualquer hiperplano* $\mathbb{Y}$ deste mesmo espaço é *não-vazia*. Reciprocamente: Se a interseção entre um parabolóide n-dimensional $\mathbb{X}$ de um dado espaço euclidiano e qualquer hiperplano deste espaço é não-vazia, então $\mathbb{X}$ é um parabolóide hiperbólico.

O Capítulo 6 inclui ainda resultados referentes à existência de soluções de sistemas não-lineares, os quais são muito difíceis, senão impossíveis de provar por métodos diferentes dos apresentados no presente texto.

Encerra-se o Capítulo 6 com a demonstração de uma interessante propriedade: Parabolóides n-dimensionais são *poligonalmente* conexos por caminhos *se, e somente se,* são hiperbólicos.

O desenvolvimento no texto é independente da dimensão do espaço euclidiano considerado. Nele intervêm quase que exclusivamente as propriedades dos operadores lineares auto-adjuntos. Desta forma, o texto chama fortemente a atenção para o poder e elegância proporcionados pelo tratamento da Geometria Euclidiana e da Geometria Analítica através da Álgebra Linear. Por esta razão, este livro se destina também aos professores de ensino superior, aos alunos de iniciação científica e pós-graduação, e aos estudantes de graduação em Ciências, Engenharia e Matemática interessados em

4   PARABOLÓIDES N-DIMENSIONAIS

aperfeiçoar seus conhecimentos. O conteúdo do texto é acessível aos leitores familiarizados com os conceitos fundamentais de Álgebra Linear e com as noções básicas de Análise Real.

As citações no texto seguem as normas da Revista de Matemática e Estatística (página www.fcav.unesp.br/RME).

Os endereços eletrônicos do autor são:

–edfcd@gmail.com

–edfcd2003@yahoo.com.br

Capítulo 2

Notações e conceitos básicos

card($\mathbb{X}$) é o número de elementos do conjunto finito $\mathbb{X}$.

O símbolo $\mathbb{I}_n$ representa o conjunto $\{1, \ldots, n\}$ dos números inteiros positivos entre 1 e n.

O conjunto das matrizes m por n será denotado por $\mathbb{M}(m \times n)$.

O símbolo $\mathbf{a}^{\mathbf{T}}$ denota a transposta da matriz $\mathbf{a} \in \mathbb{M}(m \times n)$.

Os símbolos δ_{ik} ($i,k = 1,\ldots,n$) são as entradas da matriz identidade $\mathbf{I}_n \in \mathbb{M}(n \times n)$. Portanto,

$$\delta_{ik} = \begin{cases} 1, & \text{se} \quad i = k \\ 0, & \text{se} \quad i \neq k \end{cases}$$

Como usual, $\mathbb{X} \backslash \mathbb{A}$ é o complementar do conjunto $\mathbb{A}$ relativamente ao conjunto $\mathbb{X}$.

Os elementos de um espaço vetorial são chamados *vetores* ou *pontos*, e indicados por símbolos como $\vec{x}$, $\vec{y}$, $\vec{z}$, $\vec{a}$, $\vec{b}$, etc.

Os símbolos $\vec{e}_1, \ldots, \vec{e}_n$ denotarão os vetores da base canônica do espaço $\mathbb{R}^n$.

Os vetores de $\mathbb{R}^2$ serão representados às vezes por (x, y), e os vetores de $\mathbb{R}^3$ por (x, y, z).

O vetor nulo do espaço vetorial $\mathbb{E}$ será representado pelo símbolo $\vec{o}$.

$\dim \mathbb{E}$ é a dimensão do espaço vetorial (de dimensão finita) $\mathbb{E}$.

As abreviações LD e LI significam respectivamente linearmente dependentes e linearmente independentes.

6 PARABOLÓIDES N-DIMENSIONAIS

Seja $\mathbb{E}$ um espaço vetorial real.

$\mathcal{S}(\mathbb{X})$ é o subespaço do espaço vetorial $\mathbb{E}$ gerado pelo conjunto $\mathbb{X} \subseteq \mathbb{E}$.

Quando $\mathbb{X}$ é um conjunto finito $\{\vec{u}_1, \ldots, \vec{u}_n\}$, escreve-se $\mathcal{S}(\vec{u}_1, \ldots, \vec{u}_n)$ em vez de $\mathcal{S}(\{\vec{u}_1, \ldots, \vec{u}_n\})$, e diz-se que $\mathcal{S}(\vec{u}_1, \ldots, \vec{u}_n)$ é o *subespaço de* $\mathbb{E}$ *gerado pelos vetores* $\vec{u}_1, \ldots, \vec{u}_n$.

Em particular, $\mathcal{S}(\vec{u})$ é o subespaço de $\mathbb{E}$ gerado pelo vetor $\vec{u}$. Portanto,

$$\mathcal{S}(\vec{u}) = \{\lambda \vec{u} : \lambda \in \mathbb{R}\}$$

Sejam $\mathbb{X}$ um subconjunto do espaço vetorial $\mathbb{E}$ e $\vec{a} \in \mathbb{E}$. Como usual,

$$\vec{a} + \mathbb{X} = \{\vec{a} + \vec{x} \in \mathbb{E} : \vec{x} \in \mathbb{X}\}$$

é a imagem do conjunto $\mathbb{X}$ pela translação $T_{\vec{a}} : \vec{x} \mapsto \vec{a} + \vec{x}$.

Quando $\mathbb{X}$ é um subespaço vetorial $\mathbb{F}$ de $\mathbb{E}$, o conjunto $\vec{a} + \mathbb{F}$ é uma *variedade linear*, ou *variedade afim paralela a* $\mathbb{F}$.

Quando $\mathbb{F}$ é um subespaço vetorial de dimensão finita n, diz-se que $\mathbb{X} = \vec{a} + \mathbb{F}$ é uma variedade linear de dimensão n, e escreve-se $\dim \mathbb{X} = n$.

Uma *reta* de $\mathbb{E}$ é uma variedade linear $\mathbb{D} \subseteq \mathbb{E}$ de dimensão um. Portanto, um conjunto $\mathbb{D} \subseteq \mathbb{E}$ é uma reta se, e somente se, existe $\vec{p} \in \mathbb{E}$ e existe um vetor não-nulo $\vec{w} \in \mathbb{E}$ de modo que $\mathbb{D} = \vec{p} + \mathcal{S}(\vec{w})$. No caso afirmativo, se tem:

$$\mathbb{D} = \{\vec{p} + \lambda \vec{w} : \lambda \in \mathbb{R}\}$$

Um *plano* de $\mathbb{E}$ é uma variedade linear de dimensão 2.

Um subespaço vetorial $\mathbb{F}$ de $\mathbb{E}$ diz-se *maximal* quando, para todo subespaço vetorial $\mathbb{G} \subseteq \mathbb{E}$ com $\mathbb{F} \subseteq \mathbb{G}$ se tem $\mathbb{F} = \mathbb{G}$ ou $\mathbb{G} = \mathbb{E}$. Noutros termos, um subespaço

CAPÍTULO 2 – NOTAÇÕES E CONCEITOS BÁSICOS   7

vetorial $\mathbb{F}$ de $\mathbb{E}$ é maximal quando não existe subespaço vetorial próprio de $\mathbb{E}$ que contém $\mathbb{F}$ propriamante.

Um *hiperplano* de $\mathbb{E}$ é uma variedade linear paralela a um subespaço próprio *maximal* $\mathbb{F} \subseteq \mathbb{E}$.

hom$(\mathbb{E}, \mathbb{F})$ é o espaço vetorial das transformações lineares entre os espaços vetoriais $\mathbb{E}$ e $\mathbb{F}$.

hom$(\mathbb{E})$ é a álgebra dos operadores lineares $A : \mathbb{E} \to \mathbb{E}$ no espaço vetorial $\mathbb{E}$.

O símbolo $\mathbb{E}^*$ indicará o dual *algébrico* hom$(\mathbb{E}, \mathbb{R})$ do espaço vetorial $\mathbb{E}$.

ker(A) e Im(A) são respectivamente o núcleo e a imagem da transformação linear $A : \mathbb{E} \to \mathbb{F}$.

Sejam $\mathbb{E}$, $\mathbb{F}$ espaços vetoriais reais.

Uma transformação linear $A \in$ hom$(\mathbb{E}, \mathbb{F})$ chama-se um *isomorfismo* quando é invertível. Portanto, uma transformação linear $A \in$ hom$(\mathbb{E}, \mathbb{F})$ é um isomorfismo quando é bijetiva. Diz-se que os espaços vetoriais $\mathbb{E}$, $\mathbb{F}$ são *isomorfos* quando existe um isomorfismo entre eles.

Uma transformação $F : \mathbb{E} \to \mathbb{F}$ diz-se *afim* quando existem $A \in$ hom$(\mathbb{E}, \mathbb{F})$ e um vetor $\vec{b} \in \mathbb{F}$ de modo que $F(\vec{x}) = A\vec{x} + \vec{b}$ para todo $\vec{x} \in \mathbb{E}$. Portanto, uma transformação $F : \mathbb{E} \to \mathbb{F}$ é afim se, e somente se, é a composta $T \circ A$, onde $A \in$ hom$(\mathbb{E}, \mathbb{F})$ e $T : \mathbb{F} \to \mathbb{F}$ é uma translação.

Seja $\mathbb{E}$ um espaço vetorial normado real.

–O símbolo $\|\vec{x}\|$ indicará a norma do vetor $\vec{x} \in \mathbb{E}$.

–A *distância* entre os pontos $\vec{x}, \vec{y} \in \mathbb{E}$, denotada por $d(\vec{x}, \vec{y})$, é $\|\vec{x} - \vec{y}\|$.

–A *distância* entre os subconjuntos não-vazios $\mathbb{X}$, $\mathbb{Y}$ de $\mathbb{E}$, indicada por $d(\mathbb{X}, \mathbb{Y})$, é:

$$d(\mathbb{X}, \mathbb{Y}) = \inf\{\|\vec{x} - \vec{y}\| : \vec{x} \in \mathbb{X}, \vec{y} \in \mathbb{Y}\}$$

Quando for $\mathbb{X} = \{\vec{x}\}$, escreve-se $d(\vec{x}, \mathbb{Y})$ em lugar de $d(\{\vec{x}\}, \mathbb{Y})$. Portanto,

8 PARABOLÓIDES N-DIMENSIONAIS

$$d(\vec{x}, \mathbb{Y}) = \inf\{\|\vec{x} - \vec{y}\| : \vec{y} \in \mathbb{Y}\}$$

Seja $\mathbb{E}$ um espaço produto interno real.

–O símbolo $\langle \vec{u}, \vec{v} \rangle$ denotará o produto interno dos vetores $\vec{u}, \vec{v} \in \mathbb{E}$.

–$\|. \|$ representará, a menos de aviso em contrário, a norma do produto interno em $\mathbb{E}$. Portanto,

$$\|\vec{x}\| = \sqrt{\langle \vec{x}, \vec{x} \rangle}$$
$$d(\vec{x}, \vec{y}) = \|\vec{x} - \vec{y}\| = \sqrt{\langle \vec{x} - \vec{y}, \vec{x} - \vec{y} \rangle}$$

A *matriz de Gram* $\mathbf{g}(\vec{u}_1, \dots, \vec{u}_n) = [g_{ik}]$ dos vetores $\vec{u}_1, \dots, \vec{u}_n \in \mathbb{E}$ é dada por $g_{ik} = \langle \vec{u}_i, \vec{u}_k \rangle$ $(i, k = 1, \dots, n)$.

O complemento ortogonal do conjunto $\mathbb{X} \subseteq \mathbb{E}$ será denotado por $\mathbb{X}^{\perp}$. Portanto, $\mathbb{X}^{\perp} = [\mathcal{S}(\mathbb{X})]^{\perp}$.

O símbolo A^* indica o adjunto do operador linear $A : \mathbb{E} \to \mathbb{E}$.

Um *espaço euclidiano* é um espaço produto interno real.

Capítulo 3

Revisão de Álgebra Linear

3-1 - Independência linear.

Seja $\mathbb{E}$ um espaço vetorial real.

3-1-1: Seja $\mathbb{E} = \mathbb{F} \oplus \mathbb{G}$, onde $\mathbb{F}, \mathbb{G} \subseteq \mathbb{E}$ são subespaços vetoriais. Dados $\vec{u}_1, \vec{u}_2 \in \mathbb{F}$, sejam $\vec{v}_1, \vec{v}_2 \in \mathbb{G}$ quaisquer e $\alpha_1, \alpha_2 \in \mathbb{R}$ dados arbitrariamente. Tem-se:

$$\alpha_1(\vec{u}_1 + \vec{v}_1) + \alpha_2(\vec{u}_2 + \vec{v}_2) =$$

$$= (\alpha_1\vec{u}_1 + \alpha_2\vec{u}_2) + (\alpha_1\vec{v}_1 + \alpha_2\vec{v}_2)$$

Consequentemente,

(3.1)
$$\boxed{\begin{aligned} \alpha_1(\vec{u}_1 + \vec{v}_1) + \alpha_2(\vec{u}_2 + \vec{v}_2) = \vec{o} \Rightarrow \\ \Rightarrow \alpha_1\vec{u}_1 + \alpha_2\vec{u}_2 = -(\alpha_1\vec{v}_1 + \alpha_2\vec{v}_2) \end{aligned}}$$

O vetor $\alpha_1\vec{u}_1 + \alpha_2\vec{u}_2$ pertence a $\mathbb{F}$, porque $\vec{u}_1, \vec{u}_2 \in \mathbb{F}$ e $\mathbb{F} \subseteq \mathbb{E}$ é subespaço vetorial. Analogamente, $\alpha_1\vec{v}_1 + \alpha_2\vec{v}_2 \in \mathbb{G}$. Como $\mathbb{E} = \mathbb{F} \oplus \mathbb{G}$, tem-se $\mathbb{F} \cap \mathbb{G} = \{\vec{o}\}$. Assim sendo, de (3.1) decorre:

(3.2)
$$\boxed{\begin{aligned} \alpha_1(\vec{u}_1 + \vec{v}_1) + \alpha_2(\vec{u}_2 + \vec{v}_2) = \vec{o} \Rightarrow \\ \Rightarrow \alpha_1\vec{u}_1 + \alpha_2\vec{u}_2 = \alpha_1\vec{v}_1 + \alpha_2\vec{v}_2 = \vec{o} \Rightarrow \\ \Rightarrow \alpha_1\vec{u}_1 + \alpha_2\vec{u}_2 = \vec{o} \end{aligned}}$$

Resulta de (3.2) que se os vetores $\vec{u}_1, \vec{u}_2 \in \mathbb{F}$ são LI, também o são os vetores $\vec{u}_1 + \vec{v}_1$ e $\vec{u}_2 + \vec{v}_2$, *sejam quais forem* $\vec{v}_1, \vec{v}_2 \in \mathbb{G}$.

3-1-2: Sejam $\vec{u}_1, \vec{u}_2$ vetores LI do espaço vetorial $\mathbb{E}$ e $\lambda_1, \lambda_2 \in \mathbb{R}$ com $\lambda_1 \neq \lambda_2$. Para quaisquer números reais α_1, α_2 se tem:

10 PARABOLÓIDES N-DIMENSIONAIS

$$\alpha_1(\vec{u}_1 + \lambda_1\vec{u}_2) + \alpha_2(\vec{u}_1 + \lambda_2\vec{u}_2) =$$

$$= (\alpha_1 + \alpha_2)\vec{u}_1 + (\lambda_1\alpha_1 + \lambda_2\alpha_2)\vec{u}_2$$

Como $\vec{u}_1$, $\vec{u}_2$ são LI e λ_1 é diferente de λ_2, segue-se:

$$\alpha_1(\vec{u}_1 + \lambda_1\vec{u}_2) + \alpha_2(\vec{u}_1 + \lambda_2\vec{u}_2) = \vec{o} \Rightarrow$$

$$\Rightarrow (\alpha_1 + \alpha_2)\vec{u}_1 + (\lambda_1\alpha_1 + \lambda_2\alpha_2)\vec{u}_2 = \vec{o} \Rightarrow$$

$$\Rightarrow \alpha_1 + \alpha_2 = \lambda_1\alpha_1 + \lambda_2\alpha_2 = 0 \Rightarrow$$

$$\Rightarrow \alpha_1 = \alpha_2 = 0$$

Logo, os vetores $\vec{u}_1 + \lambda_1\vec{u}_2$ e $\vec{u}_1 + \lambda_2\vec{u}_2$ também são LI. Desta forma, a reta $\mathbb{D} = \vec{u}_1 + S(\vec{u}_2)$ é um conjunto de vetores dois a dois LI. Como o vetor $\vec{u}_2$ é não-nulo, a função $\lambda \mapsto \vec{u}_1 + \lambda\vec{u}_2$ é uma *bijeção* de $\mathbb{R}$ sobre a reta $\mathbb{D} = \vec{u}_1 + S(\vec{u}_2)$. Portanto, os vetores $\vec{u}_1 + \lambda\vec{u}_2$, onde λ percorre $\mathbb{R}$, formam um conjunto *infinito não-enumerável* de vetores linearmente independentes dois a dois.

3-1-3: Dado um espaço vetorial $\mathbb{E}$, sejam $\vec{u}_1, \vec{u}_2, \vec{u}_3 \in \mathbb{E}$ vetores LI, $\mathbb{F}_1 = S(\vec{u}_1, \vec{u}_2)$ e $\mathbb{F}_2 = S(\vec{u}_3)$. Dada uma função $f : \mathbb{F}_1 \rightarrow \mathbb{R}$, seja $F : \mathbb{R} \rightarrow \mathbb{E}$ definida por:

$$F(\lambda) = \vec{u}_1 + \lambda\vec{u}_2 + f(\vec{u}_1 + \lambda\vec{u}_2)\vec{u}_3$$

Sejam λ_1, λ_2 números reais distintos. Os vetores $\vec{u}_1$, $\vec{u}_2$ sendo LI, segue do item 3-1-2 que também são LI os vetores $\vec{u}_1 + \lambda_1\vec{u}_2$ e $\vec{u}_1 + \lambda_2\vec{u}_2$. Como os vetores $\vec{u}_k$ ($k = 1,2,3$) são LI, tem-se $S(\vec{u}_1, \vec{u}_2, \vec{u}_3) = \mathbb{F}_1 \oplus \mathbb{F}_2$. Uma vez que $\vec{u}_1 + \lambda_1\vec{u}_2$ e $\vec{u}_1 + \lambda_2\vec{u}_2$ pertencem a $\mathbb{F}_1$, resulta do item 3-1-1 que $\vec{u}_1 + \lambda_1\vec{u}_2 + \vec{v}$ e $\vec{u}_1 + \lambda_2\vec{u}_2 + \vec{w}$ são LI, *sejam quais forem* $\vec{v}, \vec{w} \in \mathbb{F}_2$. Portanto, os vetores $F(\lambda_1)$ e $F(\lambda_2)$ são LI. Assim sendo, a imagem $F(\mathbb{R})$, de $\mathbb{R}$ pela função F definida acima, é um conjunto de vetores dois a dois LI. Portanto os subespaços $S(F(\lambda))$, $\lambda \in \mathbb{R}$, formam uma classe infinita (não-enumerável) de subespaços de dimensão um,

CAPÍTULO 3 - REVISÃO DE ÁLGEBRA LINEAR **11**

cada um deles contido em $\mathcal{S}(\vec{u}_1, \vec{u}_2, \vec{u}_3)$.

3-1-4: Sejam $\vec{w}_1 = c_1\vec{u}_1 + c_2\vec{u}_2$ e $\vec{w}_2 = c_1\vec{u}_1 - c_2\vec{u}_2$, onde os vetores $\vec{u}_1, \vec{u}_2 \in \mathbb{E}$ são LI e os números reais c_1, c_2 são diferentes de zero. Tem-se:

$$\alpha_1\vec{w}_1 + \alpha_2\vec{w}_2 =$$

$$= \alpha_1(c_1\vec{u}_1 + c_2\vec{u}_2) + \alpha_2(c_1\vec{u}_1 - c_2\vec{u}_2) =$$

$$= (\alpha_1 + \alpha_2)c_1\vec{u}_1 + (\alpha_1 - \alpha_2)c_2\vec{u}_2$$

quaisquer que sejam $\alpha_1, \alpha_2 \in \mathbb{R}$. Como $\vec{u}_1$, $\vec{u}_2$ são LI e os números c_1, c_2 são diferentes de zero, segue-se:

$$\alpha_1\vec{w}_1 + \alpha_2\vec{w}_2 = \vec{o} \Rightarrow$$

$$\Rightarrow (\alpha_1 + \alpha_2)c_1 = (\alpha_1 - \alpha_2)c_2 = 0 \Rightarrow$$

$$\Rightarrow \alpha_1 + \alpha_2 = \alpha_1 - \alpha_2 = 0 \Rightarrow$$

$$\Rightarrow \alpha_1 = \alpha_2 = 0$$

Logo, os vetores $\vec{w}_1$, $\vec{w}_2$ são LI.

3-1-5: Sejam $\vec{w}_1, \vec{w}_2 \in \mathbb{E}$ vetores LI, $\mathbb{D}_1 \subseteq \mathbb{E}$ a reta $\vec{p} + \mathcal{S}(\vec{w}_1)$ e $\mathbb{D}_2 \subseteq \mathbb{E}$ a reta $\vec{p} + \mathcal{S}(\vec{w}_2)$, onde $\vec{p} \in \mathbb{E}$. Seja $\mathbb{D} \subseteq \mathbb{E}$ a reta $\vec{p} + \mathcal{S}(\vec{w})$. Como $\mathbb{D}_k$ $(k = 1,2)$ é a imagem do subespaço $\mathcal{S}(\vec{w}_k)$ pela translação $\vec{x} \mapsto \vec{p} + \vec{x}$, segue-se:

(3.3)
$$\boxed{\mathbb{D}_1 \cup \mathbb{D}_2 = \vec{p} + [\mathcal{S}(\vec{w}_1) \cup \mathcal{S}(\vec{w}_2)]}$$

Resulta de (3.3) que se $\mathbb{D} = \vec{p} + \mathcal{S}(\vec{w}) \subseteq \mathbb{D}_1 \cup \mathbb{D}_2$ então $\mathcal{S}(\vec{w}) \subseteq \mathcal{S}(\vec{w}_1) \cup \mathcal{S}(\vec{w}_2)$, portanto $\vec{w} \in \mathcal{S}(\vec{w}_1) \cup \mathcal{S}(\vec{w}_2)$. Como o vetor $\vec{w}$ é não-nulo, se $\vec{w} \in \mathcal{S}(\vec{w}_1)$ então $\mathcal{S}(\vec{w}) = \mathcal{S}(\vec{w}_1)$, donde $\mathbb{D} = \vec{p} + \mathcal{S}(\vec{w}_1) = \mathbb{D}_1$. Analogamente, se $\vec{w} \in \mathcal{S}(\vec{w}_2)$ então $\mathbb{D} = \mathbb{D}_2$. Conclui-se daí que se $\mathbb{D} \subseteq \mathbb{D}_1 \cup \mathbb{D}_2$ então $\mathbb{D} = \mathbb{D}_1$ ou $\mathbb{D} = \mathbb{D}_2$.

12   PARABOLÓIDES N-DIMENSIONAIS

3-2 - Funcionais lineares.

3-2-1: Seja $g : \mathbb{E} \to \mathbb{R}$ um funcional linear não-nulo definido num espaço vetorial real $\mathbb{E}$. Existe $\vec{x}_0 \in \mathbb{E}$ tal que $g(\vec{x}_0)$ é diferente de zero. Seja $c \in \mathbb{R}$ dado arbitrariamente. Tem-se $g(c\vec{x}_0/g(\vec{x}_0)) = [c/g(\vec{x}_0)]g(\vec{x}_0) = c$. Logo, g é sobrejetivo.

3-2-2: Dado um espaço vetorial real $\mathbb{E}$, seja $g \in \mathbb{E}^*$ um funcional linear não-nulo. O conjunto $\mathbb{E} \backslash \ker(g)$ é não-vazio. Seja $\vec{w} \in \mathbb{E} \backslash \ker(g)$ arbitrário. Como $\vec{w}$ não pertence a $\ker(g)$, o número real $g(\vec{w})$ é diferente de zero. Por esta razão, vale, para qualquer que seja $\vec{x} \in \mathbb{E}$, a seguinte igualdade:

(3.4)
$$\vec{x} = \frac{g(\vec{x})}{g(\vec{w})}\vec{w} + \left[\vec{x} - \frac{g(\vec{x})}{g(\vec{w})}\vec{w} \right]$$

De (3.4) e da linearidade de g segue:

(3.5)
$$g\left(\vec{x} - \frac{g(\vec{x})}{g(\vec{w})}\vec{w} \right) = g(\vec{x}) - \frac{g(\vec{x})}{g(\vec{w})}g(\vec{w}) = 0$$

Por (3.5), o vetor $\vec{x} - [g(\vec{x})/g(\vec{w})]\vec{w}$ pertence a $\ker(g)$. Como $g(\vec{x})/g(\vec{w})$ é um número real, o vetor $[g(\vec{x})/g(\vec{w})]\vec{w}$ pertence ao subespaço $S(\vec{w})$ de $\mathbb{E}$ gerado por $\vec{w}$. Segue-se que todo vetor $\vec{x} \in \mathbb{E}$ é a soma $\vec{x} = \vec{u} + \vec{v}$, onde $\vec{u} \in \ker(g)$ e $\vec{v} \in S(\vec{w})$. Logo,

(3.6)
$$\mathbb{E} = \ker(g) + S(\vec{w})$$

Seja agora $\vec{x} \in \ker(g) \cap S(\vec{w})$. Existe $\lambda \in \mathbb{R}$ tal que $\vec{x} = \lambda\vec{w}$, pois $\vec{x} \in S(\vec{w})$. Tem-se também $g(\vec{x}) = 0$, porque $\vec{x} \in \ker(g)$. Desta maneira, $g(\vec{x}) = g(\lambda\vec{w}) = \lambda g(\vec{w}) = 0$. Como $g(\vec{w})$ é diferente de zero, tem-se $\lambda = 0$, donde $\vec{x} = 0.\vec{w} = \vec{o}$. Portanto, $\ker(g) \cap S(\vec{w}) = \{\vec{o}\}$. Deste fato e de (3.6) resulta:

CAPÍTULO 3 - REVISÃO DE ÁLGEBRA LINEAR   **13**

$$\mathbb{E} = \ker(g) \oplus \mathcal{S}(\vec{w})$$

3-2-3: Sejam g_1, g_2 funcionais lineares não-nulos num espaço vetorial real $\mathbb{E}$. Supondo $\ker(g_1) = \ker(g_2)$, seja $\vec{w} \in \mathbb{E} \setminus \{\vec{o}\}$ tal que $g_1(\vec{w})$ é diferente de zero (este $\vec{w}$ existe, porque o funcional linear g_1 é não-nulo). Pela igualdade $\ker(g_1) = \ker(g_2)$ admitida, o número $g_2(\vec{w})$ é também diferente de zero. Seja $\vec{x} \in \mathbb{E}$ arbitrário. Pelo item 3-2-2, $\mathbb{E} = \ker(g_1) \oplus \mathcal{S}(\vec{w})$. Logo, $\vec{x}$ se escreve, de modo único, como $\vec{x} = \vec{u} + \lambda \vec{w}$, onde $\vec{u} \in \ker(g_1)$ e $\lambda \in \mathbb{R}$. Por esta razão, se tem:

(3.7)
$$\boxed{g_1(\vec{x}) = g_1(\vec{u} + \lambda \vec{w}) = \lambda g_1(\vec{w})}$$

Como $\vec{u} \in \ker(g_1)$ e $\ker(g_1) = \ker(g_2)$, tem-se $\vec{u} \in \ker(g_2)$. Assim sendo, vale também:

(3.8)
$$\boxed{g_2(\vec{x}) = g_2(\vec{u} + \lambda \vec{w}) = \lambda g_2(\vec{w})}$$

Como os números $g_1(\vec{w})$ e $g_2(\vec{w})$ são diferentes de zero, as equações (3.7) e (3.8) conduzem a:

$$g_2(\vec{x}) = \lambda g_2(\vec{w}) =$$

$$= \lambda \frac{g_2(\vec{w})}{g_1(\vec{w})} g_1(\vec{w}) = \frac{g_2(\vec{w})}{g_1(\vec{w})} [\lambda g_1(\vec{w})] =$$

$$= \frac{g_2(\vec{w})}{g_1(\vec{w})} g_1(\vec{x})$$

Uma vez que $\vec{x}$ é arbitrário, segue-se $g_2 = [g_2(\vec{w})/g_1(\vec{w})]g_1$. Desta forma, fazendo $c = [g_2(\vec{w})/g_1(\vec{w})]$ tem-se $c \neq 0$ e $g_2 = cg_1$. Por conseguinte, tem-se $\ker(g_1) = \ker(g_2)$ se, e somente se, $g_2 = cg_1$, onde c é um número real diferente de zero. Logo, os funcionais lineares (não-nulos) $g_1, g_2 \in \mathbb{E}^*$ são LD se, e somente se, $\ker(g_1) = \ker(g_2)$.

3-2-4: Dado um espaço vetorial real $\mathbb{E}$, seja $g \in \mathbb{E}^*$ um

14 PARABOLÓIDES N-DIMENSIONAIS

funcional linear não-nulo. Seja $\mathbb{F} \subseteq \mathbb{E}$ um subespaço vetorial que contém ker(g). Supondo $\mathbb{F} \neq \ker(g)$, seja $\vec{u} \in \mathbb{F}$ qualquer. Como $\mathbb{F} \setminus \ker(g)$ é não-vazio, existe $\vec{w} \in \mathbb{F} \setminus \ker(g)$. Como este $\vec{w}$ não pertence a ker(g), o número real $g(\vec{w})$ é diferente de zero. Por esta razão, se tem:

(3.9)
$$\vec{u} = \vec{u} - \left[\frac{g(\vec{u})}{g(\vec{w})} \right] \vec{w} + \left[\frac{g(\vec{u})}{g(\vec{w})} \right] \vec{w}$$

Por (3.5), o vetor $\vec{u} - [g(\vec{u})/g(\vec{w})]\vec{w}$ pertence a ker(g). Como $\vec{u} \in \mathbb{F}$ é arbitrário, segue de (3.9) e do item 3-2-2 que $\mathbb{F} = \ker(g) + \mathcal{S}(\vec{w}) = \mathbb{E}$. Logo, ker($g$) é um subespaço próprio maximal.

3-2-5: Seja $\mathbb{F}$ um subespaço próprio de um espaço vetorial real $\mathbb{E}$. Dado arbitrariamente $\vec{w} \in \mathbb{E} \setminus \mathbb{F}$, seja $\vec{x} \in \mathbb{F} \cap \mathcal{S}(\vec{w})$. Como $\vec{x} \in \mathcal{S}(\vec{w})$, existe $\lambda \in \mathbb{R}$ tal que $\vec{x} = \lambda\vec{w}$. Como $\vec{x} \in \mathbb{F}$, se fosse $\lambda \neq 0$ ter-se-ia $\vec{w} = (1/\lambda)\vec{x} \in \mathbb{F}$, uma contradição. Segue-se que $\lambda = 0$, e portanto $\vec{x} = \lambda\vec{w} = \vec{o}$. Por conseguinte, $\mathbb{F} \cap \mathcal{S}(\vec{w}) = \{\vec{o}\}$. Assim sendo,

(3.10)
$$\mathbb{G} = \mathbb{F} + \mathcal{S}(\vec{w}) = \mathbb{F} \oplus \mathcal{S}(\vec{w})$$

Decorre de (3.10) que todo vetor $\vec{x} \in \mathbb{G}$ se escreve, de modo único, como $\vec{x} = \vec{u} + \lambda\vec{w}$, onde $\vec{u} \in \mathbb{F}$ e λ é um número real. Desta forma, fica definida a função $\varphi : \mathbb{G} \to \mathbb{R}$ por $\varphi(\vec{x}) = \varphi(\vec{u} + \lambda\vec{w}) = \lambda$. Segue desta definição que $\varphi(\vec{u}) = 0$ para todo $\vec{u} \in \mathbb{F}$ e $\varphi(\vec{w}) = 1$, pois $\vec{w} = 1\vec{w}$. Dados $\vec{x}_1, \vec{x}_2 \in \mathbb{G}$, sejam $\vec{u}_1, \vec{u}_2 \in \mathbb{F}$ e $\lambda_1, \lambda_2 \in \mathbb{R}$ tais que $\vec{x}_k = \vec{u}_k + \lambda_k\vec{w}$ ($k = 1,2$). Para quaisquer que sejam $\alpha_1, \alpha_2 \in \mathbb{R}$ tem-se:

$$\alpha_1\vec{x}_1 + \alpha_2\vec{x}_2 =$$
$$= (\alpha_1\vec{u}_1 + \alpha_2\vec{u}_2) + (\alpha_1\lambda_1 + \alpha_2\lambda_2)\vec{w}$$

e portanto:

$$\varphi(\alpha_1\vec{x}_1 + \alpha_2\vec{x}_2) =$$

$$= \alpha_1\lambda_1 + \alpha_2\lambda_2 = \alpha_1\varphi(\vec{x}_1) + \alpha_2\varphi(\vec{x}_2)$$

Isto mostra que $\varphi : \mathbb{G} \to \mathbb{R}$ é um funcional linear. Pelo Teorema da Extensão (Taylor, 1958, pp. 40-41), existe um funcional linear $g : \mathbb{E} \to \mathbb{R}$ tal que $g(\vec{x}) = \varphi(\vec{x})$ para todo $\vec{x} \in \mathbb{G}$. Logo, $g(\vec{w}) = \varphi(\vec{w}) = 1$ e $g(\vec{u}) = \varphi(\vec{u}) = 0$ para todo $\vec{u} \in \mathbb{F}$. Segue-se que o funcional linear g é não-nulo, e se tem $\mathbb{F} \subseteq \ker(g)$. Portanto, se $\mathbb{F}$ é um subespaço maximal de $\mathbb{E}$ então $\mathbb{F} = \ker(g)$.

3-2-6: Resulta dos itens 3-2-4 e 3-2-5 que um subespaço próprio $\mathbb{F} \subseteq \mathbb{E}$ é maximal se, e somente se, $\mathbb{F} = \ker(g)$, onde $g \in \mathbb{E}^*$ é um funcional linear não-nulo. Portanto, um conjunto $\mathbb{X} \subseteq \mathbb{E}$ é um hiperplano se, e somente se, é uma variedade linear paralela ao núcleo $\ker(g)$ de um funcional linear não-nulo $g \in \mathbb{E}^*$.

3-2-7: Dado um espaço vetorial real $\mathbb{E}$, sejam $g, g_1, \dots, g_n \in \mathbb{E}^*$ funcionais lineares não-nulos. Resulta da maximalidade do subespaço vetorial $\ker(g_1)$ e do item 3-2-3 que:

$$\ker(g) \subseteq \ker(g_1) \Rightarrow$$

$$\Rightarrow \ker(g) = \ker(g_1) \Rightarrow$$

$$\Rightarrow g \in \mathcal{S}(g_1)$$

Portanto, a seguinte afirmação:

(3.11)
$$\boxed{\begin{array}{c} \bigcap_{k=1}^{n} \ker(g_k) \subseteq \ker(g) \Rightarrow \\ \Rightarrow g \in \mathcal{S}(g_1, \dots, g_n) \end{array}}$$

é válida para $n = 1$. Supondo (3.11) válida para um certo inteiro positivo n, sejam $g, g_1, \dots, g_{n+1} \in \mathbb{E}^*$ não-nulos com $\bigcap_{k=1}^{n+1} \ker(g_k) \subseteq \ker(g)$. Sejam $\mathbb{F} = \bigcap_{k=1}^{n+1} \ker(g_k)$ e $\mathbb{G} = \bigcap_{k=1}^{n} \ker(g_k)$. Tem-se $\mathbb{F} \subseteq \mathbb{G}$. Se $\mathbb{F} = \mathbb{G}$ então:

16 PARABOLÓIDES N-DIMENSIONAIS

(3.12)
$$\mathbb{G} = \bigcap_{k=1}^{n} \ker(g_k) \subseteq \ker(g)$$

De (3.12) e da hipótese feita acima segue $g \in \mathcal{S}(g_1, \ldots, g_n)$, portanto $g \in \mathcal{S}(g_1, \ldots, g_n, g_{n+1})$. Admitindo agora $\mathbb{F} \neq \mathbb{G}$, seja $\vec{w} \in \mathbb{G}$ que não pertence a $\mathbb{F}$. Como $\vec{w} \in \mathbb{G}$, tem-se $\vec{w} \in \ker(g_k)$ para cada $k \in \mathbb{I}_n$. Logo, $\vec{w} \notin \ker(g_{n+1})$. Seja $\xi : \mathbb{G} \to \mathbb{R}$ definida pondo $\xi(\vec{x}) = g_{n+1}(\vec{x})$ para todo $\vec{x} \in \mathbb{G}$ (noutros termos, ξ é a restrição $g_{n+1}|\mathbb{G}$ de g_{n+1} ao subespaço $\mathbb{G}$). Então $\xi \in \mathbb{G}^*$, e se tem:

(3.13)
$$\ker(\xi) = \mathbb{G} \cap \ker(g_{n+1}) = \mathbb{F}$$

Com efeito, $\xi(\vec{x}) = 0$ se, e somente se, $\vec{x} \in \mathbb{G}$ e $g_{n+1}(\vec{x}) = 0$. Como $\vec{w}$ não pertence a $\mathbb{F}$, resulta de (3.13) e do item 3-2-2 que vale:

(3.14)
$$\mathbb{G} = \ker(\xi) \oplus \mathcal{S}(\vec{w}) = \mathbb{F} \oplus \mathcal{S}(\vec{w})$$

Sejam $\varphi = g - [g(\vec{w})/g_{n+1}(\vec{w})]g_{n+1}$ (o número $g_{n+1}(\vec{w})$ é diferente de zero porque $\vec{w}$ não pertence a $\ker(g_{n+1})$) e $\vec{x} \in \mathbb{G}$ dado arbitrariamente. Por (3.14), o vetor $\vec{x}$ se escreve, de modo único, como $\vec{x} = \vec{u} + \lambda\vec{w}$, onde $\vec{u} \in \mathbb{F}$ e λ é um número real. Desta forma, tem-se:

(3.15)
$$\begin{aligned} \varphi(\vec{x}) &= g(\vec{u}) + \lambda g(\vec{w}) - \\ &\quad - \frac{g(\vec{w})}{g_{n+1}(\vec{w})}g_{n+1}(\vec{u}) - \lambda g(\vec{w}) = \\ &= g(\vec{u}) - \frac{g(\vec{w})}{g_{n+1}(\vec{w})}g_{n+1}(\vec{u}) \end{aligned}$$

Como $\vec{u} \in \mathbb{F}$, tem-se $g(\vec{u}) = 0$ e $g_{n+1}(\vec{u}) = 0$, porque $\mathbb{F} \subseteq \ker(g)$ e $\mathbb{F} \subseteq \ker(g_{n+1})$. Daí e de (3.15) segue $\varphi(\vec{x}) = 0$. Logo,

(3.16)
$$\mathbb{G} = \bigcap_{k=1}^{n} \ker(g_k) \subseteq \ker(\varphi)$$

CAPÍTULO 3 - REVISÃO DE ÁLGEBRA LINEAR   17

Se φ é o funcional linear nulo então a definição de φ fornece $g = [g(\vec{w})/g_{n+1}(\vec{w})]g_{n+1}$. Segue desta igualdade que, $g \in \mathcal{S}(g_{n+1})$, e portanto que $g \in \mathcal{S}(g_1, \ldots, g_{n+1})$. Se, por outro lado, φ é não-nulo então segue de (3.16) e da hipótese de indução que $\varphi \in \mathcal{S}(g_1, \ldots, g_n)$. Logo, $\varphi \in \mathcal{S}(g_1, \ldots, g_{n+1})$. Como $g = \varphi + [g(\vec{w})/g_{n+1}(\vec{w})]g_{n+1}$ e $g_{n+1} \in \mathcal{S}(g_1, \ldots, g_{n+1})$, tem-se $g \in \mathcal{S}(g_1, \ldots, g_{n+1})$. Isto prova a validade de (3.11) para $n + 1$. Segue do Princípio da Indução que (3.11) vale para todo n. Reciprocamente: Se $g \in \mathcal{S}(g_1, \ldots, g_n)$ então g se escreve como combinação linear $g = \sum_{k=1}^{n} c_k g_k$ dos funcionais $g_1, \ldots, g_n$. Assim sendo,

$$\vec{x} \in \bigcap_{k=1}^{n} \ker(g_k) \Rightarrow$$

$$\Rightarrow g_1(\vec{x}) = \cdots g_n(\vec{x}) = 0 \Rightarrow$$

$$\Rightarrow g(\vec{x}) = \sum_{k=1}^{n} c_k g_k(\vec{x}) = 0 \Rightarrow$$

$$\Rightarrow x \in \ker(g)$$

Consequentemente, para que seja $g \in \mathcal{S}(g_1, \ldots, g_n)$ é necessário e suficiente que se tenha $\bigcap_{k=1}^{n} \ker(g_k) \subseteq \ker(g)$.

3-2-8: Dado um espaço vetorial real $\mathbb{E}$, sejam $g_1, \ldots, g_n \in \mathbb{E}^*$ Resulta da linearidade de $g_1, \ldots, g_n$ que a função $A : \mathbb{E} \to \mathbb{R}^n$, definida por $A\vec{x} = (g_1(\vec{x}), \ldots, g_n(\vec{x}))$, é uma transformação linear. Supondo que os funcionais lineares $g_1, \ldots, g_n$ são LI, seja, para cada $k \in \mathbb{I}_n$, $\mathbb{F}_k = \bigcap_{l \in \mathbb{I}_n \setminus \{k\}} \ker(g_l)$. Como $g_1, \ldots, g_n$ são LI, nenhum dos funcionais lineares g_k ($k = 1, \ldots, n$) pertence ao subespaço gerado pelos demais g_l, $l \in \mathbb{I}_n \setminus \{k\}$. Assim sendo, o item 3-2-7 diz que não existe índice $k \in \mathbb{I}_n$ de modo que $\mathbb{F}_k \subseteq \ker(g_k)$. Logo existe, para cada $k \in \mathbb{I}_n$, um vetor $\vec{x}_k$ que pertence a $\mathbb{F}_k$ e não pertence a $\ker(g_k)$. Segue-se que existe, para cada $k \in \mathbb{I}_n$, $\vec{x}_k \in \mathbb{E}$ tal que $g_k(\vec{x}_k) \neq 0$ enquanto que $g_l(\vec{x}_k) = 0$ se $l \neq k$. Fazendo $\vec{w}_k = \vec{x}_k/g_k(\vec{x}_k)$, $k =$

18 PARABOLÓIDES N-DIMENSIONAIS

$1, \dots, n$, obtém-se:

(3.17)
$$g_l(\vec{w}_k) = \delta_{lk} = \begin{cases} 1, & \text{se} \quad l = k \\ 0, & \text{se} \quad l \neq k \end{cases}$$

Dado arbitrariamente $\vec{y} = (y_1, \dots, y_n) \in \mathbb{R}^n$, seja $\vec{x} = y_1 \vec{w}_1 + \cdots + y_n \vec{w}_n = \sum_{k=1}^{n} y_k \vec{w}_k$. Por (3.17) tem-se:

(3.18)
$$g_l(\vec{x}) = \sum_{k=1}^{n} y_k g_l(\vec{w}_k) =$$
$$= \sum_{k=1}^{n} \delta_{lk} y_k = y_l, \quad l = 1, \dots, n$$

As igualdades (3.18) fornecem $A\vec{x} = (g_1(\vec{x}), \dots, g_n(\vec{x})) = (y_1, \dots, y_n) = \vec{y}$. Logo a transformação linear A definida acima é sobrejetiva. Reciprocamente: Se A é sobrejetiva, então existe, para cada $k \in \mathbb{I}_n$, $\vec{w}_k \in \mathbb{E}$ tal que $A\vec{w}_k$ é o vetor $\vec{e}_k$ da base canônica de $\mathbb{R}^n$. Como $A\vec{w}_k = (g_1(\vec{w}_k), \dots, g_n(\vec{w}_k))$ e $\vec{e}_k$ é o vetor de $\mathbb{R}^n$ cuja k–ésima coordenada é igual a 1 enquanto que as demais são iguais a zero, tem-se $g_l(\vec{w}_k) = \delta_{lk}$ para cada par de índices $k, l \in \mathbb{I}_n$. Sejam agora $\lambda_1, \dots, \lambda_n$ números reais tais que $\sum_{l=1}^{n} \lambda_l g_l = O$ (onde $O \in \mathbb{E}^*$ é o funcional linear nulo). Tem-se $\sum_{l=1}^{n} \lambda_l g_l(\vec{x}) = O(\vec{x}) = 0$, seja qual for $\vec{x} \in \mathbb{E}$. Desta forma, tem-se $\sum_{l=1}^{n} \lambda_l g_l(\vec{w}_k) = \sum_{l=1}^{n} \lambda_l \delta_{lk} = \lambda_k = 0$, $k = 1, \dots, n$. Segue-se que os funcionais lineares $g_1, \dots, g_n \in \mathbb{E}^*$ são LI se, e somente se, a transformação linear $A : \mathbb{E} \to \mathbb{R}^n$, definida por $A(\vec{x}) = (g_1(\vec{x}), \dots, g_n(\vec{x}))$, é sobrejetiva. Portanto, $g_1, \dots, g_n \in \mathbb{E}^*$ são LI se, e somente se, o sistema linear:

$$\begin{cases} g_1(\vec{x}) = c_1 \\ \quad \vdots \\ g_n(\vec{x}) = c_n \end{cases}$$

CAPÍTULO 3 - REVISÃO DE ÁLGEBRA LINEAR 19

possui soluções para quaisquer $c_1, \dots, c_n \in \mathbb{R}$.

3-2-9: Dado um espaço euclidiano $\mathbb{E}$, seja, para cada $k \in \mathbb{I}_n$, $g_k \in \mathbb{E}^*$ o funcional linear $\vec{x} \mapsto \langle \vec{x}, \vec{a}_k \rangle$. Sejam $\lambda_1, \dots, \lambda_n \in \mathbb{R}$ arbitrários. Pelas propriedades do produto interno, tem-se $\sum_{k=1}^{n} \lambda_k g_k(\vec{x}) = \sum_{k=1}^{n} \lambda_k \langle \vec{x}, \vec{a}_k \rangle = \sum_{k=1}^{n} \langle \vec{x}, \lambda_k \vec{a}_k \rangle = \langle \vec{x}, \sum_{k=1}^{n} \lambda_k \vec{a}_k \rangle$, seja qual for $\vec{x} \in \mathbb{E}$. Segue-se que os funcionais lineares $g_1, \dots, g_n$ são LI se, e somente se, os vetores $\vec{a}_1, \dots, \vec{a}_n$ o são. Resulta então do item 3-2-8 que os vetores $\vec{a}_1, \dots, \vec{a}_n$ são LI se, e somente se, o sistema linear:

$$(3.19) \qquad \begin{cases} \langle \vec{x}, \vec{a}_1 \rangle = c_1 \\ \quad \vdots \\ \langle \vec{x}, \vec{a}_n \rangle = c_n \end{cases}$$

possui soluções, para quaisquer que sejam $c_1, \dots, c_n \in \mathbb{R}$.

3-2-10: Seja $\mathbb{E}$ o espaço $\mathbb{R}^n$ dotado do *produto interno canônico*, definido por $\langle \vec{x}, \vec{y} \rangle = \sum_{k=1}^{n} x_k y_k$. Dado um inteiro positivo m menor ou igual a n, seja, para cada $k \in \mathbb{I}_m$, $\vec{a}_k$ o vetor $(a_{k1}, \dots, a_{kn})$. O sistema linear 3.19 torna-se:

$$(3.20) \qquad \begin{cases} a_{11}x_1 + \cdots + a_{1n}x_n = c_1 \\ \quad \vdots \\ a_{m1}x_1 + \cdots + a_{mn}x_n = c_m \end{cases}$$

Segue daí e do item 3-2-9 que os vetores $\vec{a}_1, \dots, \vec{a}_m$ são LI se, e somente se, o sistema (3.20) possui soluções, para quaisquer que sejam $c_1, \dots, c_m \in \mathbb{R}$.

3-2-11: Dado um espaço vetorial real $\mathbb{E}$ de dimensão finita $n > 0$, seja $\mathbb{B} = \{\vec{u}_1, \dots, \vec{u}_n\} \subseteq \mathbb{E}$ uma base. Todo vetor $\vec{x} \in \mathbb{E}$ se exprime, de modo único, como $\vec{x} = \sum_{k=1}^{n} x_k \vec{u}_k$. O

20 PARABOLÓIDES N-DIMENSIONAIS

número real x_k ($k = 1,...,n$) é a k-*ésima componente* do vetor $\vec{x} \in \mathbb{E}$ na base $\mathbb{B}$. Para cada $k \in \mathbb{I}_n$, fica definida a função $u_k^* : \mathbb{E} \to \mathbb{R}$, por $u_k^*(\vec{x}) = x_k$. Como se pode verificar facilmente, cada uma das funções u_k^* é um funcional linear. Dado $g \in \mathbb{E}^*$ arbitrário, se tem $g(\vec{x}) = g\left(\sum_{k=1}^n x_k \vec{u}_k\right)$ $= \sum_{k=1}^n x_k g(\vec{u}_k) = \sum_{k=1}^n g(\vec{u}_k) u_k^*(\vec{x})$, seja qual for $\vec{x} \in \mathbb{E}$. Logo $g = \sum_{k=1}^n g(\vec{u}_k) u_k^*$. Segue-se que o conjunto $\mathbb{B}^* = \{u_1^*, ..., u_n^*\}$ gera o espaço vetorial $\mathbb{E}^*$. Pela definição de u_k^*, tem-se $u_k^*(\vec{u}_l) = \delta_{kl}$ ($k,l = 1,...,n$). Desta forma, se $\sum_{k=1}^n \lambda_k u_k^*(\vec{x}) = 0$ para todo $\vec{x} \in \mathbb{E}$ então $\sum_{k=1}^n \lambda_k u_k^*(\vec{u}_l) = \sum_{k=1}^n \lambda_k \delta_{kl} = \lambda_l = 0$ para cada $l \in \mathbb{I}_n$. Isto mostra que os funcionais lineares $u_1^*, ..., u_n^*$ são LI, e portanto que o conjunto $\mathbb{B}^*$ é *uma base* do dual algébrico $\mathbb{E}^*$ de $\mathbb{E}$. O conjunto $\mathbb{B}^*$ chama-se a *base dual* da base $\mathbb{B}$. Seja $g \in \mathbb{E}^*$ arbitrário. Para cada $\vec{x} \in \mathbb{E}$, o valor $g(\vec{x})$ assumido por g em $\vec{x}$ se exprime como $g(\vec{x}) = \sum_{k=1}^n a_k x_k$, onde os a_k ($k = 1,...,n$) são números reais e os x_k ($k = 1,...,n$) são as componentes do vetor $\vec{x}$ relativamente à base $\mathbb{B}$.

3-3 - Variedades lineares e hiperplanos.

3-3-1:

(i) Dados espaços vetoriais reais $\mathbb{E}$, $\mathbb{F}$, sejam $A \in \text{hom}(\mathbb{E}, \mathbb{F})$ e $\vec{b} \in \mathbb{F}$. Se o conjunto $A^{-1}(\{\vec{b}\})$ das soluções da equação linear $A\vec{x} = \vec{b}$ é não-vazio (noutros termos, se o vetor $\vec{b}$ pertence à imagem $\text{Im}(A)$ de A) então existe $\vec{x}_0 \in \mathbb{E}$ de modo que $A\vec{x}_0 = \vec{b}$. Para este $\vec{x}_0$, tem-se:

$$\vec{x} \in A^{-1}(\{\vec{b}\}) \implies$$

$$\implies A\vec{x} = \vec{b} \implies A\vec{x} = A\vec{x}_0 \implies$$

$$\implies A\vec{x} - A\vec{x}_0 = A(\vec{x} - \vec{x}_0) = \vec{o} \implies$$

CAPÍTULO 3 - REVISÃO DE ÁLGEBRA LINEAR 21

$$\Rightarrow \vec{x} - \vec{x}_0 \in \ker(A) \Rightarrow$$

$$\Rightarrow \vec{x} = \vec{x}_0 + (\vec{x} - \vec{x}_0) \in \vec{x}_0 + \ker(A)$$

Reciprocamente: Se $\vec{x}$ pertence à variedade linear $\vec{x}_0$ + $\ker(A)$ então $\vec{x}$ se escreve como $\vec{x} = \vec{x}_0 + \vec{w}$, onde $\vec{w} \in \ker(A)$. Como $A\vec{x}_0 = \vec{b}$, $A\vec{w} = \vec{o}$ (pois $\vec{w} \in \ker(A)$) e A é uma transformação linear, se tem $A\vec{x} = A(\vec{x}_0 + \vec{w}) = A\vec{x}_0 + A\vec{w} = A\vec{x}_0 = \vec{b}$, e portanto $\vec{x} \in A^{-1}(\{\vec{b}\})$. Segue-se que se o conjunto $A^{-1}(\{\vec{b}\})$ é não-vazio, então é uma variedade linear paralela ao núcleo $\ker(A)$ de A.

(ii) Seja $\mathbb{X} = \vec{p} + \mathbb{F} \subseteq \mathbb{E}$ uma variedade linear paralela ao subespaço vetorial $\mathbb{F} \subseteq \mathbb{E}$. Seja $\vec{q} \in \mathbb{X}$. O ponto $\vec{q}$ se exprime como $\vec{q} = \vec{p} + \vec{u}$, onde $\vec{u} \in \mathbb{F}$. Logo, $\vec{q} - \vec{p} \in \mathbb{F}$. Como $\mathbb{F}$ é subespaço vetorial, tem-se também $\vec{p} - \vec{q} \in \mathbb{F}$. Seja agora $\vec{x} \in \vec{q} + \mathbb{F}$ arbitrário. Então, $\vec{x} = \vec{q} + \vec{w}$, onde $\vec{w} \in \mathbb{F}$. Como $\vec{q} - \vec{p} \in \mathbb{F}$ e $\mathbb{F}$ é subespaço vetorial, $(\vec{q} - \vec{p}) + \vec{w} \in \mathbb{F}$. Segue deste fato que $\vec{x} = \vec{p} + (\vec{q} - \vec{p}) + \vec{w} \in \vec{p} + \mathbb{F}$. Isto mostra que vale a inclusão $\vec{q} + \mathbb{F} \subseteq \vec{p} + \mathbb{F}$. De modo análogo, demonstra-se que $\vec{q} + \mathbb{F} \subseteq \vec{p} + \mathbb{F}$. Portanto, $\mathbb{X} = \vec{p} + \mathbb{F} = \vec{q} + \mathbb{F}$, *qualquer que seja* $\vec{q} \in \mathbb{X}$. Em particular, se $\mathbb{X} = \mathbb{F}$ então $\mathbb{F} = \vec{q} + \mathbb{F}$ para todo $\vec{q} \in \mathbb{F}$.

(iii) Dada uma reta $\mathbb{D}_1 \subseteq \mathbb{E}$ paralela ao subespaço $\mathcal{S}(\vec{w}_1)$, sejam $\vec{p}, \vec{q} \in \mathbb{D}_1$, sendo $\vec{p}$ diferente de $\vec{q}$. Tem-se $\mathbb{D}_1 = \vec{p} + \mathcal{S}(\vec{w}_1)$, donde $\vec{q} - \vec{p} \in \mathcal{S}(\vec{w}_1)$ (com efeito, $\vec{q} = \vec{p} + \lambda\vec{w}_1$, onde $\lambda \in \mathbb{R}$). Como o vetor $\vec{q} - \vec{p}$ é não-nulo, $\mathcal{S}(\vec{w}_1) = \mathcal{S}(\vec{q} - \vec{p})$. Logo, $\mathbb{D}_1 = \vec{p} + \mathcal{S}(\vec{q} - \vec{p})$. Seja $\mathbb{D}_2 \subseteq \mathbb{E}$ uma reta paralela ao subespaço $\mathcal{S}(\vec{w}_2)$ que contém os mesmos pontos $\vec{p}$ e $\vec{q}$. Como $\vec{p} \in \mathbb{D}_2$, tem-se $\mathbb{D}_2 = \vec{p} + \mathcal{S}(\vec{w}_2)$. Logo, $\vec{q} - \vec{p} \in \mathcal{S}(\vec{w}_2)$. Segue-se que $\mathcal{S}(\vec{w}_2) = \mathcal{S}(\vec{q} - \vec{p})$, donde $\mathbb{D}_2 = \vec{p} + \mathcal{S}(\vec{q} - \vec{p}) = \mathbb{D}_1$. Portanto, dados pontos distintos $\vec{p}, \vec{q} \in \mathbb{E}$ existe *uma única reta* $\mathbb{D} \subseteq \mathbb{E}$ que contém $\vec{p}$ e $\vec{q}$. Esta chama-se *a reta que passa pelos pontos $\vec{p}$ e $\vec{q}$*.

22 PARABOLÓIDES N-DIMENSIONAIS

3-3-2: Seja $\mathbb{E}$ um espaço vetorial real. Resulta dos itens 3-2-1, 3-2-6 e 3-3-1 que um conjunto $\mathbb{X} \subseteq \mathbb{E}$ é um hiperplano se, e somente se, é o conjunto $g^{-1}(\{c\})$ das soluções da equação $g(\vec{x}) = c$, onde $g \in \mathbb{E}^*$ é um funcional linear *não-nulo* e c é um número real.

3-3-3:

(i) Dado um espaço vetorial real de dimensão finita $n > 0$, seja $\mathbb{B} = \{\vec{u}_1, \ldots, \vec{u}_n\}$ uma base de $\mathbb{E}$. Segue dos itens 3-2-11 e 3-3-2 que um conjunto $\mathbb{X} \subseteq \mathbb{E}$ é um hiperplano se, e somente se, é o conjunto das soluções de uma equação da forma $\sum_{k=1}^{n} a_k x_k = c$ onde $c \in \mathbb{R}$, os números x_k ($k = 1,\ldots,n$) são as componentes do vetor $\vec{x} \in \mathbb{E}$ na base $\mathbb{B}$ e (pelo menos) um dos números reais a_k ($k = 1,\ldots,n$) é *diferente de zero*.

(ii) Pelo item 3-2-6 e pelo Teorema do Núcleo e da Imagem, os hiperplanos de $\mathbb{E}$ são as variedades lineares de dimensão $n - 1$. Assim sendo, os hiperplanos de $\mathbb{E}$ se reduzem a *retas* quando $n = 2$ e a *planos* quando $n = 3$. Segue-se que uma equação da forma:

$$ax + by + c = 0$$

onde o vetor $(a, b) \in \mathbb{R}^2$ é *não-nulo*, representa *uma reta* do espaço $\mathbb{R}^2$. Analogamente, uma equação da forma:

$$ax + by + cz + d = 0$$

onde o vetor $(a, b, c) \in \mathbb{R}^3$ é *não-nulo*, representa *um plano* do espaço $\mathbb{R}^3$.

3-3-4: Dado um espaço euclidiano $\mathbb{E}$ sejam $\vec{n} \in \mathbb{E}$ um vetor não-nulo e $\mathbb{X} \subseteq \mathbb{E}$ a variedade linear $\vec{p} + [S(\vec{n})]^{\perp}$. O subespaço $[S(\vec{n})]^{\perp}$ é o núcleo do funcional linear $\vec{x} \mapsto \langle \vec{x}, \vec{n} \rangle$. Como o vetor $\vec{n}$ é não-nulo, este funcional linear é não-nulo (com efeito, $\langle \vec{n}, \vec{n} \rangle = \|\vec{n}\|^2 > 0$). Portanto, o item

CAPÍTULO 3 - REVISÃO DE ÁLGEBRA LINEAR   23

3-2-6 conta que a variedade linear $\mathbb{X}$ é um hiperplano, que se chama *hiperplano com vetor normal*. Diz-se então que $\vec{n}$ é um *vetor normal* ao hiperplano $\mathbb{X}$. Seja $\vec{w} \in \mathbb{E}$ não-nulo. Se $\mathbb{X} = \vec{p} + [S(\vec{w})]^{\perp}$ então $[S(\vec{n})]^{\perp} = [S(\vec{w})]^{\perp}$. Como $[S(\vec{w})]^{\perp}$ é o núcleo do funcional linear $\vec{x} \mapsto \langle \vec{x}, \vec{w} \rangle$, segue da igualdade $[S(\vec{n})]^{\perp} = [S(\vec{w})]^{\perp}$ e do item 3-2-3 que existe um número real β diferente de zero tal que $\langle \vec{x}, \vec{w} \rangle = \beta \langle \vec{x}, \vec{n} \rangle = \langle \vec{x}, \beta \vec{n} \rangle$ para todo $\vec{x} \in \mathbb{E}$. Logo, $\vec{w} = \beta \vec{n}$. Desta forma, se os vetores não-nulos $\vec{n}_1, \vec{n}_2$ são ambos normais ao hiperplano $\mathbb{X}$ então $\vec{n}_2 = \beta \vec{n}_1$, onde β é um número real diferente de zero.

3-3-5: Dado $\vec{x} \in \mathbb{E}$, seja $\mathbb{D} \subseteq \mathbb{E}$ a reta $\vec{x} + S(\vec{n})$. Então $\mathbb{D}$ é o conjunto dos pontos $\vec{q} \in \mathbb{E}$ que se escrevem como $\vec{q} = \vec{x} + \lambda \vec{n}$, onde λ é um número real. Tem-se $\vec{q} \in \mathbb{X}$ se, e somente se, $\langle \vec{q} - \vec{p}, \vec{n} \rangle = 0$. Segue-se que a interseção $\mathbb{D} \cap \mathbb{X}$ possui um único elemento $\vec{x}_0$, que é:

(3.21)
$$\boxed{\vec{x}_0 = \vec{x} - \frac{\langle \vec{x} - \vec{p}, \vec{n} \rangle}{\|\vec{n}\|^2} \vec{n}}$$

Sejam $\vec{p}_1 \in \mathbb{X}$ e $\vec{n}_1$ um vetor normal a $\mathbb{X}$. Pelo item 3-3-4, $\vec{n}_1 = \beta \vec{n}$, onde β é diferente de zero. Como $\vec{p}_1 \in \mathbb{X}$, o vetor $\vec{p} - \vec{p}_1$ pertence a $[S(\vec{n})]^{\perp}$, logo é ortogonal a $\vec{n}$. Portanto,

$$\langle \vec{x} - \vec{p}_1, \vec{n}_1 \rangle =$$
$$= \langle (\vec{x} - \vec{p}) + (\vec{p} - \vec{p}_1), \beta \vec{n} \rangle =$$
$$= \beta \langle (\vec{x} - \vec{p}) + (\vec{p} - \vec{p}_1), \vec{n} \rangle =$$
$$= \beta \langle \vec{x} - \vec{p}, \vec{n} \rangle$$

Destas igualdades resulta:

$$\frac{\langle \vec{x} - \vec{p}_1, \vec{n}_1 \rangle}{\|\vec{n}_1\|^2} \vec{n}_1 =$$

24 PARABOLÓIDES N-DIMENSIONAIS

$$= \frac{\beta \langle \vec{x} - \vec{p}, \vec{n} \rangle}{\beta^2 \|\vec{n}\|^2} (\beta \vec{n}) = \frac{\langle \vec{x} - \vec{p}, \vec{n} \rangle}{\|\vec{n}\|^2} \vec{n}$$

Por conseguinte, o ponto $\vec{x}_0$ dado acima *não depende* da escolha do ponto $\vec{p} \in \mathbb{X}$ nem da escolha do vetor normal a $\mathbb{X}$.

3-3-6: Dado um espaço euclidiano de dimensão finita $n > 0$, seja $g \in \mathbb{E}^*$ um funcional linear não-nulo. Existe (Lima, 2001, Teorema 11.1, p. 139) um único vetor não-nulo $\vec{w} = \vec{w}(g) \in \mathbb{E}$ tal que $g(\vec{x}) = \langle \vec{x}, \vec{w} \rangle$ para todo $\vec{x} \in \mathbb{E}$. Logo, $\ker(g) = \{\vec{w}\}^\perp = [S(\vec{w})]^\perp$. Por conseguinte, um conjunto $\mathbb{X} \subseteq \mathbb{E}$ é um hiperplano se, e somente se, é paralelo ao complemento ortogonal $[S(\vec{w})]^\perp$ do subespaço $S(\vec{w})$ gerado por um vetor *não-nulo* $\vec{w} \in \mathbb{E}$. Desta forma, *todo hiperplano* $\mathbb{X} \subseteq \mathbb{E}$ é um hiperplano com vetor normal.

3-4 - Distâncias.

3-4-1: Sejam $\mathbb{E}$, $\mathbb{F}$ espaços euclidianos de dimensão finita, $A \in \hom(\mathbb{E}, \mathbb{F})$ uma transformação linear ortogonal e $F : \mathbb{E} \to \mathbb{F}$ a transformação afim $\vec{x} \mapsto A\vec{x} + \vec{b}$, onde $\vec{b} \in \mathbb{F}$. Como a transformação linear A preserva distâncias (Lima, 2001, p. 184) $\|A\vec{x} - A\vec{y}\| = \|\vec{x} - \vec{y}\|$ para quaisquer $\vec{x}, \vec{y} \in \mathbb{E}$. Tem-se $F(\vec{x}) - F(\vec{y}) = A\vec{x} - A\vec{y}$, e portanto:

$$\|F(\vec{x}) - F(\vec{y})\| = \|A\vec{x} - A\vec{y}\| = \|\vec{x} - \vec{y}\|$$

sejam quais forem $\vec{x}, \vec{y} \in \mathbb{E}$. Logo, a transformação afim F preserva distâncias. Por esta razão, dados conjuntos não-vazios $\mathbb{X}, \mathbb{Y} \subseteq \mathbb{E}$, tem-se:

$$\left\{ \|\vec{x} - \vec{y}\| : \vec{x} \in \mathbb{X}, \vec{y} \in \mathbb{Y} \right\} =$$

$$= \left\{ \|\vec{u} - \vec{w}\| : \vec{u} \in F(\mathbb{X}), \vec{w} \in F(\vec{y}) \right\}$$

Portanto,

CAPÍTULO 3 - REVISÃO DE ÁLGEBRA LINEAR **25**

(3.22)
$$d(\mathbb{X}, \mathbb{Y}) = \inf\{\|\vec{x} - \vec{y}\| : \vec{x} \in \mathbb{X}, \vec{y} \in \mathbb{Y}\} =$$
$$= \inf\{\|\vec{u} - \vec{w}\| : \vec{u} \in F(\mathbb{X}), \vec{w} \in F(\mathbb{Y})\} =$$
$$= d(F(\mathbb{X}), F(\mathbb{Y}))$$

Em particular, para todo ponto $\vec{p} \in \mathbb{E}$ e para todo conjunto não-vazio $\mathbb{X} \subseteq \mathbb{E}$ vale:

(3.23)
$$d(\vec{p}, \mathbb{X}) = d(F(\vec{p}), F(\mathbb{X}))$$

3-4-2: Sejam $\mathbb{E}$, $\mathbb{F}$ e $A \in \mathrm{hom}(\mathbb{E}, \mathbb{F})$ como no item 3-4-1. Seja $Q : \mathbb{E} \to \mathbb{E}$ a transformação afim $\vec{x} \mapsto A\vec{x} + \vec{b}$. Sejam $\vec{x}_0 \in \mathbb{E}$ arbitrário e $\mathbb{X} \subseteq \mathbb{E}$ não-vazio. Pelo item 3-4-1, $d(\vec{x}_0, \mathbb{X}) = d(Q(\vec{x}_0), Q(\mathbb{X}))$. Sejam:

$$\mathbb{X}_1 = \{\vec{x} \in \mathbb{E} : d(\vec{x}, \vec{x}_0) = \alpha d(\vec{x}, \mathbb{X})\}$$

$$\mathbb{X}_2 = \{\vec{y} \in \mathbb{F} : d(\vec{y}, Q(\vec{x}_0)) = \alpha d(\vec{y}, Q(\mathbb{X}))\}$$

onde α é um número real não-negativo. Como $d(\vec{x}, \vec{x}_0) = d(Q(\vec{x}), Q(\vec{x}_0))$, segue-se:

$$\vec{x} \in \mathbb{X}_1 \iff$$

$$\iff d(\vec{x}, \vec{x}_0) = \alpha d(\vec{x}, \mathbb{X}) = \alpha d(Q(\vec{x}_0), Q(\mathbb{X})) \iff$$

$$\iff d(Q(\vec{x}), Q(\vec{x}_0)) = \alpha d(Q(\vec{x}_0), Q(\mathbb{X})) \iff$$

$$\iff Q(\vec{x}) \in \mathbb{X}_2 \iff \vec{x} \in Q^{-1}(\mathbb{X}_2)$$

Logo,

(3.24)
$$\mathbb{X}_1 = Q^{-1}(\mathbb{X}_2)$$

3-4-3: Dado um espaço euclidiano $\mathbb{E}$ (não necessariamente de dimensão finita) sejam $\vec{n} \in \mathbb{E}$ um vetor não-nulo e $\mathbb{X} \subseteq \mathbb{E}$ o hiperplano $\vec{p} + [\mathcal{S}(\vec{n})]^{\perp}$. Dado $\vec{x} \in \mathbb{E}$, seja $\mathbb{D} \subseteq \mathbb{E}$ a reta $\vec{x} + \mathcal{S}(\vec{n})$. Pelo item 3-3-5, a interseção $\mathbb{D} \cap \mathbb{X}$ possui um único

26 PARABOLÓIDES N-DIMENSIONAIS

elemento $\vec{x}_0$. Seja $\vec{q} \in \mathbb{X}$ arbitrário. Tem-se $\vec{x} - \vec{q} = (\vec{x} - \vec{x}_0) +$ $(\vec{x}_0 - \vec{q})$. Como $\vec{q}$ e $\vec{x}_0$ pertencem a $\mathbb{X}$, o vetor $\vec{x}_0 - \vec{q}$ pertence a $[\mathcal{S}(\vec{n})]^\perp$. Como $\vec{x} - \vec{x}_0$ pertence a $\mathcal{S}(\vec{n})$, os vetores $\vec{x} - \vec{x}_0$ e $\vec{x}_0 - \vec{q}$ são ortogonais. Desta forma, $\|\vec{x} - \vec{q}\|^2 =$ $\|\vec{x} - \vec{x}_0\|^2 + \|\vec{x}_0 - \vec{q}\|^2$. Logo, $\|\vec{x} - \vec{x}_0\| \leq \|\vec{x} - \vec{q}\|$ seja qual for $\vec{q} \in \mathbb{X}$, valendo a igualdade se, e somente se, $\vec{q} = \vec{x}_0$. Segue-se que vale:

(3.25)
$$d(\vec{x}, \mathbb{X}) = \|\vec{x} - \vec{x}_0\| = \frac{|\langle \vec{x} - \vec{p}, \vec{n} \rangle|}{\|\vec{n}\|}$$

Resulta do item 3-3-5 que o número $|\langle \vec{x} - \vec{p}, \vec{n} \rangle| / \|\vec{n}\|$ não depende das escolhas do vetor $\vec{n}$ normal a $\mathbb{X}$ e do ponto $\vec{p} \in \mathbb{X}$.

3-5 - Operadores auto-adjuntos.

3-5-1: Seja $A : \mathbb{E} \to \mathbb{E}$ um operador linear auto-adjunto, definido no espaço euclidiano de dimensão finita $\mathbb{E}$. Valem (Lima, 2001, Teorema 11.4, p. 144) as seguintes igualdades:

$$\text{Im}(A) = [\ker(A)]^\perp, \quad \ker(A) = [\text{Im}(A)]^\perp$$

donde:

(3.26)
$$\mathbb{E} = \ker(A) \oplus \text{Im}(A)$$

3-5-2: Seja $A \in \hom(\mathbb{E})$ como no item 3-5-1, sendo A não-nulo. Existe (Lima, 2001, Teorema 13.6, p. 167) uma base *ortonormal* $\mathbb{B} = \{\vec{u}_1, \ldots, \vec{u}_n\}$, onde $n = \dim(\mathbb{E})$ e $\vec{u}_1, \ldots, \vec{u}_n$ são autovetores de A. Seja $\mathbb{K} \subseteq \mathbb{B}$ o conjunto dos autovetores que correspondem aos autovalores de A diferentes de 0. Renumerando, se necessário a base $\mathbb{B}$, pode-se supor, sem perda de generalidade, $\mathbb{K} = \{\vec{u}_1, \ldots, \vec{u}_m\}$, onde $1 \leq m \leq n$. A base $\mathbb{B}$ sendo ortonormal,

CAPÍTULO 3 - REVISÃO DE ÁLGEBRA LINEAR   27

todo vetor $\vec{x} \in \mathbb{E}$ se escreve, de modo único, como $\vec{x} = \sum_{k=1}^{n} \langle \vec{x}, \vec{u}_k \rangle \vec{u}_k$. Como $A\vec{u}_k = \lambda_k \vec{u}_k = \vec{o}$ se $k > m$, segue-se $A\vec{x} = \sum_{k=1}^{n} \langle \vec{x}, \vec{u}_k \rangle A\vec{u}_k = \sum_{k=1}^{m} \lambda_k \langle \vec{x}, \vec{u}_k \rangle \vec{u}_k$. Como λ_k é diferente de zero se $1 \leq k \leq m$, para toda combinação linear $\vec{y} = \sum_{k=1}^{m} c_k \vec{u}_k$ tem-se:

$$\vec{y} = \sum_{k=1}^{m} (c_k/\lambda_k)(\lambda_k \vec{u}_k) =$$
$$= \sum_{k=1}^{m} (c_k/\lambda_k) A\vec{u}_k =$$
$$= \sum_{k=1}^{m} A[(c_k/\lambda_k)\vec{u}_k] =$$
$$= A\left[\sum_{k=1}^{m} (c_k/\lambda_k)\vec{u}_k\right]$$

portanto $\vec{y} \in \mathrm{Im}(A)$. Segue-se que vale:

(3.27)
$$\boxed{\mathrm{Im}(A) = \mathcal{S}(\vec{u}_1, \ldots, \vec{u}_m) = \mathcal{S}(\mathbb{K})}$$

Como os vetores $\vec{u}_1, \ldots, \vec{u}_m$ são linearmente independentes e os autovalores $\lambda_1, \ldots, \lambda_m$ correspondentes (nesta ordem) a eles são diferentes de 0, segue-se:

$$\vec{x} \in \ker(A) \Leftrightarrow$$
$$\Leftrightarrow A\vec{x} = \sum_{k=1}^{m} \lambda_k \langle \vec{x}, \vec{u}_k \rangle \vec{u}_k = \vec{o} \Leftrightarrow$$
$$\Leftrightarrow \lambda_1 \langle \vec{x}, \vec{u}_1 \rangle = \cdots = \lambda_m \langle \vec{x}, \vec{u}_m \rangle = 0 \Leftrightarrow$$
$$\Leftrightarrow \langle \vec{x}, \vec{u}_1 \rangle = \cdots = \langle \vec{x}, \vec{u}_m \rangle = 0 \Leftrightarrow$$
$$\Leftrightarrow \vec{x} = \sum_{k=1}^{n} \langle \vec{x}, \vec{u}_k \rangle \vec{u}_k = \sum_{k=m+1}^{n} \langle \vec{x}, \vec{u}_k \rangle \vec{u}_k$$

Logo,

(3.28)
$$\boxed{\ker(A) = \mathcal{S}(\vec{u}_{m+1}, \ldots, \vec{u}_n) = \mathcal{S}(\mathbb{B} \backslash \mathbb{K})}$$

3-5-3: Dado um operador linear auto-adjunto não-nulo $A \in \hom(\mathbb{E})$, sejam $\mathbb{B} = \{\vec{u}_1, \ldots, \vec{u}_n\} \subseteq \mathbb{E}$ e $\mathbb{K} = \{\vec{u}_1, \ldots, \vec{u}_m\}$ como no item 3-5-2. Sejam $\mathbb{K}_-$ e $\mathbb{K}_+ \subseteq \mathbb{B}$ respectivamente

28 PARABOLÓIDES N-DIMENSIONAIS

os conjuntos dos autovetores correspondentes aos autovalores negativos de A e aos autovalores positivos de A. Tem-se $\mathbb{K} = \mathbb{K}_- \uplus \mathbb{K}_+$. Como os vetores $\vec{u}_1, \ldots \vec{u}_m$ são LI, segue-se:

(3.29)
$$\mathrm{Im}(A) = \mathcal{S}(\mathbb{K}) = \mathcal{S}(\mathbb{K}_-) \oplus \mathcal{S}(\mathbb{K}_+)$$

Capítulo 4

Formas e funções quadráticas

4-1 - Introdução.

Neste capítulo serão estudadas as formas e funções quadráticas em espaços euclidianos n-dimensionais. Como será mostrado no desenvolvimento posterior, funções quadráticas num dado espaço euclidiano n-dimensional $\mathbb{E}$ se exprimem como polinômios de grau dois nas componentes dos vetores de $\mathbb{E}$ relativamente a uma dada base $\mathbb{B} \subseteq \mathbb{E}$.

As formas bilineares em discussão serão definidas em produtos cartesianos de espaços euclidianos de dimensão finita maior ou igual a dois, e as funções quadráticas serão definidas em espaços euclidianos de dimensão finita maior ou igual a dois. Portanto será adotada, para evitar repetições freqüentes, a seguinte convenção: A terminologia "espaço vetorial" significará doravante, quando aparecer nos enunciados, espaço euclidiano de dimensão finita maior ou igual a dois.

Os espaços $\mathbb{R}^n$ serão, a menos de aviso em contrário, dotados do *produto interno canônico*, definido pondo:

$$\langle \vec{x}, \vec{y} \rangle = x_1 y_1 + \cdots + x_n y_n$$

para todo $\vec{x} = (x_1, \ldots, x_n)$ e para todo $\vec{y} = (y_1, \ldots, y_n)$. Portanto, a base canônica $\{\vec{e}_1, \ldots, \vec{e}_n\}$ é ortonormal.

4-2 - Formas bilineares.

Sejam $\mathbb{E}$, $\mathbb{F}$ espaços vetoriais. Uma função

30 PARABOLÓIDES N-DIMENSIONAIS

$\beta : \mathbb{E} \times \mathbb{F} \to \mathbb{R}$ diz-se uma *forma bilinear* quando é linear em cada uma das variáveis $\vec{x} \in \mathbb{E}$, $\vec{y} \in \mathbb{F}$. Noutros termos: Para quaisquer $\vec{x}, \vec{x}_1, \vec{x}_2 \in \mathbb{E}$, $\vec{y}, \vec{y}_1, \vec{y}_2 \in \mathbb{F}$ e $\lambda_1, \lambda_2 \in \mathbb{R}$ se tem:

$$\beta(\lambda_1 \vec{x}_1 + \lambda_2 \vec{x}_2, \vec{y}) =$$

$$= \lambda_1 \beta(\vec{x}_1, \vec{y}) + \lambda_2 \beta(\vec{x}_2, \vec{y})$$

$$\beta(\vec{x}, \lambda_1 \vec{y}_1 + \lambda_2 \vec{y}_2) =$$

$$= \lambda_1 \beta(\vec{x}, \vec{y}_1) + \lambda_2 \beta(\vec{x}, \vec{y}_2)$$

A notação:

$$\mathcal{B}(\mathbb{E} \times \mathbb{F})$$

representa o conjunto das formas bilineares $\beta : \mathbb{E} \times \mathbb{F} \to \mathbb{R}$.

Diz-se que uma forma bilinear $\beta : \mathbb{E} \times \mathbb{E} \to \mathbb{R}$ é:

–*Simétrica* quando $\beta(\vec{x}, \vec{y}) = \beta(\vec{y}, \vec{x})$ para quaisquer $\vec{x}, \vec{y} \in \mathbb{E}$.

–*Anti-simétrica* quando $\beta(\vec{x}, \vec{y}) = -\beta(\vec{y}, \vec{x})$ para todo $\vec{x}$ e para todo $\vec{y} \in \mathbb{E}$.

4-2-1 - Observações:

4-2-1-1: Seja $\beta : \mathbb{E} \times \mathbb{F} \to \mathbb{R}$ uma função definida no produto cartesiano $\mathbb{E} \times \mathbb{F}$ dos espaços vetoriais $\mathbb{E}$ e $\mathbb{F}$. Para cada $\vec{x} \in \mathbb{E}$ e para cada $\vec{y} \in \mathbb{F}$ ficam definidas as funções $\beta(., \vec{y}) : \mathbb{E} \to \mathbb{R}$ e $\beta(\vec{x}, .) : \mathbb{F} \to \mathbb{R}$, por:

$$[\beta(., \vec{y})](\vec{x}) = \beta(\vec{x}, \vec{y})$$

$$[\beta(\vec{x}, .)](\vec{y}) = \beta(\vec{x}, \vec{y})$$

Assim, uma função $\beta : \mathbb{E} \times \mathbb{F} \to \mathbb{R}$ é uma forma bilinear se, e somente se, $\beta(., \vec{y}) \in \mathbb{E}^*$ para cada $\vec{y} \in \mathbb{F}$ e $\beta(\vec{x}, .) \in \mathbb{F}^*$

CAPÍTULO 4 – FORMAS E FUNÇÕES QUADRÁTICAS **31**

para cada $\vec{x} \in \mathbb{E}$.

4-2-1-2: Como se pode mostrar facilmente, as operações usuais de soma de funções e de produto de número real por função definem no conjunto $\mathcal{B}(\mathbb{E} \times \mathbb{F})$ uma estrutura de espaço vetorial real. Quando $\mathbb{F} = \mathbb{E}$, os conjuntos $\mathcal{B}_-(\mathbb{E} \times \mathbb{E})$, das formas bilineares anti-simétricas $\beta : \mathbb{E} \times \mathbb{E} \to \mathbb{R}$, e $\mathcal{B}_+(\mathbb{E} \times \mathbb{E})$, das formas bilineares simétricas $\beta : \mathbb{E} \times \mathbb{E} \to \mathbb{R}$, são ambos subespaços vetoriais de $\mathcal{B}(\mathbb{E} \times \mathbb{E})$.

4-2-1-3: Dado um espaço vetorial (euclidiano, de dimensão finita $n \geq 2$) $\mathbb{E}$, seja $\beta : \mathbb{E} \times \mathbb{E} \to \mathbb{R}$ uma forma bilinear qualquer. Se β é simétrica e anti-simétrica, então $\beta(\vec{x}, \vec{y}) = \beta(\vec{y}, \vec{x}) = -\beta(\vec{y}, \vec{x})$, donde $\beta(\vec{x}, \vec{y}) = 0$ para quaisquer $\vec{x}, \vec{y} \in \mathbb{E}$. Tem-se também:

$$\beta(\vec{x}, \vec{y}) = \frac{\beta(\vec{x}, \vec{y}) - \beta(\vec{y}, \vec{x})}{2} +$$

$$+ \frac{\beta(\vec{x}, \vec{y}) + \beta(\vec{y}, \vec{x})}{2}$$

sejam quais forem $\vec{x}, \vec{y} \in \mathbb{E}$. Desta forma, segue-se:

$$\mathcal{B}(\mathbb{E} \times \mathbb{E}) = \mathcal{B}_-(\mathbb{E} \times \mathbb{E}) \oplus \mathcal{B}_+(\mathbb{E} \times \mathbb{E})$$

4-2-1-4: Sejam $\mathbb{U} = \{\vec{u}_1, \dots, \vec{u}_m\} \subseteq \mathbb{E}$ e $\mathbb{V} = \{\vec{v}_1, \dots, \vec{v}_n\} \subseteq \mathbb{F}$ bases de $\mathbb{E}$ e de $\mathbb{F}$ respectivamente. Para quaisquer $\vec{x} \in \mathbb{E}$, $\vec{y} \in \mathbb{F}$ tem-se $\vec{x} = \sum_{i=1}^{m} x_i \vec{u}_i$ e $\vec{y} = \sum_{k=1}^{n} y_k \vec{v}_k$, onde os números reais x_i, $i = 1, \dots, m$ (resp. y_k, $k = 1, \dots, n$) são as componentes do vetor $\vec{x}$ (resp. $\vec{y}$) relativamente à base $\mathbb{U}$ (resp. $\mathbb{V}$). Seja $\beta \in \mathcal{B}(\mathbb{E} \times \mathbb{F})$. Da bilinearidade de β resulta:

$$\beta(\vec{x}, \vec{y}) = \sum_{i=1}^{m} \sum_{k=1}^{n} x_i y_k \beta(\vec{u}_i, \vec{v}_k)$$

Portanto, uma forma bilinear $\beta : \mathbb{E} \times \mathbb{F} \to \mathbb{R}$ fica determinada quando são dados os valores $b_{ik} = \beta(\vec{u}_i, \vec{v}_k)$. Fica então definida uma matriz $\mathbf{b} = [b_{ik}] \in \mathbb{M}(m \times n)$. Ela é

32 PARABOLÓIDES N-DIMENSIONAIS

chamada a *matriz da forma bilinear* β relativamente às bases $\mathbb{U}$ e $\mathbb{V}$.

4-2-1–5: Sejam $\mathbb{U} \subseteq \mathbb{E}$, $\mathbb{V} \subseteq \mathbb{F}$ como na Observação 4-2-1-4 e $\mathbf{b} = [b_{ik}]$ a matriz da forma bilinear $\beta \in \mathcal{B}(\mathbb{E} \times \mathbb{F})$ relativamente às bases $\mathbb{U}$ e $\mathbb{V}$. Sejam $\mathbf{x} = \text{col}(x_1, \ldots, x_m) \in \mathbb{M}(m \times 1)$ a matriz das componentes do vetor $\vec{x} \in \mathbb{E}$ relativamente à base $\mathbb{U}$ e $\mathbf{y} = \text{col}(y_1, \ldots, y_n) \in \mathbb{M}(n \times 1)$ a matriz das componentes do vetor $\vec{y} \in \mathbb{F}$ relativamente à base $\mathbb{V}$. Identificando $\mathbb{R}$ com o conjunto $\mathbb{M}(1 \times 1)$ das matrizes 1 por 1, tem-se:

$$\beta(\vec{x}, \vec{y}) = \mathbf{x}^T \mathbf{b} \mathbf{y}$$

Sejam $\mathbb{E}$, $\mathbb{F}$ espaços vetoriais (euclidianos, de dimensão finita maior ou igual a dois). Será demonstrado agora que o espaço vetorial $\mathcal{B}(\mathbb{E} \times \mathbb{F})$, das formas bilineares $\beta : \mathbb{E} \times \mathbb{F} \to \mathbb{R}$, é isomorfo ao espaço vetorial $\text{hom}(\mathbb{E}, \mathbb{F})$ das transformações lineares entre $\mathbb{E}$ e $\mathbb{F}$ e também ao espaço vetorial $\text{hom}(\mathbb{F}, \mathbb{E})$ das transformações lineares entre $\mathbb{F}$ e $\mathbb{E}$.

4-2-2 - Teorema: Sejam $\mathbb{E}$, $\mathbb{F}$ espaços vetoriais. Então $\mathcal{B}(\mathbb{E} \times \mathbb{F})$ é isomorfo a $\text{hom}(\mathbb{E}, \mathbb{F})$ e a $\text{hom}(\mathbb{F}, \mathbb{E})$.

Demonstração: Dadas transformações lineares $A \in \text{hom}(\mathbb{E}, \mathbb{F})$ e $B \in \text{hom}(\mathbb{F}, \mathbb{E})$, sejam $f_A, g_B : \mathbb{E} \times \mathbb{F} \to \mathbb{R}$ definidas por:

(4.1)
$$\boxed{f_A(\vec{x}, \vec{y}) = \langle A\vec{x}, \vec{y} \rangle}$$

(4.2)
$$\boxed{g_B(\vec{x}, \vec{y}) = \langle \vec{x}, B\vec{y} \rangle}$$

O símbolo $\langle , \rangle$ indica o produto interno de $\mathbb{F}$ em (4.1) e o produto interno de $\mathbb{E}$ em (4.2). Pelas propriedades do produto interno, $f_A, g_B \in \mathcal{B}(\mathbb{E} \times \mathbb{F})$. Desta forma, ficam definidas funções $F : \text{hom}(\mathbb{E}, \mathbb{F}) \to \mathcal{B}(\mathbb{E} \times \mathbb{F})$ e

CAPÍTULO 4 – FORMAS E FUNÇÕES QUADRÁTICAS   33

$G : \text{hom}(\mathbb{F}, \mathbb{E}) \to \mathcal{B}(\mathbb{E} \times \mathbb{F})$ por:

$$F(A) = f_A, \quad G(B) = g_B$$

Sejam $A_1, A_2 \in \text{hom}(\mathbb{E}, \mathbb{F})$. Se $f_{A_1} = f_{A_2}$, então $\langle A_1 \vec{x}, \vec{y} \rangle = \langle A_2 \vec{x}, \vec{y} \rangle$, e portanto $\langle (A_1 - A_2)\vec{x}, \vec{y} \rangle = \langle A_1 \vec{x} - A_2 \vec{x}, \vec{y} \rangle = 0$, sejam quais forem $\vec{x} \in \mathbb{E}$, $\vec{y} \in \mathbb{F}$. Decorre daí que $(A_1 - A_2)\vec{x} = \vec{o}$ para todo $\vec{x} \in \mathbb{E}$. Logo, $A_1 - A_2$ é a transformação linear nula $O \in \text{hom}(\mathbb{E}, \mathbb{F})$. Isto mostra que F é injetiva, e de modo análogo demonstra-se a injetividade de G. Seja agora $\beta \in \mathcal{B}(\mathbb{E} \times \mathbb{F})$ qualquer. Para cada $\vec{x} \in \mathbb{E}$, a função $\beta(\vec{x}, .) : \mathbb{F} \to \mathbb{R}$, definida pondo $[\beta(\vec{x}, .)](\vec{y}) = \beta(\vec{x}, \vec{y})$, é um funcional linear. Assim sendo, existe (Lima, 2001, Teorema 11.1, p. 139), para cada $\vec{x} \in \mathbb{E}$, um único vetor $\vec{a}(\vec{x}) \in \mathbb{F}$ tal que $[\beta(\vec{x}, .)](\vec{y}) = \beta(\vec{x}, \vec{y}) = \langle \vec{a}(\vec{x}), \vec{y} \rangle$ para todo $\vec{y} \in \mathbb{F}$. Fica definida a função $A : \mathbb{E} \to \mathbb{F}$ por $A\vec{x} = \vec{a}(\vec{x})$. Tem-se então:

(4.3)
$$\boxed{\beta(\vec{x}, \vec{y}) = \langle \vec{a}(\vec{x}), \vec{y} \rangle = \langle A\vec{x}, \vec{y} \rangle}$$

qualquer que seja $(\vec{x}, \vec{y}) \in \mathbb{E} \times \mathbb{F}$. Por (4.3), pela bilinearidade de β e pelas propriedades do produto interno, as seguintes igualdades:

$$\langle A(\lambda_1 \vec{x}_1 + \lambda_2 \vec{x}_2), \vec{y} \rangle =$$

$$= \beta(\lambda_1 \vec{x}_1 + \lambda_2 \vec{x}_2, \vec{y}) =$$

$$= \lambda_1 \beta(\vec{x}_1, \vec{y}) + \lambda_2 \beta(\vec{x}_2, \vec{y}) =$$

$$= \lambda_1 \langle A\vec{x}_1, \vec{y} \rangle + \lambda_2 \langle A\vec{x}_2, \vec{y} \rangle =$$

$$= \langle \lambda_1 A\vec{x}_1 + \lambda_2 A\vec{x}_2, \vec{y} \rangle$$

são válidas para quaisquer $\vec{x}_1, \vec{x}_2 \in \mathbb{E}$, $\vec{y} \in \mathbb{F}$ e $\lambda_1, \lambda_2 \in \mathbb{R}$. Portanto, se tem:

$$\langle A(\lambda_1 \vec{x}_1 + \lambda_2 \vec{x}_2) - \lambda_1 A\vec{x}_1 - \lambda_2 A\vec{x}_2, \vec{y} \rangle = 0$$

sejam quais forem $\vec{x}_1, \vec{x}_2 \in \mathbb{E}$, $\vec{y} \in \mathbb{F}$ e $\lambda_1, \lambda_2 \in \mathbb{R}$. Resulta disto que $A(\lambda_1 \vec{x}_1 + \lambda_2 \vec{x}_2) = \lambda_1 A\vec{x}_1 + \lambda_2 A\vec{x}_2$ para quaisquer

34 PARABOLÓIDES N-DIMENSIONAIS

$\vec{x}_1, \vec{x}_2 \in \mathbb{E}$ e $\lambda_1, \lambda_2 \in \mathbb{R}$. Logo, a função $A : \mathbb{E} \to \mathbb{F}$ definida acima é uma transformação linear. Segue daí que F é sobrejetiva, e de modo análogo prova-se a sobrejetividade de G. A linearidade de F e a linearidade de G resultam das definições de adição de transformações lineares, de produto de transformação linear por número real e das propriedades do produto interno. Com isto, termina a demonstração.

O Teorema 4-2-2 diz que existem, para cada forma bilinear $\beta : \mathbb{E} \times \mathbb{F} \to \mathbb{R}$, uma única transformação linear $A \in \mathrm{hom}(\mathbb{E}, \mathbb{F})$ e uma única transformação linear $B \in \mathrm{hom}(\mathbb{F}, \mathbb{E})$ de modo que se tem $\beta(\vec{x}, \vec{y}) = \langle A\vec{x}, \vec{y} \rangle = \langle \vec{x}, B\vec{y} \rangle$ para todo $(\vec{x}, \vec{y}) \in \mathbb{E} \times \mathbb{F}$. A adjunta $B^* : \mathbb{E} \to \mathbb{F}$ da transformação linear $B : \mathbb{F} \to \mathbb{E}$ é a transformação linear tal que a seguinte condição:

$$\langle \vec{x}, B\vec{y} \rangle = \langle B^*\vec{x}, \vec{y} \rangle$$

é satisfeita para qualquer $(\vec{x}, \vec{y}) \in \mathbb{E} \times \mathbb{F}$. Tem-se então:

$$\beta(\vec{x}, \vec{y}) = \langle \vec{x}, B\vec{y} \rangle =$$

$$= \langle B^*\vec{x}, \vec{y} \rangle = \langle A\vec{x}, \vec{y} \rangle$$

seja qual for $(\vec{x}, \vec{y}) \in \mathbb{E} \times \mathbb{F}$. Por conseguinte,

$$A = B^*$$

4-2-3 - Corolário: Seja $\mathbb{E}$ um espaço vetorial. Para cada forma bilinear $\beta \in \mathcal{B}(\mathbb{E} \times \mathbb{E})$ existe um único operador linear $B \in \mathrm{hom}(\mathbb{E})$ tal que $\beta(\vec{x}, \vec{y}) = \langle \vec{x}, B\vec{y} \rangle$ para quaisquer $\vec{x}, \vec{y} \in \mathbb{E}$. A forma bilinear β é simétrica se, e somente se, o operador B é auto-adjunto.

Demonstração: A existência e a unicidade de $B \in \mathrm{hom}(\mathbb{E})$ nas condições do enunciado acima resultam da aplicação do Teorema 4-2-2 para $\mathbb{E} = \mathbb{F}$. A forma bilinear β é simétrica se, e somente se, $\langle \vec{x}, B\vec{y} \rangle = \langle \vec{y}, B\vec{x} \rangle = \langle B^*\vec{y}, \vec{x} \rangle =$

CAPÍTULO 4 – FORMAS E FUNÇÕES QUADRÁTICAS   35

$\langle \vec{x}, B^*\vec{y} \rangle$ para quaisquer $\vec{x}, \vec{y} \in \mathbb{E}$. Logo, o resultado segue.

Sejam $\mathbb{E}$, $\mathbb{F}$ espaços vetoriais e $\beta : \mathbb{E} \times \mathbb{F} \to \mathbb{R}$ uma forma bilinear. Pelo Teorema 4-2-2, existe uma única transformação linear $B \in \mathrm{hom}(\mathbb{F}, \mathbb{E})$ de modo que $\beta(\vec{x}, \vec{y}) = \langle \vec{x}, B\vec{y} \rangle = \langle B^*\vec{x}, \vec{y} \rangle$ para todo $(\vec{x}, \vec{y}) \in \mathbb{E} \times \mathbb{F}$. Sejam $\mathbb{U} \subseteq \mathbb{E}$ e $\mathbb{V} \subseteq \mathbb{E}$ bases. O próximo teorema estabelece as relações entre a matriz $\mathbf{b}$ da forma bilinear β relativamente às bases $\mathbb{U}$ e $\mathbb{V}$ as matrizes $[B^*]_{\mathbb{U}}^{\mathbb{V}}$ de B^* relativamente às bases $\mathbb{U}$ e $\mathbb{V}$, e $[B]_{\mathbb{V}}^{\mathbb{U}}$ de B relativamente às bases $\mathbb{V}$ e $\mathbb{U}$.

4-2-4 - Teorema: Sejam $\mathbb{E}$, $\mathbb{F}$ espaços vetoriais, $\mathbb{U} = \{\vec{u}_1, \dots, \vec{u}_m\} \subseteq \mathbb{E}$ uma base de $\mathbb{E}$ e $\mathbb{V} = \{\vec{v}_1, \dots, \vec{v}_n\} \subseteq \mathbb{F}$ uma base de $\mathbb{F}$. Dada uma forma bilinear $\beta \in \mathcal{B}(\mathbb{E} \times \mathbb{F})$, seja $B \in \mathrm{hom}(\mathbb{F}, \mathbb{E})$ tal que $\beta(\vec{x}, \vec{y}) = \langle B^*\vec{x}, \vec{y} \rangle = \langle \vec{x}, B\vec{y} \rangle$ para todo $(\vec{x}, \vec{y}) \in \mathbb{E} \times \mathbb{F}$. Sejam $\mathbf{b} = [\beta_{ik}]$ a matriz de β relativamente às bases $\mathbb{U}$ e $\mathbb{V}$, $\mathbf{B}^* = [b_{ik}^*]$ a matriz de B^* relativamente às bases $\mathbb{U}$ e $\mathbb{V}$ e $\mathbf{B} = [b_{ik}]$ a matriz de B relativamente às bases $\mathbb{V}$ e $\mathbb{U}$. Então $\mathbf{b} = (\mathbf{B}^*)^{\mathbf{T}}\mathbf{g}(\vec{v}_1, \dots, \vec{v}_n) = \mathbf{g}(\vec{u}_1, \dots, \vec{u}_m)\mathbf{B}$.

Demonstração: Tem-se:

(4.4)
$$B^*\vec{u}_i = \sum_{j=1}^{n} b_{ji}^*\vec{v}_j, \quad i = 1, \dots, m$$

e portanto:

(4.5)
$$\beta_{ik} = \beta(\vec{u}_i, \vec{v}_k) = \langle B^*\vec{u}_i, \vec{v}_k \rangle =$$
$$= \left\langle \sum_{j=1}^{n} b_{ji}^*\vec{v}_j, \vec{v}_k \right\rangle = \sum_{j=1}^{n} b_{ji}^*\langle \vec{v}_j, \vec{v}_k \rangle$$

valendo as igualdades (4.5) para cada $i \in \mathbb{I}_m$ e para cada $k \in \mathbb{I}_n$. A matriz de Gram $\mathbf{g}(\vec{v}_1, \dots, \vec{v}_n)$ assume no par $(j, k) \in \mathbb{I}_n \times \mathbb{I}_n$ o valor $\langle \vec{v}_j, \vec{v}_k \rangle$ e o valor da transposta $(\mathbf{B}^*)^{\mathbf{T}}$ da matriz $\mathbf{B}^*$ no par $(i, j) \in \mathbb{I}_m \times \mathbb{I}_n$ é b_{ji}^*. Portanto, segue de (4.5) que vale:

36 PARABOLÓIDES N-DIMENSIONAIS

(4.6)
$$\mathbf{b} = (\mathbf{B}^*)^{\mathbf{T}} \mathbf{g}(\vec{v}_1, \dots, \vec{v}_n)$$

Tem-se também:

(4.7)
$$B\vec{v}_k = \sum_{s=1}^{m} b_{sk}\vec{u}_s, \quad k = 1, \dots, n$$

As igualdades (4.7), por sua vez, conduzem a:

(4.8)
$$\beta_{ik} = \beta(\vec{u}_i, \vec{v}_k) = \langle \vec{u}_i, B\vec{v}_k \rangle =$$
$$= \left\langle \vec{u}_i, \sum_{s=1}^{m} b_{sk}\vec{u}_s \right\rangle = \sum_{s=1}^{m} \langle \vec{u}_i, \vec{u}_s \rangle b_{sk}$$

A matriz de Gram $\mathbf{g}(\vec{u}_1, \dots, \vec{u}_m)$ assume o valor $\langle \vec{u}_i, \vec{u}_s \rangle$ no par $(i, s) \in \mathbb{I}_m \times \mathbb{I}_m$. Como as igualdades (4.8) valem para cada $(i, k) \in \mathbb{I}_m \times \mathbb{I}_n$, segue-se:

(4.9)
$$\mathbf{b} = \mathbf{g}(\vec{u}_1, \dots, \vec{u}_m)\mathbf{B}$$

o que encerra a demonstração.

4-2-5 - Corolário: Dados espaços vetoriais $\mathbb{E}$ e $\mathbb{F}$, seja $\beta \in \mathcal{B}(\mathbb{E} \times \mathbb{F})$ uma forma bilinear. Sejam $\mathbb{U} \subseteq \mathbb{E}$, $\mathbb{V} \subseteq \mathbb{F}$, $\mathbf{b}$, $\mathbf{B}$ e $\mathbf{B}^*$ como no Teorema 4-2-4. Se as bases $\mathbb{U}$ e $\mathbb{V}$ são ambas ortonormais, então $\mathbf{b} = \mathbf{B} = (\mathbf{B}^*)^{\mathbf{T}}$. Portanto, a matriz $\mathbf{b}$ da forma bilinear β coincide com a matriz $\mathbf{B}$ da transformação linear $B \in \mathrm{hom}(\mathbb{F}, \mathbb{E})$.

Demonstração: De fato, se as bases $\mathbb{U}$ e $\mathbb{V}$ são ortonormais então a matriz de Gram $\mathbf{g}(\vec{u}_1, \dots, \vec{u}_m)$ é a matriz identidade $\mathbf{I}_m \in \mathbb{M}(m \times m)$ e a matriz de Gram $\mathbf{g}(\vec{v}_1, \dots, \vec{v}_n)$ é a matriz identidade $\mathbf{I}_n \in \mathbb{M}(n \times n)$.

Quando for $\mathbb{E} = \mathbb{F}$, será considerada, a menos de aviso em contrário, a matriz $\mathbf{b} = [b_{ik}]$ da forma bilinear $\beta \in \mathcal{B}(\mathbb{E} \times \mathbb{E})$ relativamente a *uma única base* $\mathbb{U} = \{\vec{u}_1, \dots, \vec{u}_n\} \subseteq \mathbb{E}$ (onde $n = \dim \mathbb{E}$). Esta matriz é definida por:

$$b_{ik} = \beta(\vec{u}_i, \vec{u}_k), \quad i, k = 1, \dots, n$$

CAPÍTULO 4 – FORMAS E FUNÇÕES QUADRÁTICAS   37

Seja $B \in$ hom($\mathbb{E}$) o operador que corresponde a β pelo Corolário 4-2-3. Sejam **b** e **B** respectivamente a matriz de β e de B relativamente à base $\mathbb{U}$. O Teorema 4-2-4 diz que vale:

$$\mathbf{b} = \mathbf{g}(\vec{u}_1, \dots, \vec{u}_n)\mathbf{B}$$

Portanto, quando a base $\mathbb{U}$ é ortonormal as matrizes **b** da forma bilinear β e **B** do operador linear B que lhe corresponde pelo Corolário 4-2-3 coincidem.

4-3 - Formas quadráticas.

Seja $\mathbb{E}$ um espaço vetorial. Uma função $\xi : \mathbb{E} \to \mathbb{R}$ chama-se uma *forma quadrática* quando existe uma forma bilinear $\beta : \mathbb{E} \times \mathbb{E} \to \mathbb{R}$ tal que $\xi(\vec{x}) = \beta(\vec{x}, \vec{x})$ para todo $\vec{x} \in \mathbb{E}$. Diz-se então que a forma quadrática $\xi : \mathbb{E} \to \mathbb{R}$ *provém* da forma bilinear $\beta \in \mathcal{B}(\mathbb{E} \times \mathbb{E})$.

Seja $\xi : \mathbb{E} \to \mathbb{R}$ a forma quadrática proveniente da forma bilinear $g \in \mathcal{B}(\mathbb{E} \times \mathbb{E})$. Se $h \in \mathcal{B}(\mathbb{E} \times \mathbb{E})$ é uma forma bilinear anti-simétrica, então $h(\vec{x}, \vec{x}) = 0$ para todo $\vec{x}$. Desta forma, $\xi(\vec{x}) = g(\vec{x}, \vec{x}) = g(\vec{x}, \vec{x}) + h(\vec{x}, \vec{x}) = (g + h)(\vec{x}, \vec{x})$ para todo $\vec{x}$. Contudo existe, para cada forma quadrática $\xi : \mathbb{E} \to \mathbb{R}$, *uma única forma bilinear simétrica* $\beta \in \mathcal{B}(\mathbb{E} \times \mathbb{E})$ tal que $\xi(\vec{x}) = \beta(\vec{x}, \vec{x})$ para todo $\vec{x}$. Isto é o que mostra o próximo teorema.

4-3-1 - Teorema: Dado um espaço vetorial $\mathbb{E}$, seja $\xi : \mathbb{E} \to \mathbb{R}$ uma forma quadrática. Então existe uma única forma bilinear simétrica $\beta : \mathbb{E} \times \mathbb{E} \to \mathbb{R}$ tal que $\xi(\vec{x}) = \beta(\vec{x}, \vec{x})$ para todo $\vec{x} \in \mathbb{E}$.

Demonstração:

Existência: Seja $g \in \mathcal{B}(\mathbb{E} \times \mathbb{E})$ uma forma bilinear da qual provém ξ. A forma bilinear $\beta : \mathbb{E} \times \mathbb{E} \to \mathbb{R}$ definida

38 PARABOLÓIDES N-DIMENSIONAIS

pondo:

$$\beta(\vec{x}, \vec{y}) = \frac{g(\vec{x}, \vec{y}) + g(\vec{y}, \vec{x})}{2}$$

é simétrica, e se tem:

$$\xi(\vec{x}) = g(\vec{x}, \vec{x}) =$$

$$= \frac{g(\vec{x}, \vec{x}) + g(\vec{x}, \vec{x})}{2} = \beta(\vec{x}, \vec{x})$$

para todo $\vec{x} \in \mathbb{E}$.

Unicidade: Seja $\beta : \mathbb{E} \times \mathbb{E} \to \mathbb{R}$ uma forma bilinear simétrica da qual provém ξ. Da bilinearidade e simetria de β seguem as igualdades:

$$\beta(\vec{x}, \vec{y}) =$$

$$= \frac{1}{2}[\beta(\vec{x} + \vec{y}, \vec{x} + \vec{y}) - \beta(\vec{x}, \vec{x}) - \beta(\vec{y}, \vec{y})] =$$

$$= \frac{1}{2}[\beta(\vec{x}, \vec{x}) + \beta(\vec{y}, \vec{y}) - \beta(\vec{x} - \vec{y}, \vec{x} - \vec{y})] =$$

$$= \frac{1}{4}[\beta(\vec{x} + \vec{y}, \vec{x} + \vec{y}) - \beta(\vec{x} - \vec{y}, \vec{x} - \vec{y})]$$

Portanto,

(4.10)

$$\boxed{\begin{aligned} \beta(\vec{x}, \vec{y}) &= \\ &= \frac{1}{2}[\xi(\vec{x} + \vec{y}) - \xi(\vec{x}) - \xi(\vec{y})] = \\ &= \frac{1}{2}[\xi(\vec{x}) + \xi(\vec{y}) - \xi(\vec{x} - \vec{y})] = \\ &= \frac{1}{4}[\xi(\vec{x} + \vec{y}) - \xi(\vec{x} - \vec{y})] \end{aligned}}$$

para todo $(\vec{x}, \vec{y}) \in \mathbb{E} \times \mathbb{E}$. Isto prova a unicidade da forma bilinear simétrica da qual provém ξ e conclui a demonstração.

4-3-2 - Corolário: Seja $\xi : \mathbb{E} \to \mathbb{R}$ uma forma quadrática definida num espaço vetorial $\mathbb{E}$. Então existe um único

CAPÍTULO 4 – FORMAS E FUNÇÕES QUADRÁTICAS   **39**

operador linear auto-adjunto $A \in \text{hom}(\mathbb{E})$ tal que $\xi(\vec{x}) = \langle \vec{x}, A\vec{x} \rangle$ para todo $\vec{x} \in \mathbb{E}$.

Demonstração: Pelo Teorema 4-3-1, existe uma única forma bilinear simétrica $\beta \in \mathcal{B}(\mathbb{E} \times \mathbb{E})$ tal que $\xi(\vec{x}) = \beta(\vec{x}, \vec{x})$ para todo $\vec{x} \in \mathbb{E}$. O Corolário 4-2-3, por sua vez, diz que existe um único operador linear auto-adjunto $A \in \text{hom}(\mathbb{E})$ tal que $\beta(\vec{x}, \vec{y}) = \langle \vec{x}, A\vec{y} \rangle$ para todo par $(\vec{x}, \vec{y}) \in \mathbb{E} \times \mathbb{E}$. Logo, o resultado segue.

O operador auto-adjunto A dado pelo Corolário 4-3-2 diz-se *associado* à forma quadrática ξ. Os autovetores e os autovalores de A são respectivamente os *autovetores* e os *autovalores da forma quadrática* ξ.

O *posto* da forma quadrática ξ, indicado com a notação $\rho(\xi)$, é o posto do operador auto-adjunto A associado a ξ. Portanto, $\rho(\xi) = \dim[\text{Im}(A)]$. Pelo item 3-5-2, o posto de ξ é o número de seus autovetores que correspondem a autovalores não-nulos.

A *matriz da forma quadrática* ξ na base $\mathbb{U} = \{\vec{u}_1, \ldots, \vec{u}_n\}$ de $\mathbb{E}$ é a matriz **b**, nesta mesma base, da forma bilinear simétrica $\beta \in \mathcal{B}(\mathbb{E} \times \mathbb{E})$ da qual provém ξ. Sendo **b** $= [b_{ik}] = [\beta(\vec{u}_i, \vec{u}_k)]$, o Teorema 4-3-1 diz que a matriz **b** da forma quadrática ξ na base $\mathbb{U}$ pode ser calculada por qualquer uma das seguintes fórmulas:

$$b_{ik} = \frac{\xi(\vec{u}_i + \vec{u}_k) - \xi(\vec{u}_i) - \xi(\vec{u}_k)}{2}$$

$$b_{ik} = \frac{\xi(\vec{u}_i) + \xi(\vec{u}_k) - \xi(\vec{u}_i - \vec{u}_k)}{2}$$

$$b_{ik} = \frac{\xi(\vec{u}_i + \vec{u}_k) - \xi(\vec{u}_i - \vec{u}_k)}{4}$$

Quando a base $\mathbb{U}$ for ortonormal, a matriz **b** de ξ na

40 PARABOLÓIDES N-DIMENSIONAIS

base $\mathbb{U}$ coincide com a matriz $\mathbf{A}$, nesta mesma base, do operador auto-adjunto A associado a ξ.

4-3-3 - Observações:

4-3-3-1: Como se pode mostrar facilmente, as operações usuais de soma de funções e produto de função por número real definem no conjunto $\mathcal{Q}(\mathbb{E})$ das formas quadráticas $\xi : \mathbb{E} \to \mathbb{R}$ uma estrutura de espaço vetorial real.

4-3-3-2: Seja $\xi : \mathbb{E} \to \mathbb{R}$ uma forma quadrática definida no espaço vetorial $\mathbb{E}$. Sejam $\mathbf{b} = [b_{ik}]$ a matriz de ξ na base $\mathbb{U} = \{\vec{u}_1, \ldots, \vec{u}_n\}$ de $\mathbb{E}$ e $\beta \in \mathcal{B}(\mathbb{E} \times \mathbb{E})$ a forma bilinear simétrica da qual provém ξ. Da Observação 4-2-1-4 segue:

$$\xi(\vec{x}) = \beta(\vec{x}, \vec{x}) = \sum_{i=1}^{n} \sum_{k=1}^{n} b_{ik} x_i x_k$$

onde os números x_i, x_k $(i, k \in \mathbb{I}_n)$ são as componentes do vetor $\vec{x} \in \mathbb{E}$ na base $\mathbb{U}$. Portanto, formas quadráticas se exprimem como *polinômios homogêneos de grau dois* nas variáveis $x_1, \ldots, x_n$.

4-3-3-3: Sejam $\mathbf{b}$, $\beta \in \mathcal{B}(\mathbb{E} \times \mathbb{E})$ e $\mathbb{U}$ como na Observação 4-3-3-2. A forma bilinear β sendo simétrica, a matriz $\mathbf{b}$ é simétrica. Com efeito, $b_{ik} = \beta(\vec{u}_i, \vec{u}_k) = \beta(\vec{u}_k, \vec{u}_i) = b_{ki}$ para todo par $(i, k) \in \mathbb{I}_n \times \mathbb{I}_n$.

4-3-3-4: Pela associatividade da adição de números reais tem-se:

$$\xi(\vec{x}) = \sum_{k=1}^{n} \sum_{l=1}^{n} b_{kl} x_k x_l =$$

$$= \sum_{k=1}^{n} b_{kk} x_k^2 +$$

$$+ \sum_{k<l} b_{kl}x_kx_l + \sum_{k>l} b_{kl}x_ix_k =$$

$$= \sum_{k=1}^{n} b_{kk}x_k^2 +$$

$$+ \sum_{k<l} b_{kl}x_kx_l + \sum_{k<l} b_{lk}x_kx_l$$

Como a matriz $\mathbf{b}$ é simétrica, $b_{kl} = b_{lk}$ para todo par $(k, l) \in \mathbb{I}_n \times \mathbb{I}_n$. Desta forma,

$$\xi(\vec{x}) = \sum_{k=1}^{n} b_{kk}x_k^2 + \sum_{k<l} 2b_{kl}x_kx_l$$

onde os números reais x_k, x_l $(k, l \in \mathbb{I}_n)$ são as componentes do vetor $\vec{x} \in \mathbb{E}$ na base $\mathbb{U}$.

4-3-4 - Exemplos:

4-3-4-1: Sejam $\varphi_1, \varphi_2 : \mathbb{E} \to \mathbb{R}$ funcionais lineares definidos no espaço vetorial $\mathbb{E}$. Seja $\beta : \mathbb{E} \times \mathbb{E} \to \mathbb{R}$ a função definida pondo:

$$g(\vec{x}, \vec{y}) = \varphi_1(\vec{x})\varphi_2(\vec{y})$$

para todo par $(\vec{x}, \vec{y}) \in \mathbb{E} \times \mathbb{E}$. Resulta da linearidade de φ_k $(k = 1,2)$ que a função g definida acima é uma forma bilinear. A forma bilinear β, definida em $\mathbb{E} \times \mathbb{E}$ por:

$$\beta(\vec{x}, \vec{y}) = \frac{1}{2}[\varphi_1(\vec{x})\varphi_2(\vec{y}) + \varphi_1(\vec{y})\varphi_2(\vec{x})]$$

é simétrica. A função $\xi : \mathbb{E} \to \mathbb{R}$ definida por:

$$\xi(\vec{x}) = \varphi_1(\vec{x})\varphi_2(\vec{x})$$

é a forma quadrática proveniente de β.

4-3-4-2: Seja $\xi : \mathbb{E} \to \mathbb{R}$ a função definida no espaço vetorial $\mathbb{E}$ por:

$$\xi(\vec{x}) = \sum_{\mu=1}^{n} \sum_{v=1}^{n} a_{\mu v}x_\mu x_v$$

onde os números x_μ, x_v $(\mu, v \in \mathbb{I}_n)$ são as componentes do vetor $\vec{x} \in \mathbb{E}$ na base $\mathbb{U} = \{\vec{u}_1, \dots, \vec{u}_n\} \subseteq \mathbb{E}$. Seja $\mathbb{U}^* =$

42 PARABOLÓIDES N-DIMENSIONAIS

$\{u_1^*, \ldots, u_n^*\}$ a base dual da base $\mathbb{U}$. Tem-se $u_\mu^*(\vec{x}) = x_\mu$ e $u_v^*(\vec{x}) = x_v$ $(\mu, v \in \mathbb{I}_n)$. Portanto,

$$\xi(\vec{x}) = \sum_{\mu=1}^n \sum_{v=1}^n a_{\mu v} u_\mu^*(\vec{x}) u_v^*(\vec{x})$$

Segue desta igualdade, da Observação 4-3-3-1 e do Exemplo 4-3-4-1 que a função ξ definida acima é uma forma quadrática. Ela é proveniente da forma bilinear simétrica β definida em $\mathbb{E} \times \mathbb{E}$ por:

$$\beta(\vec{x}, \vec{y}) =$$

$$= \frac{1}{2} \sum_{\mu=1}^n \sum_{v=1}^n a_{\mu v} u_\mu^*(\vec{x}) u_v^*(\vec{y}) +$$

$$+ \frac{1}{2} \sum_{\mu=1}^n \sum_{v=1}^n a_{\mu v} u_\mu^*(\vec{y}) u_v^*(\vec{x})$$

Seja $\mathbf{b} = [b_{ik}]$ a matriz de ξ na base $\mathbb{U}$. Tem-se $b_{ik} = \beta(\vec{u}_i, \vec{u}_k)$ para todo $(i, k) \in \mathbb{I}_n \times \mathbb{I}_n$. Uma vez que:

$$u_\mu^*(\vec{u}_i) u_v^*(\vec{u}_k) + u_\mu^*(\vec{u}_k) u_v^*(\vec{u}_i) =$$

$$= \delta_{\mu i} \delta_{vk} + \delta_{\mu k} \delta_{vi}$$

segue-se:

$$b_{ik} = \frac{1}{2} \sum_{\mu=1}^n \sum_{v=1}^n a_{\mu v}(\delta_{\mu i}\delta_{vk} + \delta_{\mu k}\delta_{vi}) =$$

$$= \frac{1}{2} \sum_{\mu=1}^n \sum_{v=1}^n a_{\mu v}\delta_{\mu i}\delta_{vk} +$$

$$+ \frac{1}{2} \sum_{\mu=1}^n \sum_{v=1}^n a_{\mu v}\delta_{\mu k}\delta_{vi} =$$

$$= \frac{1}{2} \sum_{\mu=1}^n \delta_{\mu i}\left(\sum_{v=1}^n a_{\mu v}\delta_{vk}\right) +$$

$$+ \frac{1}{2} \sum_{\mu=1}^n \delta_{\mu k}\left(\sum_{v=1}^n a_{\mu v}\delta_{vi}\right) =$$

$$= \frac{1}{2}\left[\sum_{\mu=1}^n a_{\mu k}\delta_{\mu i} + \sum_{\mu=1}^n a_{\mu i}\delta_{\mu k}\right] =$$

$$= \frac{1}{2}(a_{ik} + a_{ki})$$

CAPÍTULO 4 – FORMAS E FUNÇÕES QUADRÁTICAS   43

Seja $\mathbf{a} \in \mathbb{M}(n \times n)$ a matriz $[a_{\mu\nu}]$. Pelas igualdades acima, $\mathbf{b}$ $= (1/2)(\mathbf{a} + \mathbf{a}^{\mathbf{T}})$.

4-3-4-3: Seja $\xi : \mathbb{E} \to \mathbb{R}$ a função definida por:

$$\xi(\vec{x}) = \sum_{\mu=1}^{n} c_\mu x_\mu^2 + \sum_{\mu<\nu} c_{\mu\nu} x_\mu x_\nu$$

onde os números x_μ, x_ν ($\mu, \nu \in \mathbb{I}_n$) são as componentes do vetor $\vec{x} \in \mathbb{E}$ na base $\mathbb{U} = \{\vec{u}_1, \ldots, \vec{u}_n\} \subseteq \mathbb{E}$. Fazendo $a_{ik} = c_k$ se $i = k$ e $a_{ik} = a_{ki} = c_{ik}/2$ se $i < k$ ($i,k = 1,\ldots,n$), da Observação 4-3-3-4 resulta:

$$\xi(\vec{x}) =$$

$$= \sum_{\mu=1}^{n} a_{\mu\mu} x_\mu^2 + \sum_{\mu<\nu} 2a_{\mu\nu} x_\mu x_\nu =$$

$$= \sum_{\mu=1}^{n} \sum_{\nu=1}^{n} a_{\mu\nu} x_\mu x_\nu$$

Logo, ξ é uma forma quadrática. Seja $\mathbf{b}$ a matriz $[b_{ik}]$ de ξ na base $\mathbb{U}$. A matriz $\mathbf{a} = [a_{\mu\nu}]$ sendo simétrica, segue do Exemplo 4-3-4-2 que se tem $\mathbf{b} = \mathbf{a}$. Por conseguinte,

$$b_{ik} = \begin{cases} c_k, & \text{se } i = k \\ c_{ik}/2 & \text{se } i < k \end{cases}$$

4-3-4-4: Seja $\xi : \mathbb{R}^2 \to \mathbb{R}$ a forma quadrática definida por $\xi(x, y) = ax^2 + by^2 + cxy$. Pelo Exemplo 4-3-4-3, a matriz $\mathbf{b}$ de ξ na base canônica $\{\vec{e}_1, \vec{e}_2\}$ de $\mathbb{R}^2$ é:

$$\mathbf{b} = \begin{bmatrix} b_{11} & b_{12} \\ b_{12} & b_{22} \end{bmatrix} = \begin{bmatrix} a & c/2 \\ c/2 & b \end{bmatrix}$$

Como a base canônica é ortonormal, $\mathbf{b}$ é a matriz, nesta mesma base, do operador auto-adjunto associado a ξ.

4-3-4-5: Seja $\xi : \mathbb{R}^3 \to \mathbb{R}$ a forma quadrática definida pondo:

$$\xi(x, y, z) = c_1 x^2 + c_2 y^2 + c_3 z^2 +$$

$$+ c_{12}xy + c_{13}xz + c_{23}yz$$

para cada ponto $(x, y, z) \in \mathbb{R}^3$. Resulta do Exemplo 4-3-4-3 que a matriz $\mathbf{b}$ de ξ na base canônica $\{\vec{e}_1, \vec{e}_2, \vec{e}_3\}$ de $\mathbb{R}^3$ é:

$$\mathbf{b} = \begin{bmatrix} c_1 & c_{12}/2 & c_{13}/2 \\ c_{12}/2 & c_2 & c_{23}/2 \\ c_{13}/2 & c_{23}/2 & c_3 \end{bmatrix}$$

4-3-4-6: Seja $\xi : \mathbb{R}^2 \to \mathbb{R}$ definida pondo:

$$\xi(x, y) = xy$$

para cada $\vec{x} = (x, y) \in \mathbb{R}^2$. Pelo Exemplo 4-3-4-4, a matriz $\mathbf{b}$ de ξ na base canônica $\{\vec{e}_1, \vec{e}_2\}$ de $\mathbb{R}^2$ é:

$$\mathbf{b} = \begin{bmatrix} c_1 & c_{12}/2 \\ c_{12}/2 & c_2 \end{bmatrix} = \begin{bmatrix} 0 & 1/2 \\ 1/2 & 0 \end{bmatrix}$$

4-3-4-7: Seja ξ a forma quadrática definida em $\mathbb{R}^3$ por:

$$\xi(x, y, z) = xy + xz$$

Tem-se $c_1 = c_2 = c_3 = c_{23} = 0$ e $c_{12} = c_{13} = 1$. Pelo Exemplo 4-3-4-5, a matriz $\mathbf{b}$ de ξ na base canônica $\{\vec{e}_1, \vec{e}_2, \vec{e}_3\}$ de $\mathbb{R}^3$ é:

$$\mathbf{b} = \begin{bmatrix} 0 & 1/2 & 1/2 \\ 1/2 & 0 & 0 \\ 1/2 & 0 & 0 \end{bmatrix}$$

4-3-4-8: Decorre do Exemplo 4-3-4-5 que a martiz $\mathbf{b}$, na base canônica $\{\vec{e}_1, \vec{e}_2, \vec{e}_3\}$, da forma quadrática $\xi : \mathbb{R}^3 \to \mathbb{R}$ definida por $\xi(x, y, z) = xy + xz + yz$, é:

$$\mathbf{b} = \begin{bmatrix} 0 & 1/2 & 1/2 \\ 1/2 & 0 & 1/2 \\ 1/2 & 1/2 & 0 \end{bmatrix}$$

CAPÍTULO 4 – FORMAS E FUNÇÕES QUADRÁTICAS   45

Dado um espaço vetorial $\mathbb{E}$, seja $\mathbf{b} = [b_{ik}]$ a matriz, na base $\mathbb{U} = \{\vec{u}_1, \ldots, \vec{u}_n\} \subseteq \mathbb{E}$, da forma quadrática $\xi : \mathbb{E} \to \mathbb{R}$. Pela Observação 4-3-3-2, tem-se $\xi(\vec{x}) = \sum_{i=1}^{n} \sum_{k=1}^{n} b_{ik} x_i x_k$, onde os números x_i, x_k ($i, k = 1, \ldots, n$) são as componentes do vetor $\vec{x} \in \mathbb{E}$ na base $\mathbb{U}$. Se a matriz $\mathbf{b}$ é *diagonal*, ou seja, $b_{ik} = 0$ se $i \neq k$, $\xi(\vec{x})$ se escreve como $\sum_{k=1}^{n} b_{kk} x_k^2$. O próximo teorema mostra que para cada forma quadrática $\xi : \mathbb{E} \to \mathbb{R}$ existe uma base *ortonormal* $\mathbb{U} = \mathbb{U}_\xi \subseteq \mathbb{E}$ na qual a matriz $\mathbf{b}$ de ξ é diagonal.

4-3-5 - Teorema: Dado um espaço vetorial $\mathbb{E}$, seja $\xi : \mathbb{E} \to \mathbb{R}$ uma forma quadrática. Então existe uma base ortonormal $\mathbb{U} = \{\vec{u}_1, \ldots, \vec{u}_n\} \subseteq \mathbb{E}$ tal que a matriz $\mathbf{b} = [b_{ik}]$ de ξ na base $\mathbb{U}$ é diagonal. Noutros termos, se tem $b_{ik} = 0$ se i é diferente de k.

Demonstração: Seja $A \in \hom(\mathbb{E})$ o operador auto-adjunto associado a ξ. Noutras palavras $A : \mathbb{E} \to \mathbb{E}$ é o operador auto-adjunto tal que $\xi(\vec{x}) = \langle \vec{x}, A\vec{x} \rangle$ para todo $\vec{x} \in \mathbb{E}$. Pelo Teorema 13.6 de Lima (2001, p. 167) existe uma base ortonormal $\mathbb{U} = \{\vec{u}_1, \ldots, \vec{u}_n\}$ formada por autovetores de A. Como a base $\mathbb{U}$ é ortonormal, a matriz $\mathbf{b} = [b_{ik}]$ da forma quadrática ξ na base $\mathbb{U}$ coincide com a matriz $\mathbf{a} = [a_{ik}]$ do operador auto-adjunto A nesta mesma base. Seja λ_k ($k = 1, \ldots, n$) o autovalor correspondente ao autovetor $\vec{u}_k$. Como $A\vec{u}_k = \lambda_k \vec{u}_k$ ($k = 1, \ldots, n$), se tem $b_{ik} = a_{ik} = \lambda_k$ se $i = k$ e $b_{ik} = a_{ik} = 0$ se $i \neq k$. Logo, o resultado segue.

Dada uma forma quadrática $\xi : \mathbb{E} \to \mathbb{R}$ definida no espaço vetorial $\mathbb{E}$, seja $\mathbb{U} = \{\vec{u}_1, \ldots, \vec{u}_n\} \subseteq \mathbb{E}$ uma base ortonormal formada por autovetores do operador auto-adjunto A associado a ξ. Tem-se então $A\vec{u}_k = \lambda_k \vec{u}_k$, onde os números reais λ_k ($k = 1, \ldots, n$) são os autovalores correspondentes aos autovetores $\vec{u}_k$. Tem-se então $b_{ik} =$

46 PARABOLÓIDES N-DIMENSIONAIS

$\langle \vec{u}_i, A\vec{u}_k \rangle = \lambda_k$ se $i = k$ e $b_{ik} = 0$ se $i \neq k$. Cada uma das componentes x_k $(k = 1,...,n)$ do vetor $\vec{x} \in \mathbb{E}$ na base $\mathbb{U}$ se escreve como $x_k = \langle \vec{x}, \vec{u}_k \rangle$. Por conseguinte, a expressão para $\xi(\vec{x})$ relativamente à base $\mathbb{U}$ torna-se:

$$\xi(\vec{x}) = \sum_{k=1}^{n} \lambda_k \langle \vec{x}, \vec{u}_k \rangle^2$$

Diz-se então que a forma quadrática ξ está *diagonalizada*. Pelo Teorema 4-3-5, toda forma quadrática $\xi : \mathbb{E} \to \mathbb{R}$ pode ser diagonalizada.

4-3-6 - Exemplos:

4-3-6-1: Seja $\xi : \mathbb{R}^2 \to \mathbb{R}$ a forma quadrática do Exemplo 4-3-4-6. Como a base canônica $\{\vec{e}_1, \vec{e}_2\}$ é ortonormal, a matriz **b** de ξ obtida no Exemplo 4-3-4-6 é a matriz **a**, nesta mesma base, do operador auto-adjunto A associado a ξ. Assim sendo, os autovalores de A são as soluções de sua *equação característica*:

$$\det(\mathbf{a} - \lambda\mathbf{I}_2) =$$

$$= \det \begin{bmatrix} -\lambda & 1/2 \\ 1/2 & -\lambda \end{bmatrix} = \lambda^2 - \frac{1}{4} = 0$$

Assim sendo, os autovalores de A e portanto da forma quadrática ξ, são $\lambda_1 = -1/2$ e $\lambda_2 = 1/2$. Segue-se que o posto $\rho(\xi)$ de ξ é igual a dois. Os autovetores correspondentes a estes autovalores são os vetores *não-nulos* dos subespaços $\ker(A - \lambda_1 I_2)$ e $\ker(A - \lambda_2 I_2)$, onde $I_2 : \mathbb{R}^2 \to \mathbb{R}^2$ é o operador identidade. Portanto, os autovetores correspondentes aos autovalores λ_1, λ_2 são soluções *não triviais* dos seguintes sistemas lineares:

$$\begin{cases} (1/2)x + (1/2)y = 0 \\ (1/2)x + (1/2)y = 0 \end{cases}$$

CAPÍTULO 4 – FORMAS E FUNÇÕES QUADRÁTICAS   47

$$\begin{cases} -(1/2)x + (1/2)y = 0 \\ (1/2)x - (1/2)y = 0 \end{cases}$$

Segue-se que $\vec{u}_1 = (1/2)(\sqrt{2}, -\sqrt{2})$ é um autovetor correspondente ao autovalor λ_1 e $\vec{u}_2 = (1/2)(\sqrt{2}, \sqrt{2})$ é um autovetor do autovalor λ_2. Sendo o operador A auto-adjunto, $\vec{u}_1$ e $\vec{u}_2$ formam uma base ortonormal $\mathbb{U} = \{\vec{u}_1, \vec{u}_2\}$ de autovetores de A. Relativamente à base $\mathbb{U}$, o valor $\xi(\vec{x})$ assumido por ξ no vetor $\vec{x} = (x, y) \in \mathbb{R}^2$ se escreve como:

$$\xi(\vec{x}) = -\frac{\langle \vec{x}, \vec{u}_1 \rangle^2}{2} + \frac{\langle \vec{x}, \vec{u}_2 \rangle^2}{2}$$

Indicando com X e Y respectivamente as componentes $\langle \vec{x}, \vec{u}_1 \rangle$ e $\langle \vec{x}, \vec{u}_2 \rangle$ do vetor $\vec{x} \in \mathbb{R}^2$ na base $\mathbb{U}$, tem-se:

$$\xi(\vec{x}) = -\frac{X^2}{2} + \frac{Y^2}{2}$$

para todo $\vec{x} = X\vec{u}_1 + Y\vec{u}_2 \in \mathbb{R}^2$.

4-3-6-2: Seja $\xi : \mathbb{R}^3 \to \mathbb{R}$ a forma quadrática definida pondo:

$$\xi(x, y, z) = xy + xz$$

para todo vetor $\vec{x} = (x, y, z) \in \mathbb{R}^3$. Seja **a** a matriz, na base canônica $\{\vec{e}_1, \vec{e}_2, \vec{e}_3\}$, do operador auto-adjunto $A \in \text{hom}(\mathbb{R}^3)$ associado a ξ. Como a base canônica é ortonormal, a matriz **a** é igual à matriz **b** obtida no Exemplo 4-3-4-7. Tem-se:

$$\det(\mathbf{a} - \lambda \mathbf{I}_3) = \det(\mathbf{b} - \lambda \mathbf{I}_3) =$$

$$= \det \begin{bmatrix} -\lambda & 1/2 & 1/2 \\ 1/2 & -\lambda & 0 \\ 1/2 & 0 & -\lambda \end{bmatrix} =$$

48   PARABOLÓIDES N-DIMENSIONAIS

$$= -\lambda\left(\lambda^2 - \frac{1}{2}\right)$$

para todo número real λ. Resulta disto que os autovalores de ξ são $\lambda_1 = -\sqrt{2}/2$, $\lambda_2 = 0$ e $\lambda_3 = \sqrt{2}/2$. Os autovetores correspondentes a estes autovalores são as soluções não triviais dos sistemas lineares:

$$\begin{cases} -\lambda_k x + (1/2)y + (1/2)z = 0 \\ \quad (1/2)x - \lambda_k y = 0 \\ \quad (1/2)x - \lambda_k z = 0 \end{cases}$$

onde $k = 1,2,3$. Assim, obtém-se os autovetores:

$$\vec{u}_1 = \frac{1}{2}\left(\sqrt{2},-1,-1\right)$$

$$\vec{u}_2 = \frac{\sqrt{2}}{2}(0,1,-1)$$

$$\vec{u}_3 = \frac{1}{2}\left(\sqrt{2},1,1\right)$$

que correspondem aos autovalores λ_1, λ_2 e λ_3, nesta ordem. Como λ_1 e λ_3 são diferentes de zero, ξ é uma forma quadrática de posto 2. Indicando com X, Y e Z respectivamente as componentes $\langle \vec{x}, \vec{u}_1 \rangle$, $\langle \vec{x}, \vec{u}_2 \rangle$ e $\langle \vec{x}, \vec{u}_3 \rangle$ do vetor $\vec{x} \in \mathbb{R}^3$ na base ortonormal $\mathbb{U} = \{\vec{u}_1, \vec{u}_2, \vec{u}_3\}$, tem-se:

$$\xi(\vec{x}) = -\frac{\sqrt{2}}{2}X^2 + \frac{\sqrt{2}}{2}Z^2$$

para todo $\vec{x} = X\vec{u}_1 + Y\vec{u}_2 + Z\vec{u}_3 \in \mathbb{R}^3$.

4-3-6-3: Seja agora $\xi : \mathbb{R}^3 \to \mathbb{R}$ definida pondo:

$$\xi(x,y,z) = xy + xz + yz$$

para todo $\vec{x} = (x,y,z) \in \mathbb{R}^3$. Pelo exposto acima e pelo Exemplo 4-3-4-8, o *polinômio característico* $p_A : \mathbb{R} \to \mathbb{R}$ do operador auto-adjunto $A \in \mathrm{hom}(\mathbb{R}^3)$ associado a ξ é dado por:

CAPÍTULO 4 – FORMAS E FUNÇÕES QUADRÁTICAS   49

$$p_A(\lambda) = \det \begin{bmatrix} -\lambda & 1/2 & 1/2 \\ 1/2 & -\lambda & 1/2 \\ 1/2 & 1/2 & -\lambda \end{bmatrix} =$$

$$= 4\lambda^3 - 3\lambda - 1 = (\lambda - 1)(2\lambda + 1)^2$$

Por conseguinte, os autovalores de A (e portanto de ξ) são $\lambda_1 = \lambda_2 = -1/2$ e $\lambda_3 = 1$. Como estes autovalores são não-nulos, o posto de A (e portanto de ξ) é igual a 3. Os autovetores de ξ são as soluções não triviais dos sistemas lineares:

$$\begin{cases} -\lambda_k x + (1/2)y + (1/2)z = 0 \\ (1/2)x - \lambda_k y + (1/2)z = 0 \\ (1/2)x + (1/2)y - \lambda_k z = 0 \end{cases}$$

onde $k = 1,3$. Resolvendo (por eliminação gaussiana) os sistemas lineares acima, obtém-se os autovatores:

$$\vec{u}_1 = \frac{\sqrt{2}}{2}(0, 1, -1)$$

$$\vec{u}_2 = \frac{\sqrt{6}}{6}(2, -1, -1)$$

que correspondem ao autovalor $\lambda_1 = -1/2$, e:

$$\vec{u}_3 = \frac{\sqrt{3}}{3}(1, 1, 1)$$

que corresponde ao autovalor $\lambda_3 = 1$. A base $\mathbb{U} = \{\vec{u}_1, \vec{u}_2, \vec{u}_3\}$ formada por estes autovetores é ortonormal. Tem-se:

$$\xi(\vec{x}) = -\frac{1}{2}(X^2 + Y^2) + Z^2$$

para todo $\vec{x} = X\vec{u}_1 + Y\vec{u}_2 + Z\vec{u}_3 \in \mathbb{R}^3$.

4-3-6-4: Dada uma forma quadrática $g : \mathbb{R}^n \to \mathbb{R}$, seja

50 PARABOLÓIDES N-DIMENSIONAIS

$B \in \hom(\mathbb{R}^n)$ o operador auto-adjunto associado a g. Tem-se $g(\vec{x}) = \langle \vec{x}, B\vec{x} \rangle$ para todo $\vec{x} \in \mathbb{R}^n$. Sejam $\mathbb{B} = \{\vec{u}_1, \dots, \vec{u}_n\}$ uma base ortonormal formada por autovetores de B e $\lambda_1, \dots, \lambda_n$ os autovalores correspondentes aos autovetores $\vec{u}_1, \dots, \vec{u}_n$, nesta ordem. Seja $A : \mathbb{R}^n \to \mathbb{R}^n$ o operador linear definido pondo:

$$A\vec{e}_k = \lambda_k \vec{e}_k, \quad k = 1, \dots, n$$

Os vetores $\vec{e}_1, \dots, \vec{e}_n$ da base canônica de $\mathbb{R}^n$ são autovetores de A, com os mesmos autovalores de B. Como a base canônica de $\mathbb{R}^n$ é ortonormal, o operador linear A é auto-adjunto (Lima, 2001, p. 168). Seja $G : \mathbb{R}^n \to \mathbb{R}^n$ o operador linear definido pondo:

$$G\vec{u}_k = \vec{e}_k, \quad k = 1, \dots, n$$

O operador linear G é *ortogonal*, porque transforma a base ortonormal $\mathbb{B}$ de $\mathbb{R}^n$ na base canônica, que é também ortonormal (Lima, 2001, p. 184). O operador linear G é um isomorfismo, sendo seu inverso G^{-1} definido por:

$$G^{-1}\vec{e}_k = \vec{u}_k, \quad k = 1, \dots, n$$

Assim sendo, valem, para cada $k \in \mathbb{I}_n$, as seguintes igualdades:

$$G^{-1}AG\vec{u}_k = G^{-1}(A\vec{e}_k) =$$

$$= G^{-1}(\lambda_k \vec{e}_k) = \lambda_k G^{-1}\vec{e}_k =$$

$$= \lambda_k \vec{u}_k = B\vec{u}_k$$

Portanto, $B = G^{-1}AG$. O operador G sendo ortogonal, tem-se (Lima, 2001, p. 186) $G^{-1} = G^*$. Logo,

$$B = G^{-1}AG = G^*AG$$

Seja agora $\xi : \mathbb{R}^n \to \mathbb{R}$ a forma quadrática definida por:

$$\xi(\vec{x}) = \langle \vec{x}, A\vec{x} \rangle$$

Valem as igualdades:

CAPÍTULO 4 – FORMAS E FUNÇÕES QUADRÁTICAS   51

$$g(\vec{x}) = \langle \vec{x}, B\vec{x} \rangle =$$

$$= \langle \vec{x}, G^*AG\vec{x} \rangle = \langle G\vec{x}, AG\vec{x} \rangle = \xi(G\vec{x})$$

para qualquer $\vec{x} \in \mathbb{R}^n$. Desta forma,

$$g = \xi \circ G$$

Seja $\mathbf{g} = [g_{ik}]$ a matriz de G na base canônica. Como $G^{-1}\vec{e}_k$ $= G^*\vec{e}_k = \vec{u}_k$ $(k = 1,...,n)$, as linhas de $\mathbf{g}$ são as componentes dos vetores $\vec{u}_k$ $(k = 1,...,n)$ na base canônica. Os vetores $-\vec{u}_k$ $(k = 1,...,n)$ são autovetores de B com os mesmos autovalores. Assim sendo, tomando, se necessário, a base $\{-\vec{u}_1, \vec{u}_2, ..., \vec{u}_n\}$ em lugar da base $\mathbb{U}$, pode-se admitir, sem perda de generalidade, que $\det(G) = 1$, e portanto que o operador G é uma *rotação*. Logo, a forma quadrática g é a composta $\xi \circ G$ de ξ com a rotação $G : \mathbb{R}^n \to \mathbb{R}^n$.

4-3-6-5: Sejam $\xi, g : \mathbb{R}^n \to \mathbb{R}$, $A, B \in \hom(\mathbb{R}^n)$ e $\mathbb{B} \subseteq \mathbb{R}^n$ como no Exemplo 4-3-6-4. Sejam $X_1, ..., X_n$ as componentes do vetor $\vec{x} \in \mathbb{R}^n$ relativamente à base $\mathbb{B}$. O valor $g(\vec{x})$ assumido por g no vetor $\vec{x} \in \mathbb{R}^n$ se exprime na forma:

$$g(\vec{x}) = \sum_{k=1}^{n} \lambda_k X_k^2$$

Pelas definições de ξ e de A dadas acima, se tem:

$$\xi(\vec{x}) = \sum_{k=1}^{n} \lambda_k x_k^2$$

Portanto, as expressões de ξ relativamente à base canônica e de g relativamente à base $\mathbb{B}$ são polinômios homogêneos de grau dois *com os mesmos coeficientes*.

Os três últimos exemplos do parágrafo 4-3-4, juntamente com os três primeiros exemplos do parágrafo 4-3-6, mostram como diagonalizar uma forma quadrática definida em $\mathbb{R}^n$, onde $n = 2,3$, uma vez conhecida sua expressão relativamente à base canônica. Para isto,

52 PARABOLÓIDES N-DIMENSIONAIS

obtém-se a matriz da forma quadrática na base canônica, e em seguida os autovalores e autovetores da forma quadrática dada. No caso geral, os autovalores e autovetores podem ser obtidos através de programas de computador como, por exemplo, o MATLAB® ou o MATHCAD®.

Diz-se que uma forma quadrática $\xi : \mathbb{E} \to \mathbb{R}$, definida num espaço vetorial $\mathbb{E}$, é:

–*Não-negativa* quando $\xi(\vec{x}) \geq 0$ para todo $\vec{x} \in \mathbb{E}$.
–*Não-positiva* quando $\xi(\vec{x}) \leq 0$ para todo $\vec{x} \in \mathbb{E}$.
–*Positiva* quando $\xi(\vec{x}) > 0$ para todo $\vec{x} \in \mathbb{E} \setminus \{\vec{o}\}$.
–*Negativa* quando $\xi(\vec{x}) < 0$ para todo $\vec{x} \in \mathbb{E} \setminus \{\vec{o}\}$.
–*Indefinida* quando existem $\vec{x}_1, \vec{x}_2 \in \mathbb{E}$ tais que $\xi(\vec{x}_1) < 0$ e $\xi(\vec{x}_2) > 0$.

Seja $\xi : \mathbb{E} \to \mathbb{R}$ uma forma quadrática indefinida.

–O *índice* $\iota(\xi)$ de ξ é a maior das dimensões dos subespaços vetoriais $\mathbb{F} \subseteq \mathbb{E}$ tais que a restrição $\xi|\mathbb{F}$ de ξ a $\mathbb{F}$ é negativa.

–A *assinatura* $\sigma(\xi)$ de ξ é (Birkhoff, 1967, p. 387) a maior das dimensões dos subespaços vetoriais $\mathbb{F} \subseteq \mathbb{E}$ tais que a restrição $\xi|\mathbb{F}$ de ξ a $\mathbb{F}$ é positiva.

Diz-se que o índice de ξ é igual a zero se ξ é não-negativa e que a assinatura de ξ é igual a zero se ξ é não-positiva.

Seja $\xi : \mathbb{E} \to \mathbb{R}$ uma forma quadrática. Como o posto $\rho(\xi)$ de ξ é o posto do operador auto-adjunto A associado a ξ, segue do item 3-5-2 do Capítulo 3 que $\rho(\xi)$ é o número dos autovetores de ξ que correspondem aos autovalores não-nulos. O índice e a assinatura de ξ podem também ser obtidos através dos seus autovetores, como

CAPÍTULO 4 – FORMAS E FUNÇÕES QUADRÁTICAS   53

mostra o próximo teorema.

4-3-7 - Teorema: Dado um espaço vetorial $\mathbb{E}$, seja $\xi : \mathbb{E} \to \mathbb{R}$ uma forma quadrática. Então:

(a) O índice de ξ é o número de seus autovetores correspondentes a autovalores negativos.

(b) A assinatura de ξ é o número de seus autovetores que correspondem a autovalores positivos.

Demonstração: Sejam $A \in \text{hom}(\mathbb{E})$ o operador auto-adjunto associado a ξ e $\mathbb{B} = \{\vec{u}_1, \ldots, \vec{u}_p\} \subseteq \mathbb{E}$ (onde $p = \dim \mathbb{E}$) uma base ortonormal formada por autovetores de A (e portanto de ξ). Sejam $\lambda_1, \ldots, \lambda_p$ os autovalores correspondentes aos autovetores $\vec{u}_1, \ldots, \vec{u}_p$ nesta ordem. Tem-se $\xi(\vec{x}) = \sum_{k=1}^{p} \lambda_k \langle \vec{x}, \vec{u}_k \rangle^2$ para todo $\vec{x} \in \mathbb{E}$. Logo, ξ é não-negativa (resp. não-positiva), em cujo caso $\iota(\xi) = 0$ (resp. $\sigma(\xi) = 0$) se, e somente se, os números λ_k, $k = 1, \ldots, p$, são não-negativos (resp. não-positivos). Supondo agora que ξ é indefinida, sejam $\mathbb{B}_- \subseteq \mathbb{B}$ o conjunto dos vetores $\vec{u} \in \mathbb{B}$ que correspondem a autovalores negativos e $\mathbb{B}_+$ o conjunto dos vetores $\vec{u} \in \mathbb{B}$ correspondentes a autovalores positivos. Os conjuntos $\mathbb{B}_-$ e $\mathbb{B}_+$ são não-vazios, disjuntos, e sua reunião $\mathbb{B}_- \uplus \mathbb{B}_+$ é o conjunto dos vetores de $\mathbb{B}$ correspondentes a autovalores não-nulos. Renumerando, se necessário, a base $\mathbb{B}$, pode-se admitir, sem perda de generalidade, $\mathbb{B}_- = \{\vec{u}_1, \ldots, \vec{u}_m\}$ e $\mathbb{B}_+ = \{\vec{u}_{m+1}, \ldots, \vec{u}_n\}$, onde $1 < n \leq p$. Assim sendo, tem-se:

(4.11)
$$\begin{array}{ll} \lambda_k < 0 & \text{se} \quad 1 \leq k \leq m \\ \lambda_k > 0 & \text{se} \quad m+1 \leq k \leq n \end{array}$$

Sejam $\mathbb{F}_- = \mathcal{S}(\vec{u}_1, \ldots, \vec{u}_m)$ e $\mathbb{F}_+ = \mathcal{S}(\vec{u}_{m+1}, \ldots, \vec{u}_n)$. Como a base $\mathbb{B}$ é ortonormal, segue-se:

54 PARABOLÓIDES N-DIMENSIONAIS

$$\xi(\vec{x}) = \langle \vec{x}, A\vec{x} \rangle =$$

$$= \left\langle \sum_{i=1}^{m} c_i \vec{u}_i, \sum_{k=1}^{m} c_k A\vec{u}_k \right\rangle =$$

$$= \left\langle \sum_{i=1}^{m} c_i \vec{u}_i, \sum_{k=1}^{m} \lambda_k c_k \vec{u}_k \right\rangle =$$

$$= \sum_{i=1}^{m} \sum_{k=1}^{m} \lambda_k c_i c_k \langle \vec{u}_i, \vec{u}_k \rangle =$$

$$= \sum_{i=1}^{m} \sum_{k=1}^{m} \lambda_k c_i c_k \delta_{ik} = \sum_{i=1}^{m} \lambda_k c_k^2$$

para todo vetor $\vec{x} = c_1 \vec{u}_1 + \cdots + c_m \vec{u}_m$. Decorre daí e de (4.11) que a restrição $\xi|\mathbb{F}_-$ de ξ a $\mathbb{F}_-$ é negativa. Procedendo de modo análogo, mostra-se que a restrição $\xi|\mathbb{F}_+$ de ξ a $\mathbb{F}_+$ é positiva. Logo,

(4.12)
$$\boxed{\begin{array}{c} m = \dim \mathbb{F}_- \leq \iota(\xi) \\ n - m = \dim \mathbb{F}_+ \leq \sigma(\xi) \end{array}}$$

Sejam $\mathbb{F} \subseteq \mathbb{E}$ um subespaço vetorial tal que $\xi|\mathbb{F}$ é negativa e $B : \mathbb{F} \to \mathbb{F}_-$ a transformação linear definida pondo:

$$B\vec{x} = \sum_{k=1}^{m} \lambda_k \langle \vec{x}, \vec{u}_k \rangle \vec{u}_k$$

Seja $\vec{x} \in \mathbb{F}$ não-nulo. Tem-se:

(4.13)
$$\boxed{\begin{array}{c} \xi(\vec{x}) = \\ = \sum_{k=1}^{p} \lambda_k \langle \vec{x}, \vec{u}_k \rangle^2 = \sum_{k=1}^{n} \lambda_k \langle \vec{x}, \vec{u}_k \rangle^2 = \\ = \sum_{k=1}^{m} \lambda_k \langle \vec{x}, \vec{u}_k \rangle^2 + \sum_{k=m+1}^{n} \lambda_k \langle \vec{x}, \vec{u}_k \rangle^2 < 0 \end{array}}$$

Resulta de (4.11) que o número $\sum_{k=m+1}^{n} \lambda_k \langle \vec{x}, \vec{u}_k \rangle^2$ é não-negativo. Segue deste fato e de (4.13) que $\sum_{k=1}^{m} \lambda_k \langle \vec{x}, \vec{u}_k \rangle^2 < 0$. Por esta razão, um dos números $\langle \vec{x}, \vec{u}_k \rangle$ é diferente de zero. Assim, o vetor $B\vec{x} = \sum_{k=1}^{m} \lambda_k \langle \vec{x}, \vec{u}_k \rangle \vec{u}_k$ é não-nulo. Conclui-se daí que $\ker(B) = \{\vec{o}\}$. O Teorema do Núcleo e da Imagem diz então que $\dim \mathbb{F} = \dim[\mathrm{Im}(B)] \leq \dim \mathbb{F}_- = m$. Como $\mathbb{F}$ é arbitrário, segue-se:

CAPÍTULO 4 – FORMAS E FUNÇÕES QUADRÁTICAS   55

(4.14)
$$\iota(\xi) \leq \dim \mathbb{F}_- = m$$

De (4.12) e (4.14) resulta $\iota(\xi) = m$. Procedendo de modo análogo, mostra-se que $\sigma(\xi) = m - n$. Com isto, o teorema está demonstrado.

4-3-8 - Observações:

4-3-8-1: Dada uma forma quadrática ξ definida num espaço vetorial $\mathbb{E}$, sejam $\mathbb{B}$, $\mathbb{B}_-$ e $\mathbb{B}_+$ como no Teorema 4-3-7. Se ξ é não-negativa então todos os seus autovetores correspondem a autovalores não-negativos, logo o conjunto $\mathbb{B}_-$ é vazio. Assim sendo, $\mathbb{B}_+$ é o conjunto $\{\vec{u}_1, \ldots, \vec{u}_n\}$ dos autovetores que correspondem a autovalores não-nulos. Uma vez que vale $\xi(\vec{x}) = \sum_{k=1}^n \lambda_k \langle \vec{x}, \vec{u}_k \rangle^2$ para todo $\vec{x} \in \mathbb{E}$, procedendo como na prova do Teorema 4-3-7, mostra-se que se tem $\dim(\mathbb{F}) \leq n$ para todo subespaço vetorial $\mathbb{F} \subseteq \mathbb{E}$ tal que $\xi|\mathbb{F}$ é positiva. Como $\xi|\mathcal{S}(\mathbb{B}_+)$ é positiva, segue-se que a maior das dimensões dos subespaços vetoriais $\mathbb{F} \subseteq \mathbb{E}$ tais que $\xi|\mathbb{F}$ é positiva é igual a n. Diz-se então que a assinatura de ξ é n. Pelo item 3-5-2 do Capítulo 3, o posto de ξ é n. Logo, $\sigma(\xi) = \rho(\xi)$. Analogamente, $\iota(\xi) = \rho(\xi) = n$ se ξ é não-positiva.

4-3-8-2: Como $\mathbb{B}_- \uplus \mathbb{B}_+$ é o conjunto dos autovetores $\vec{u} \in \mathbb{B}$ que correspondem a autovalores não-nulos, resulta do item 3-5-2 do Capítulo 3 que $\rho(\xi) = \text{card}(\mathbb{B}_- \uplus \mathbb{B}) = \text{card}(\mathbb{B}_-) + \text{card}(\mathbb{B}_+)$. Logo, $\iota(\xi) + \sigma(\xi) = \rho(\xi)$ se ξ é indefinida. Segue daí e da Observação 4-3-8-1 que vale $\iota(\xi) + \sigma(\xi) = \rho(\xi)$ para toda forma quadrática $\xi : \mathbb{E} \rightarrow \mathbb{R}$. Seja $A \in \text{hom}(\mathbb{E})$ o operador auto-adjunto associado à forma quadrática ξ. Do Teorema do Núcleo e da Imagem segue:

$$\dim \mathbb{E} = \dim[\text{Im}(A)] + \dim[\ker(A)] =$$

56 PARABOLÓIDES N-DIMENSIONAIS

$$= \rho(\xi) + \dim[\ker(A)]$$

Portanto,

$$\iota(\xi) + \sigma(\xi) + \dim[\ker(A)] = \dim \mathbb{E}$$

4-3-8-3: Dada uma forma quadrática $\xi : \mathbb{E} \to \mathbb{R}$, seja A o operador auto-adjunto associado a ξ. Tem-se $(-\xi)(\vec{x}) = -\xi(\vec{x}) = -\langle \vec{x}, A\vec{x} \rangle = \langle \vec{x}, -A\vec{x} \rangle = \langle \vec{x}, (-A)\vec{x} \rangle$ para todo $\vec{x}$. Logo, $-A$ é o operador auto-adjunto associado a $-\xi$. Se $\vec{u} \in \mathbb{E}$ é autovetor de um operador linear $A \in \hom(\mathbb{E})$ com o autovalor λ, então $\vec{u}$ é autovetor do operador $-A$ com o autovalor $-\lambda$. Decorre então do Teorema 4-3-7 e da Observação 4-3-8-1 que $\iota(-\xi) = \sigma(\xi)$ e $\sigma(-\xi) = \iota(\xi)$.

4-3-8-4: Seja $A \in \hom(\mathbb{E})$ o operador linear auto-adjunto associado a uma dada forma quadrática $\xi : \mathbb{E} \to \mathbb{R}$. Sejam $\vec{u} \in \mathbb{E}$ e $\vec{v} \in \ker(A)$ dados arbitrariamente. Tem-se $\langle \vec{v}, A\vec{u} \rangle = \langle A\vec{v}, \vec{u} \rangle = \langle \vec{o}, \vec{u} \rangle = 0$. Destas igualdades segue $\xi(\vec{u} + \vec{v}) = \langle \vec{u} + \vec{v}, A(\vec{u} + \vec{v}) \rangle = \langle \vec{u} + \vec{v}, A\vec{u} + A\vec{v} \rangle = \langle \vec{u} + \vec{v}, A\vec{u} \rangle = \langle \vec{u}, A\vec{u} \rangle + \langle \vec{v}, A\vec{u} \rangle = \langle \vec{u}, A\vec{u} \rangle = \xi(\vec{u})$. Logo, se $\mathbb{F}$ é um subespaço vetorial de $\mathbb{E}$ tal que a restrição $\xi|\mathbb{F}$ é não-negativa, então a restrição $\xi|[\mathbb{F} + \ker(A)]$ de ξ ao subespaço $\mathbb{F} + \ker(A)$ é também não-negativa.

4-3-8-5: Dada uma forma quadrática $\xi : \mathbb{E} \to \mathbb{R}$, sejam $\vec{x}_1, \vec{x}_2 \in \mathbb{E}$ tais que $\xi(\vec{x}_1) < 0$ e $\xi(\vec{x}_2) > 0$. Os vetores $\vec{x}_1$, $\vec{x}_2$ são não-nulos. Assim, se $\vec{x}_1$ e $\vec{x}_2$ fossem linearmente dependentes, existiria um número real c diferente de zero tal que $\vec{x}_2 = c\vec{x}_1$. Para este c, ter-se-ia $\xi(\vec{x}_2) = \xi(c\vec{x}_1) = c^2\xi(\vec{x}_1) < 0$. Logo, $\vec{x}_1$ e $\vec{x}_2$ são linearmente independentes.

4-3-8-6: Seja $\xi : \mathbb{E} \to \mathbb{R}$ uma forma quadrática indefinida. Sejam $A \in \hom(\mathbb{E})$ o operador auto-adjunto

CAPÍTULO 4 – FORMAS E FUNÇÕES QUADRÁTICAS   57

associado a ξ e $\vec{x}_1, \vec{x}_2 \in \mathbb{E}$ tais que $\xi(\vec{x}_1) < 0$ e $\xi(\vec{x}_2) > 0$. Para todo $\lambda \in \mathbb{R}$ vale:

$$\xi(\vec{x}_1 + \lambda \vec{x}_2) = \langle \vec{x}_1 + \lambda \vec{x}_2, A(\vec{x}_1 + \lambda \vec{x}_2) \rangle =$$

$$= \lambda^2 \xi(\vec{x}_2) + 2\lambda \langle \vec{x}_1, A\vec{x}_2 \rangle + \xi(\vec{x}_1)$$

Como $\xi(\vec{x}_1) < 0 < \xi(\vec{x}_2)$, se tem:

$$\langle \vec{x}_1, A\vec{x}_2 \rangle^2 - \xi(\vec{x}_1)\xi(\vec{x}_2) \geq -\xi(\vec{x}_1)\xi(\vec{x}_2) > 0$$

Portanto existem $c_1, c_2 \in \mathbb{R}$ com $c_1 < 0 < c_2$ de modo que $\xi(\vec{x}_1 + c_1\vec{x}_2) = \xi(\vec{x}_1 + c_2\vec{x}_2) = 0$. Sejam $\vec{w}_1 = \vec{x}_1 + c_1\vec{x}_2$ e $\vec{w}_2 = \vec{x}_1 + c_2\vec{x}_2$. Valem, para quaisquer $\alpha_1, \alpha_2 \in \mathbb{R}$, as seguintes igualdades:

$$\alpha_1 \vec{w}_1 + \alpha_2 \vec{w}_2 =$$

$$= \alpha_1(\vec{x}_1 + c_1\vec{x}_2) + \alpha_2(\vec{x}_1 + c_2\vec{x}_2) =$$

$$= (\alpha_1 + \alpha_2)\vec{x}_1 + (\alpha_1 c_1 + \alpha_2 c_2)\vec{x}_2$$

Pela Observação 4-3-8-5, os vetores $\vec{x}_1, \vec{x}_2$ são linearmente independentes. Por esta razão, $\alpha_1 \vec{w}_1 + \alpha_2 \vec{w}_2 = \vec{o}$ se, e somente se, (α_1, α_2) é solução do sistema linear:

$$\begin{cases} \alpha_1 + \alpha_2 = 0 \\ c_1\alpha_1 + c_2\alpha_2 = 0 \end{cases}$$

Como $c_1 < c_2$, o sistema linear acima possui apenas a solução trivial. Logo, os vetores $\vec{w}_1$ e $\vec{w}_2$ são linearmente independentes.

4-3-9 - Teorema: Dado um espaço vetorial $\mathbb{E}$, seja $g : \mathbb{E} \to \mathbb{R}$ uma forma quadrática indefinida. Sejam $A \in$ hom($\mathbb{E}$) o operador auto-adjunto associado a g e $\mathbb{F} \subseteq \mathbb{E}$ um subespaço vetorial com $\mathbb{F} \cap \ker(A) = \{\vec{o}\}$. Se dim$\mathbb{F} > \max\{\iota(g), \sigma(g)\}$ então a restrição $g|\mathbb{F}$ de g a $\mathbb{F}$ é indefinida.

Demonstração: Sejam $\mathbb{B} = \{\vec{u}_1, \ldots, \vec{u}_n\}$ (onde $n = \dim\mathbb{E}$)

58 PARABOLÓIDES N-DIMENSIONAIS

uma base ortonormal formada por autovetores de A (e portanto de g), $\mathbb{B}_-$ o conjunto dos vetores $\vec{u} \in \mathbb{B}$ que correspondem aos autovalores negativos de A e $\mathbb{B}_+$ o conjunto dos vetores $\vec{u} \in \mathbb{B}$ que correspondem aos autovalores positivos de A. Sejam $\mathbb{F}_- = S(\mathbb{B}_-)$ e $\mathbb{F}_+ = S(\mathbb{B}_+)$. Pelo Teorema 4-3-7, $\iota(g) = \dim \mathbb{F}_-$ e $\sigma(g) = \dim \mathbb{F}_+$. Segue daí e da Observação 4-3-8-2 que vale:

(4.15)
$$\dim \mathbb{F}_- + \dim \mathbb{F}_+ + \dim[\ker A] = \dim \mathbb{E}$$

Como $\mathbb{F} \cap \ker(A) = \{\vec{o}\}$, segue-se $\mathbb{F} + \ker(A) = \mathbb{F} \oplus \ker(A)$. Seja $\mathbb{G} = \mathbb{F} \oplus \ker(A)$. Tem-se:

(4.16)
$$\dim \mathbb{G} = \dim \mathbb{F} + \dim[\ker(A)]$$

Como $\dim \mathbb{F} > \dim \mathbb{F}_-$ e $\dim \mathbb{F} > \dim \mathbb{F}_+$, (4.15) e (4.16) conduzem a:

(4.17)
$$\dim \mathbb{G} + \dim \mathbb{F}_- > \dim \mathbb{E}$$
$$\dim \mathbb{G} + \dim \mathbb{F}_+ > \dim \mathbb{E}$$

Resulta de (4.17) que se tem $\mathbb{F}_- \cap \mathbb{G} \neq \{\vec{o}\}$ e também $\mathbb{F}_+ \cap \mathbb{G} \neq \{\vec{o}\}$. Logo existem vetores *não-nulos* $\vec{x} \in \mathbb{F}_- \cap \mathbb{G}$ e $\vec{y} \in \mathbb{F}_+ \cap \mathbb{G}$. Pelo Teorema 4-3-7, $g|\mathbb{F}_-$ é negativa e $g|\mathbb{F}_+$ é positiva. Como $\vec{x} \in \mathbb{F}_-$ e $\vec{y} \in \mathbb{F}_+$, segue-se:

(4.18)
$$g(\vec{x}) < 0, \quad g(\vec{y}) > 0$$

Como $\vec{x} \in \mathbb{G} = \mathbb{F} \oplus \ker(A)$, $\vec{x}$ se escreve (de modo único) como $\vec{x} = \vec{x}_1 + \vec{x}_2$, onde $\vec{x}_1 \in \mathbb{F}$ e $\vec{x}_2 \in \ker(A)$. O vetor $\vec{y}$ também se escreve como $\vec{y} = \vec{y}_1 + \vec{y}_2$, onde $\vec{y}_1 \in \mathbb{F}$ e $\vec{y}_2 \in \ker(A)$. Desta forma, a Observação 4-3-8-4 e as desigualdades (4.18) fornecem:

$$g(\vec{x}_1) = g(\vec{x}) < 0$$

$$g(\vec{y}_1) = g(\vec{y}) > 0$$

CAPÍTULO 4 – FORMAS E FUNÇÕES QUADRÁTICAS   59

Como $\vec{x}_1, \vec{y}_1 \in \mathbb{F}$, segue-se que $g|\mathbb{F}$ é indefinida, c. q. d.

Dado um espaço vetorial $\mathbb{E}$, seja $g : \mathbb{E} \to \mathbb{R}$ a forma quadrática $\vec{x} \mapsto \langle \vec{x}, A\vec{x} \rangle$, onde $A \in \mathrm{hom}(\mathbb{E})$ é auto-adjunto e não-nulo. Serão obtidas a seguir condições necessárias e suficientes para que g seja não-negativa e para que g seja indefinida.

4-3-10 - Teorema: Dado um espaço vetorial $\mathbb{E}$, seja $g : \mathbb{E} \to \mathbb{R}$ a forma quadrática $\vec{x} \mapsto \langle \vec{x}, A\vec{x} \rangle$, onde $A \in \mathrm{hom}(\mathbb{E})$ é auto-adjunto e não-nulo. Então, as afirmações seguintes são equivalentes:

(a) A forma quadrática g é não-negativa.

(b) Para todo subespaço vetorial $\mathbb{F} \subseteq \mathbb{E}$ com $\mathbb{E} = \mathbb{F} \oplus \ker(A)$, a restrição $g|\mathbb{F}$ de g a $\mathbb{F}$ é positiva.

(c) Existe um subespaço vetorial $\mathbb{F} \subseteq \mathbb{E}$ com $\mathbb{E} = \mathbb{F} \oplus \ker(A)$ tal que a restrição $g|\mathbb{F}$ de g a $\mathbb{F}$ é positiva.

Demonstração:
(a) $\Rightarrow$ (b): Sendo g não-negativa, sua restrição $g|\mathbb{F}$ a qualquer subespaço vetorial $\mathbb{F} \subseteq \mathbb{E}$ é, evidentemente, não-negativa. Sejam então $\mathbb{F} \subseteq \mathbb{E}$ um subespaço tal que $\mathbb{E} = \mathbb{F} \oplus \ker(A)$ e $\vec{x} \in \mathbb{F}$ arbitrario. Decorre do Corolário 1 de Lima (2001, p. 169) que:

$$(g|\mathbb{F})(\vec{x}) = 0 \Rightarrow$$

$$\Rightarrow g(\vec{x}) = \langle \vec{x}, A\vec{x} \rangle = 0 \Rightarrow \vec{x} \in \ker(A) \Rightarrow$$

$$\Rightarrow \vec{x} \in \mathbb{F} \cap \ker(A) \Rightarrow \vec{x} = \vec{o}$$

Logo, $(g|\mathbb{F})(\vec{x}) > 0$ para todo $\vec{x} \in \mathbb{F} \setminus \{\vec{o}\}$.

(b) $\Rightarrow$ (c): Como A é auto-adjunto, o espaço vetorial $\mathbb{E}$ admite a decomposição em soma direta $\mathbb{E} = \mathrm{Im}(A) \oplus \ker(A)$. Logo, se vale (b) então, em particular, $g|\mathrm{Im}(A)$ é positiva.

60 PARABOLÓIDES N-DIMENSIONAIS

(c) $\Rightarrow$ (a). Seja $\mathbb{F} \subseteq \mathbb{E}$ um subespaço com $\mathbb{E} = \mathbb{F} \oplus \ker(A)$ tal que $g|\mathbb{F}$ é positiva. Pela Observação 4-3-8-4, g é não-negativa.

4-3-11 - Teorema: Dado um espaço vetorial $\mathbb{E}$, seja $A \in$ hom($\mathbb{E}$) auto-adjunto não-nulo. Seja $g : \mathbb{E} \to \mathbb{R}$ a forma quadrática $\vec{x} \mapsto \langle \vec{x}, A\vec{x} \rangle$. Então, as afirmações seguintes são equivalentes:

(a) A forma quadrática g é indefinida.

(b) Para qualquer subespaço vetorial $\mathbb{F} \subseteq \mathbb{E}$ tal que $\mathbb{E} = \mathbb{F} \oplus \ker(A)$, a restrição $g|\mathbb{F}$ de g a $\mathbb{F}$ é indefinida.

(c) Existe um subespaço vetorial $\mathbb{F} \subseteq \mathbb{E}$ com $\mathbb{E} = \mathbb{F} \oplus \ker(A)$ tal que a restrição $g|\mathbb{F}$ de g a $\mathbb{F}$ é indefinida.

Demonstração:

(a) $\Rightarrow$ (b): Seja $\mathbb{F} \subseteq \mathbb{E}$ um subespaço vetorial tal que $\mathbb{E} = \mathbb{F} \oplus \ker(A)$. Tem-se $\dim \mathbb{E} = \dim \mathbb{F} + \dim[\ker(A)]$. Pela Observação 4-3-8-2, $\dim \mathbb{E} = \iota(g) + \sigma(g) + \dim[\ker(A)]$. Logo, $\dim \mathbb{F} = \iota(g) + \sigma(g)$. Se g é indefinida, então seu índice $\iota(g)$ e sua assinatura $\sigma(g)$ são números inteiros positivos. Assim sendo, $\dim \mathbb{F} > \max\{\iota(g), \sigma(g)\}$. Como $\mathbb{F} \cap \ker(A) = \{\vec{o}\}$, o Teorema 4-3-9 diz que $g|\mathbb{F}$ é indefinida.

(b) $\Rightarrow$ (c): Como $\mathbb{E} = \mathrm{Im}(A) \oplus \ker(A)$, se vale (b) então, em particular, $g|\mathrm{Im}(A)$ é indefinida.

(c) $\Rightarrow$ (a): Evidente.

No desenvolvimento posterior será demonstrado que parabolóides hiperbólicos n-dimensionais são regrados. Para obter este resultado, será necessário o seguinte teorema:

4-3-12 - Teorema: Sejam $\mathbb{F}$ um espaço vetorial de dimensão $n \geq 2$, $g : \mathbb{F} \to \mathbb{R}$ uma forma quadrática indefinida e $\mathbb{X} \subseteq \mathbb{E}$ o conjunto $g^{-1}(\{0\})$ das soluções da

CAPÍTULO 4 – FORMAS E FUNÇÕES QUADRÁTICAS 61

equação $g(\vec{x}) = 0$. Se $\dim \mathbb{F} \geq 3$, então $\mathbb{X}$ contém a reunião de uma classe infinita não-enumerável de subespaços de dimensão um. Noutros termos, existe uma classe infinita não-enumerável de retas que contém vetor nulo $\vec{o} \in \mathbb{F}$ e que estão todas contidas em $\mathbb{X}$. Se $\dim \mathbb{F} = 2$, então $\mathbb{X} = S(\vec{w}_1) \cup S(\vec{w}_2)$, onde $\vec{w}_1, \vec{w}_2 \in \mathbb{F}$ são vetores linearmente independentes.

Demonstração: Admitindo $\dim \mathbb{F} \geq 3$, seja $B \in \hom(\mathbb{F})$ o operador auto-adjunto associado a g (o qual existe, conforme o Corolário 4-2-3). Noutros termos, $B \in \hom(\mathbb{F})$ é o único operador linear auto-adjunto tal que $g(\vec{x}) = \langle \vec{x}, B\vec{x} \rangle$ para todo $\vec{x} \in \mathbb{F}$. Seja $\mathbb{B} \subseteq \mathbb{E}$ uma base ortonormal formada por autovetores de B. Como a forma quadrática g é indefinida, existem vetores $\vec{u}_1, \vec{u}_3 \in \mathbb{B}$ tais que o autovalor λ_1 correspondente a $\vec{u}_1$ é positivo e o autovalor λ_3 correspondente a $\vec{u}_3$ é negativo. Como $\dim \mathbb{F} \geq 3$, tem-se $\operatorname{card}(\mathbb{B}) \geq 3$. Logo, existe um vetor $\vec{u}_2 \in \mathbb{B} \setminus \{\vec{u}_1, \vec{u}_3\}$. Em virtude de ser $\mathbb{X} = g^{-1}(\{0\}) = (-g)^{-1}(\{0\})$, pode-se supor, sem perda de generalidade (considerando $-g$ em lugar de g e reordenando a base $\mathbb{B}$ se necessário), que o autovalor λ_2 que corresponde a $\vec{u}_2$ é *não-negativo* (podendo ser igual a zero). Desta forma, sejam:

$$\mathbb{G} = S(\vec{u}_1, \vec{u}_2), \quad \mathbb{H} = S(\vec{u}_1, \vec{u}_2, \vec{u}_3)$$

O conjunto $\{\vec{u}_1, \vec{u}_2, \vec{u}_3\}$ é ortonormal. Por esta razão, todo vetor $\vec{x} \in \mathbb{H}$ se escreve como $\vec{x} = \langle \vec{x}, \vec{u}_1 \rangle \vec{u}_1 + \langle \vec{x}, \vec{u}_2 \rangle \vec{u}_2 + \langle \vec{x}, \vec{u}_3 \rangle \vec{u}_3$. Uma vez que $\vec{u}_k$ ($k = 1,2,3$) são autovetores de B correspondentes aos autovalores λ_k ($k = 1,2,3$) nesta ordem, se tem:

$$g(\vec{x}) = \sum_{k=1}^{3} \lambda_k \langle \vec{x}, \vec{u}_k \rangle^2$$

seja qual for $\vec{x} \in \mathbb{H}$. Portanto, a restrição $g|\mathbb{H} : \mathbb{H} \to \mathbb{R}$ de g ao subespaço vetorial $\mathbb{H}$ é definida por:

62 PARABOLÓIDES N-DIMENSIONAIS

$$(g|\mathbb{H})(\vec{x}) = \sum_{k=1}^{3} \lambda_k \langle \vec{x}, \vec{u}_k \rangle^2$$

Assim sendo,

(4.19)
$$\mathbb{X} \cap \mathbb{H} =$$
$$= \mathbb{H} \cap g^{-1}(\{0\}) = (g|\mathbb{H})^{-1}(\{0\}) =$$
$$= \left\{ \vec{x} \in \mathbb{H} : \sum_{k=1}^{3} \lambda_k \langle \vec{x}, \vec{u}_k \rangle^2 = 0 \right\}$$

Seja $f_1, f_2 : \mathbb{G} \to \mathbb{R}$ definidas pondo:

(4.20)
$$f_1(\vec{x}) = \sqrt{\frac{\lambda_1 \langle \vec{x}, \vec{u}_1 \rangle^2 + \lambda_2 \langle \vec{x}, \vec{u}_2 \rangle^2}{|\lambda_3|}}$$

(4.21)
$$f_2(\vec{x}) = -\sqrt{\frac{\lambda_1 \langle \vec{x}, \vec{u}_1 \rangle^2 + \lambda_2 \langle \vec{x}, \vec{u}_2 \rangle^2}{|\lambda_3|}}$$

para todo vetor $\vec{x} = \langle \vec{x}, \vec{u}_1 \rangle \vec{u}_1 + \langle \vec{x}, \vec{u}_2 \rangle \vec{u}_2 \in \mathbb{G}$. Resulta de (4.19), (4.20) e (4.21) que os vetores $\vec{x} + f_1(\vec{x})\vec{u}_3$ e $\vec{x} + f_2(\vec{x})\vec{u}_3$ pertencem a $\mathbb{X} \cap \mathbb{H}$, e portanto a $\mathbb{X}$, seja qual for $\vec{x} \in \mathbb{G}$. Sejam agora $F_1, F_2 : \mathbb{R} \to \mathbb{H}$ definidas por:

(4.22)
$$F_1(\theta) = \vec{u}_1 + \theta\vec{u}_2 + f_1(\vec{u}_1 + \theta\vec{u}_2)\vec{u}_3$$

(4.23)
$$F_2(\theta) = \vec{u}_1 + \theta\vec{u}_2 + f_2(\vec{u}_1 + \theta\vec{u}_2)\vec{u}_3$$

Como $\vec{u}_1 + \theta\vec{u}_2 \in \mathbb{G}$, segue-se que $F_1(\theta), F_2(\theta) \in \mathbb{X} \cap \mathbb{H}$ para todo $\theta \in \mathbb{R}$. Portanto,

(4.24)
$$F_k(\mathbb{R}) \subseteq \mathbb{X} \cap \mathbb{H} \subseteq \mathbb{X}, \quad k = 1, 2$$

Tem-se $g(\lambda\vec{x}) = \lambda^2 g(\vec{x})$ para todo $\vec{x} \in \mathbb{E}$ e para todo $\lambda \in \mathbb{R}$. Logo, se $\vec{x} \in \mathbb{X}$ então $\mathbb{X}$ contém o subespaço vetorial $\mathcal{S}(\vec{x})$ gerado pelo vetor $\vec{x}$. Segue deste fato e de (4.24) que valem:

(4.25)
$$\bigcup_{\theta \in \mathbb{R}} \mathcal{S}(F_k(\theta)) \subseteq \mathbb{X}, \quad k = 1, 2$$

CAPÍTULO 4 – FORMAS E FUNÇÕES QUADRÁTICAS **63**

O conjunto $\{\vec{u}_1, \vec{u}_2, \vec{u}_3\}$ é ortonormal. Logo, $\|F_k(\theta)\| \geq \|\vec{u}_1\|$ = 1 ($k = 1,2$) para todo $\theta \in \mathbb{R}$. Tem-se então:

$$\dim[S(F_k(\theta))] = 1, \quad k = 1,2$$

seja qual for $\theta \in \mathbb{R}$. Como $\mathbb{H} = \mathbb{G} \oplus S(\vec{u}_3)$, resulta do item 3-1-3 do Capítulo 3 que os subespaços $S(F_1(\theta))$ e $S(F_2(\theta))$, $\theta \in \mathbb{R}$, formam classes infinitas não-enumeráveis de subespaços vetoriais de $\mathbb{F}$.

Supondo agora $\dim \mathbb{F} = 2$, seja $\mathbb{B} = \{\vec{u}_1, \vec{u}_2\}$ uma base ortonormal de $\mathbb{F}$ formada por autovetores do operador B, de modo que o autovetor $\vec{u}_1$ corresponda ao autovalor $\lambda_1 < 0$ e o autovetor $\vec{u}_2$, ao autovalor $\lambda_2 < 0$ (esta base existe, porque a forma quadrática g é indefinida). Tem-se:

$$\mathbb{X} = \left\{\vec{x} \in \mathbb{F} : \lambda_1\langle\vec{x},\vec{u}_1\rangle^2 + \lambda_2\langle\vec{x},\vec{u}_2\rangle^2 = 0\right\}$$

Fazendo $\alpha_k = \sqrt{|\lambda_k|}$, $k = 1,2$, obtém-se:

$$\lambda_1\langle\vec{x},\vec{u}_1\rangle^2 + \lambda_2\langle\vec{x},\vec{u}_2\rangle^2 =$$

$$= -(\alpha_1\langle\vec{x},\vec{u}_1\rangle)^2 + (\alpha_2\langle\vec{x},\vec{u}_2\rangle)^2 =$$

$$= (\alpha_2\langle\vec{x},\vec{u}_2\rangle - \alpha_1\langle\vec{x},\vec{u}_1\rangle)(\alpha_1\langle\vec{x},\vec{u}_1\rangle + \alpha_2\langle\vec{x},\vec{u}_2\rangle) =$$

$$= -\langle\vec{x}, \alpha_1\vec{u}_1 - \alpha_2\vec{u}_2\rangle\langle\vec{x}, \alpha_1\vec{u}_1 + \alpha_2\vec{u}_2\rangle$$

Estas igualdades levam a:

$$\mathbb{X} = [S(\alpha_1\vec{u}_1 - \alpha_2\vec{u}_2)]^{\perp} \cup [S(\alpha_1\vec{u}_1 + \alpha_2\vec{u}_2)]^{\perp}$$

Como os números α_1 e α_2 são diferentes de zero, tem-se:

$$\dim[S(\alpha_1\vec{u}_1 - \alpha_2\vec{u}_2)] = \dim[S(\alpha_1\vec{u}_1 + \alpha_2\vec{u}_2)] = 1$$

e portanto:

(4.26)

$$\boxed{\begin{aligned}\dim[S(\alpha_1\vec{u}_1 - \alpha_2\vec{u}_2)]^{\perp} = \\ = \dim[S(\alpha_1\vec{u}_1 + \alpha_2\vec{u}_2)]^{\perp} = 1\end{aligned}}$$

Como a base $\{\vec{u}_1, \vec{u}_2\}$ é ortonormal, o vetor $\vec{w}_1 = \alpha_2\vec{u}_1 + \alpha_1\vec{u}_2$ é ortogonal ao vetor $\alpha_1\vec{u}_1 - \alpha_2\vec{u}_2$ e o vetor $\vec{w}_2 = \alpha_2\vec{u}_1$

64 PARABOLÓIDES N-DIMENSIONAIS

$- \alpha_1 \vec{u}_2$ é ortogonal ao vetor $\alpha_1 \vec{u}_1 + \alpha_2 \vec{u}_2$. Segue daí e de (4.26) que se tem:

$$[S(\alpha_1 \vec{u}_1 - \alpha_2 \vec{u}_2)]^{\perp} = S(\vec{w}_1)$$

$$[S(\alpha_1 \vec{u}_1 + \alpha_2 \vec{u}_2)]^{\perp} = S(\vec{w}_2)$$

Logo, $\mathbb{X} = S(\vec{w}_1) \cup S(\vec{w}_2)$. O item 3-1-4 do Capítulo 3 diz que os vetores $\vec{w}_1$ e $\vec{w}_2$ são linearmente independentes. Com isto, termina a demonstração.

4-4 - Funções quadráticas.

Seja $\mathbb{E}$ um espaço vetorial (euclidiano, de dimensão finita $n \geq 2$). Uma função $g : \mathbb{E} \rightarrow \mathbb{R}$ chama-se *função quadrática* quando existem uma forma quadrática *não-nula* $\xi : \mathbb{E} \rightarrow \mathbb{R}$, um funcional linear $\varphi \in \mathbb{E}^*$ e um número real α tais que:

$$g(\vec{x}) = \xi(\vec{x}) + \varphi(\vec{x}) + \alpha$$

para todo $\vec{x} \in \mathbb{E}$.

Os próximos resultados fornecem importantes propriedades das funções quadráticas. Em primeiro lugar, será demonstrada a *unicidade* da forma quadrática ξ, do funcional linear φ e do número real α tais que $g(\vec{x}) = \xi(\vec{x}) + \varphi(\vec{x}) + \alpha$ para todo $\vec{x}$.

4-4-1 - Teorema: Seja $g : \mathbb{E} \rightarrow \mathbb{R}$ uma função quadrática definida num espaço vetorial $\mathbb{E}$. Então existem uma única forma quadrática $\xi : \mathbb{E} \rightarrow \mathbb{R}$, um único funcional linear $\varphi \in \mathbb{E}^*$ e um único número real α tais que $g(\vec{x}) = \xi(\vec{x}) + \varphi(\vec{x}) + \alpha$ para todo $\vec{x} \in \mathbb{E}$.

Demonstração: Sejam $\xi_1, \xi_2 : \mathbb{E} \rightarrow \mathbb{R}$ formas quadráticas, $\varphi_1, \varphi_2 \in \mathbb{E}^*$ funcionais lineares e $\alpha_1, \alpha_2 \in \mathbb{R}$ tais que $g(\vec{x}) = \xi_k(\vec{x}) + \varphi_k(\vec{x}) + \alpha_k$ $(k = 1,2)$ para todo $\vec{x} \in \mathbb{E}$. Tem-se:

CAPÍTULO 4 – FORMAS E FUNÇÕES QUADRÁTICAS   65

$$(\xi_2 - \xi_1)(\vec{x}) + (\varphi_2 - \varphi_1)(\vec{x}) + \alpha_2 - \alpha_1 = 0$$

qualquer que seja $\vec{x} \in \mathbb{E}$. Seja agora $\vec{x} \in \mathbb{E}$ dado arbitrariamente. A função $\xi_2 - \xi_1 : \mathbb{E} \to \mathbb{R}$ é uma forma quadrática. Como $\varphi_2 - \varphi_1$ é um funcional linear, valem as igualdades:

$$(\xi_2 - \xi_1)(\lambda\vec{x}) + (\varphi_2 - \varphi_1)(\lambda\vec{x}) + \alpha_2 - \alpha_1 =$$

$$= \lambda^2(\xi_2 - \xi_1)(\vec{x}) + \lambda(\varphi_2 - \varphi_1)(\vec{x}) + \alpha_2 - \alpha_1 = 0$$

seja qual for $\lambda \in \mathbb{R}$. Assim sendo, $(\xi_2 - \xi_1)(\vec{x}) = (\varphi_2 - \varphi_1)(\vec{x})$ $= \alpha_2 - \alpha_1 = 0$. Logo, $\alpha_1 = \alpha_2$. Como $\vec{x}$ é arbitrário, segue-se que $(\xi_2 - \xi_1)(\vec{x}) = (\varphi_2 - \varphi_1)(\vec{x})$ para todo $\vec{x}$. Com isto, o teorema está demonstrado.

4-4-2 - Corolário: Seja $g : \mathbb{E} \to \mathbb{R}$ uma função quadrática definida num espaço vetorial $\mathbb{E}$. Então existem um único operador auto-adjunto não-nulo $A \in \hom(\mathbb{E})$, um único vetor $\vec{a} \in \mathbb{E}$ e um único número real α tais que $g(\vec{x}) = \langle \vec{x}, A\vec{x} \rangle$ $+ \langle \vec{a}, \vec{x} \rangle + \alpha$ para todo $\vec{x} \in \mathbb{E}$.

Demonstração: Pelo Teorema 4-4-1, existem uma única forma quadrática $\xi : \mathbb{E} \to \mathbb{R}$, um único funcional linear φ $\in \mathbb{E}^*$ e um único $\alpha \in \mathbb{R}$ tais que $g(\vec{x}) = \xi(\vec{x}) + \varphi(\vec{x}) + \alpha$ para todo $\vec{x}$. Por sua vez, o Corolário 4-3-2 diz que existe um único operador auto-adjunto $A \in \hom(\mathbb{E})$ tal que $\xi(\vec{x}) = \langle \vec{x}, A\vec{x} \rangle$ para todo $\vec{x}$. Sendo $\mathbb{E}$ um espaço euclidiano de dimensão finita, resulta do Teorema 11.1 de Lima (2001, p. 139) diz que existe um único vetor $\vec{a} \in \mathbb{E}$ tal que $\varphi(\vec{x}) = \langle \vec{a}, \vec{x} \rangle$ para todo $\vec{x}$. Como a forma quadrática ξ é não-nula, o operador A é não-nulo. Logo, o resultado segue.

4-4-3 - Observações:

4-4-3-1: Seja $\mathbb{E}$ um espaço vetorial. Em particular, as

66 PARABOLÓIDES N-DIMENSIONAIS

formas quadráticas não-nulas $g : \mathbb{E} \to \mathbb{R}$ são funções quadráticas.

4-4-3-2: Seja $g : \mathbb{E} \to \mathbb{R}$ uma função quadrática. Dada uma base $\mathbb{B} = \{\vec{u}_1, \ldots, \vec{u}_n\}$ de $\mathbb{E}$, seja $\mathbf{a} = [a_{ik}]$ a matriz, na base $\mathbb{B}$, da forma quadrática $\xi : \mathbb{E} \to \mathbb{R}$ que corresponde a g. Pela Observação 4-3-3-2, $\xi(\vec{x}) = \sum_{i=1}^{n} \sum_{k=1}^{n} a_{ik} x_i x_k$, para todo $\vec{x} = \sum_{i=1}^{n} x_i \vec{u}_i \in \mathbb{E}$. Seja $\varphi \in \mathbb{E}^*$ o funcional linear correspondente a g. Para todo $\vec{x} = \sum_{i=1}^{n} x_i \vec{u}_i \in \mathbb{E}$ vale $\varphi(\vec{x}) = \sum_{i=1}^{n} x_i \varphi(\vec{u}_i)$. Fazendo $b_i = \varphi(\vec{u}_i)$ $(i = 1, \ldots, n)$ obtém-se:

$$g(\vec{x}) = \xi(\vec{x}) + \varphi(\vec{x}) + \alpha =$$

$$= \sum_{i=1}^{n} \sum_{k=1}^{n} a_{ik} x_i x_k + \sum_{i=1}^{n} b_i x_i + \alpha$$

para todo $\vec{x} = \sum_{i=1}^{n} x_i \vec{u}_i \in \mathbb{X}$. Portanto, g é um polinômio de grau dois nas variáveis $x_1, \ldots, x_n$.

4-4-3-3: Se a base $\mathbb{B}$ da Observação 4-4-3-2 é ortonormal (em particular, se $\mathbb{E} = \mathbb{R}^n$ e $\mathbb{B}$ é a base canônica) então a matriz $\mathbf{a}$ da forma quadrática ξ coincide com a matriz, nesta mesma base, do operador auto-adjunto $A \in$ hom$(\mathbb{E})$ que corresponde a g.

4-4-3-4: Sejam $A \in$ hom$(\mathbb{E})$ e $\vec{a} \in \mathbb{E}$ respectivamente o operador auto-adjunto e o vetor $\vec{a} \in \mathbb{E}$ que correspondem à função quadrática $g : \mathbb{E} \to \mathbb{R}$. Dados $\vec{u}, \vec{w} \in \mathbb{E}$ tem-se:

$$g(\vec{u} + \vec{w}) =$$

$$= \langle \vec{u} + \vec{w}, A(\vec{u} + \vec{w}) \rangle + \langle \vec{a}, \vec{u} + \vec{w} \rangle + \alpha =$$

$$= \langle \vec{u} + \vec{w}, A\vec{u} + A\vec{w} \rangle + \langle \vec{a}, \vec{u} + \vec{w} \rangle + \alpha =$$

$$= \langle \vec{u}, A\vec{u} \rangle + \langle \vec{u}, A\vec{w} \rangle + \langle \vec{w}, A\vec{u} \rangle +$$

$$+ \langle \vec{w}, A\vec{w} \rangle + \langle \vec{a}, \vec{u} \rangle + \langle \vec{a}, \vec{w} \rangle + \alpha =$$

CAPÍTULO 4 – FORMAS E FUNÇÕES QUADRÁTICAS   **67**

$$= \langle \vec{u}, A\vec{u} \rangle + \langle A\vec{w}, \vec{u} \rangle + \langle A\vec{w}, \vec{u} \rangle +$$

$$+ \langle \vec{w}, A\vec{w} \rangle + \langle \vec{a}, \vec{u} \rangle + \langle \vec{a}, \vec{w} \rangle + \alpha =$$

$$= \langle \vec{u}, A\vec{u} \rangle + \langle 2A\vec{w} + \vec{a}, \vec{u} \rangle +$$

$$+ \langle \vec{w}, A\vec{w} \rangle + \langle \vec{a}, \vec{w} \rangle + \alpha =$$

$$= \langle \vec{u}, A\vec{u} \rangle + \langle 2A\vec{w} + \vec{a}, \vec{u} \rangle + g(\vec{w})$$

Resulta destas igualdades que vale:

$$g(\vec{x}) = g((\vec{x} - \vec{p}) + \vec{p}) =$$

$$= \langle \vec{x} - \vec{p}, A(\vec{x} - \vec{p}) \rangle + \langle 2A\vec{p} + \vec{a}, \vec{x} - \vec{p} \rangle + g(\vec{p})$$

sejam quais forem $\vec{x}, \vec{p} \in \mathbb{E}$.

4-4-3-5: Sejam $A \in \mathrm{hom}(\mathbb{E})$ e $\vec{a} \in \mathbb{E}$ como na Observação 4-4-3-4. O operador A sendo auto-adjunto, se tem (Capítulo 3, item 3-5-1) $\mathbb{E} = \ker(A) \oplus \mathrm{Im}(A)$. Logo, o vetor $\vec{a}$ se escreve, de modo único, como $\vec{a} = \vec{a}_1 + \vec{a}_2$, onde $\vec{a}_1 \in \mathrm{Im}(A)$ e $\vec{a}_2 \in \ker(A)$. Como $\vec{a}_1 \in \mathrm{Im}(A)$, existe um vetor $\vec{c} \in \mathbb{E}$ tal que $2A\vec{c} + \vec{a}_1 = \vec{o}$. Para este $\vec{c}$, vale:

$$g(\vec{x}) =$$

$$= \langle \vec{x} - \vec{c}, A(\vec{x} - \vec{c}) \rangle + \langle 2A\vec{c} + \vec{a}_1 + \vec{a}_2, \vec{x} - \vec{c} \rangle + g(\vec{c}) =$$

$$= \langle \vec{x} - \vec{c}, A(\vec{x} - \vec{c}) \rangle + \langle \vec{a}_2, \vec{x} - \vec{c} \rangle + g(\vec{c})$$

A função quadrática g é portanto a composta $f \circ T$, onde T é a translação $\vec{x} \mapsto \vec{x} - \vec{c}$ e $f : \mathbb{E} \to \mathbb{R}$ é a função quadrática definida por $f(\vec{x}) = \langle \vec{x}, A\vec{x} \rangle + \langle \vec{a}_2, \vec{x} \rangle + g(\vec{c})$.

4-4-3-6: Sejam $\vec{a}_1$, $\vec{a}_2$ e $\vec{c}$ como na Observação 4-4–3-5. Como $\vec{a}_2 \in \ker(A)$, segue-se:

$$g(\vec{c} + \lambda \vec{a}_2) = \lambda \|\vec{a}_2\|^2 + g(\vec{c})$$

qualquer que seja $\lambda \in \mathbb{R}$. Se o vetor $\vec{a}$ não pertence a $\mathrm{Im}(A)$ então o vetor $\vec{a}_2$ é não-nulo. Portanto a função g é

68 PARABOLÓIDES N-DIMENSIONAIS

sobrejetiva.

4-4-3-7: Se o vetor $\vec{a}$ pertence a $\mathrm{Im}(A)$ então $\vec{a}_2 = \vec{o}$. Logo, a fórmula acima para $g(\vec{x})$ torna-se:

$$g(\vec{x}) = \langle \vec{x} - \vec{c}, A(\vec{x} - \vec{c}) \rangle + g(\vec{c})$$

onde $\vec{c}$ é uma solução da equação $2A\vec{x} + \vec{a} = \vec{o}$.

4-4-3-8: Seja $\mathbb{U} = \{\vec{u}_1, \ldots, \vec{u}_n\}$ uma base ortonormal formada por autovetores do operador auto-adjunto A correspondente à função quadrática g. Sejam $\lambda_1, \ldots, \lambda_n$ os autovalores correspondentes aos autovetores $\vec{u}_1, \ldots, \vec{u}_n$, nesta ordem. Renumerando, se necessário, a base $\mathbb{U}$, pode-se admitir, sem perda de generalidade, $\lambda_k \neq 0$ se $1 \leq k \leq m$ (onde $m \leq n$) enquanto que $\lambda_k = 0$ se $m + 1 \leq k \leq n$. Desta maneira, $\{\vec{u}_1, \ldots, \vec{u}_m\}$ é uma base ortonormal de $\mathrm{Im}(A)$ e $\{\vec{u}_{m+1}, \ldots, \vec{u}_n\}$ é uma base ortonormal de $\ker(A)$. Sejam $\vec{a}_1$, $\vec{a}_2$ e $\vec{c}$ como na Observação 4-4-3-5. Tem-se:

$$g(\vec{x}) =$$

$$= \langle \vec{x} - \vec{c}, A(\vec{x} - \vec{c}) \rangle + \langle \vec{a}_2, \vec{x} - \vec{c} \rangle + g(\vec{c}) =$$

$$= \sum_{k=1}^{m} \lambda_k \langle \vec{x} - \vec{c}, \vec{u}_k \rangle^2 +$$

$$+ \sum_{k=m+1}^{n} \langle \vec{a}_2, \vec{u}_k \rangle \langle \vec{x} - \vec{c}, \vec{u}_k \rangle$$

para todo $\vec{x} \in \mathbb{E}$.

4-4-3-9: Seja $g : \mathbb{R}^n \to \mathbb{R}$, onde $n \geq 2$, a função quadrática definida por $\langle \vec{x}, A\vec{x} \rangle + \langle \vec{a}, \vec{x} \rangle + \alpha$, onde $A \in \mathrm{hom}(\mathbb{R}^n)$ é auto-adjunto e $\vec{a} = (a_1, \ldots, a_n) \in \mathbb{R}^n$. Sejam $\mathbb{U} = \{\vec{u}_1, \ldots, \vec{u}_n\}$ uma base ortonormal formada por autovetores de A e $\lambda_1, \ldots, \lambda_n$ os autovalores de A correspondentes aos autovetores $\vec{u}_1, \ldots, \vec{u}_n$, nesta ordem. Sejam $G, A_0 : \mathbb{R}^n \to \mathbb{R}^n$ os operadores lineares definidos pondo $A_0 \vec{e}_k = \lambda_k \vec{e}_k$ e $G\vec{u}_k = \vec{e}_k$, $k = 1, \ldots, n$. O operador A_0 é

CAPÍTULO 4 – FORMAS E FUNÇÕES QUADRÁTICAS   69

auto-adjunto e o operador G é ortogonal (v. Exemplo 4-3-6-4). Sejam $\vec{a}_0 = G\vec{a}$ e $g_0 : \mathbb{R}^n \to \mathbb{R}$ a função quadrática definida por $g_0(\vec{x}) = \langle \vec{x}, A_0\vec{x} \rangle + \langle \vec{a}_0, \vec{x} \rangle + \alpha$. Resulta do Exemplo 4-3-6-4 que se tem:

$$\langle \vec{x}, A\vec{x} \rangle = \langle G\vec{x}, A_0 G\vec{x} \rangle$$

para todo $\vec{x} \in \mathbb{R}^n$. Sendo $G^{-1} = G^*$, tem-se também:

$$\langle \vec{a}, \vec{x} \rangle = \langle \vec{a}, G^* G\vec{x} \rangle = \langle G\vec{a}, G\vec{x} \rangle = \langle \vec{a}_0, G\vec{x} \rangle$$

seja qual for $\vec{x} \in \mathbb{R}^n$. Logo,

$$g(\vec{x}) = \langle \vec{x}, A\vec{x} \rangle + \langle \vec{a}, \vec{x} \rangle + \alpha =$$

$$= \langle G\vec{x}, A_0 G\vec{x} \rangle + \langle \vec{a}_0, G\vec{x} \rangle + \alpha = g_0(G\vec{x})$$

Como as igualdades acima são válidas para todo $\vec{x} \in \mathbb{R}^n$, segue-se:

$$\boxed{g = g_0 \circ G}$$

Pelo Exemplo 4-3-6-4, pode-se admitir, sem perda de generalidade, que o operador ortogonal G é uma *rotação* (ou seja, $\det G = 1$). Portanto, a função quadrática g é a composta $g_0 \circ G$ da função quadrática g_0 e a rotação $G : \mathbb{R}^n \to \mathbb{R}^n$.

4-4-3-10: Sejam $g, g_0 : \mathbb{R}^n \to \mathbb{R}$ e $A, A_0, G \in \hom(\mathbb{R}^n)$ como na Observação 4-4-3-9. Sejam $X_1, \dots, X_n$ as componentes do vetor $\vec{x} \in \mathbb{R}^n$ na base ortonormal $\mathbb{U} = \{\vec{u}_1, \dots, \vec{u}_n\}$. Os valores $g(\vec{x})$, $g_0(\vec{x})$ assumidos por g e por g_0 no vetor $\vec{x} = (x_1, \dots, x_n) \in \mathbb{R}^n$ são:

$$g(\vec{x}) = \sum_{k=1}^n \lambda_k X_k^2 + \sum_{k=1}^n \langle \vec{a}, \vec{u}_k \rangle X_k$$

$$g_0(\vec{x}) = \sum_{k=1}^n \lambda_k x_k^2 + \sum_{k=1}^n \langle \vec{a}_0, \vec{e}_k \rangle x_k$$

Os números $\langle \vec{a}, \vec{u}_k \rangle$ ($k = 1, \dots, n$) são as componentes do vetor $\vec{a}$ na base $\mathbb{U}$, e os números $\langle \vec{a}_0, \vec{e}_k \rangle$ ($k = 1, \dots, n$) são as componentes do vetor $\vec{a}_0 = G\vec{a}$ na base canônica de $\mathbb{R}^n$.

70 PARABOLÓIDES N-DIMENSIONAIS

Como o operador linear G é ortogonal e $\vec{e}_k = G\vec{u}_k$ $(k = 1,\dots,n)$, segue-se:

$$\langle \vec{a}_0, \vec{e}_k \rangle = \langle G\vec{a}, G\vec{u}_k \rangle = \langle \vec{a}, \vec{u}_k \rangle, \quad k = 1,\dots,n$$

Portanto, indicando por a_k a componente $\langle \vec{a}, \vec{u}_k \rangle$ $(k = 1,\dots,n)$ do vetor $\vec{a}$ na base $\mathbb{U}$, se tem:

$$g(\vec{x}) = \sum_{k=1}^n \lambda_k X_k^2 + \sum_{k=1}^n a_k X_k$$

e também:

$$g_0(\vec{x}) = \sum_{k=1}^n \lambda_k x_k^2 + \sum_{k=1}^n a_k x_k$$

Assim, as expressões de g na base $\mathbb{U}$ e de g_0 na base canônica são polinômios de grau dois *que têm os mesmos coeficientes*.

4-4-4 - Teorema: Dado um espaço vetorial $\mathbb{E}$, seja $g : \mathbb{E} \to \mathbb{R}$ a função quadrática definida por $g(\vec{x}) = \langle \vec{x}, A\vec{x} \rangle + \langle \vec{a}, \vec{x} \rangle + \alpha$, onde $A \in \hom(\mathbb{E})$ é auto-adjunto, $\vec{a} \in \mathbb{E}$ e $\alpha \in \mathbb{R}$. Sejam $\mathbb{F} \subseteq \mathbb{E}$ um subespaço vetorial e $\xi : \mathbb{E} \to \mathbb{R}$ a forma quadrática $\vec{x} \mapsto \langle \vec{x}, A\vec{x} \rangle$. Se a restrição $\xi|\mathbb{F}$ de ξ a $\mathbb{F}$ é indefinida, então existe, para cada $\vec{p} \in \mathbb{E}$, um vetor $\vec{w} = \vec{w}(\vec{p}) \in \mathbb{F}$ tal que $g(\vec{p} + \vec{w}) = 0$.

Demonstração: Seja $\vec{p} \in \mathbb{E}$ dado arbitrariamente. Se a restrição $\xi|\mathbb{F}$ da forma quadrática ξ ao subespaço vetorial $\mathbb{F}$ é indefinida, então existem $\vec{x}_1, \vec{x}_2 \in \mathbb{F}$ tais que $\langle \vec{x}_1, A\vec{x}_1 \rangle < 0$ e $\langle \vec{x}_2, A\vec{x}_2 \rangle > 0$. Pela Observação 4-4-3-4, as seguintes igualdades:

(4.27)
$$g(\vec{p} + \lambda\vec{x}_1) = \\ = \langle \vec{x}_1, A\vec{x}_1 \rangle \lambda^2 + \langle 2A\vec{p} + \vec{a}, \vec{x}_1 \rangle \lambda + g(\vec{p})$$

CAPÍTULO 4 – FORMAS E FUNÇÕES QUADRÁTICAS   71

(4.28)
$$g(\vec{p} + \lambda \vec{x}_2) =$$
$$= \langle \vec{x}_2, A\vec{x}_2 \rangle \lambda^2 + \langle 2A\vec{p} + \vec{a}, \vec{x}_2 \rangle \lambda + g(\vec{p})$$

são válidas para todo número real λ. Se o número $g(\vec{p})$ é não-negativo, então $-g(\vec{p})\langle \vec{x}_1, A\vec{x}_1 \rangle \geq 0$, porque o número $\langle \vec{x}_1, A\vec{x}_1 \rangle$ é negativo. Portanto, se tem:

(4.29)
$$\langle 2A\vec{p} + \vec{a}, \vec{x}_1 \rangle^2 - 4g(\vec{p})\langle \vec{x}_1, A\vec{x}_1 \rangle \geq$$
$$\geq -4g(\vec{p})\langle \vec{x}_1, A\vec{x}_1 \rangle \geq 0$$

Segue de (4.27) e (4.29) que existe $\lambda_1 \in \mathbb{R}$ tal que $g(\vec{p} + \lambda_1 \vec{x}_1) = 0$. Fazendo $\vec{w}_1 = \lambda_1 \vec{x}_1$, tem-se $\vec{w}_1 \in \mathbb{F}$ (pois $\vec{x}_1 \in \mathbb{F}$ e $\mathbb{F}$ é subespaço vetorial de $\mathbb{E}$) e $g(\vec{p} + \vec{w}_1) = 0$. Se, por outro lado, o número $g(\vec{p})$ é negativo, então o número $-g(\vec{p})\langle \vec{x}_2, A\vec{x}_2 \rangle$ é positivo, porque $\langle \vec{x}_2, A\vec{x}_2 \rangle > 0$. Desta forma, vale:

(4.30)
$$\langle 2A\vec{p} + \vec{a}, \vec{x}_2 \rangle^2 - 4g(\vec{p})\langle \vec{x}_2, A\vec{x}_2 \rangle \geq$$
$$\geq -4g(\vec{p})\langle \vec{x}_2, A\vec{x}_2 \rangle > 0$$

De (4.28) e (4.30) resulta a existência de $\lambda_2 \in \mathbb{R}$ tal que $g(\vec{p} + \lambda_2 \vec{x}_2) = 0$. Fazendo agora $\vec{w}_2 = \lambda_2 \vec{x}_2$, tem-se novamente $\vec{w}_2 \in \mathbb{F}$ (pois $\vec{x}_2 \in \mathbb{F}$ e $\mathbb{F}$ é subespaço vetorial de $\mathbb{E}$) e $g(\vec{p} + \vec{w}_2) = 0$. Com isto, o teorema está demonstrado.

Capítulo 5

Parabolóides N-Dimensionais

5-1 - Introdução:

Quádricas em espaços vetoriais são conjuntos de nível de funções quadráticas. Neste capítulo, serão estudadas as quádricas em espaços euclidianos n-dimensionais, com ênfase nas quádricas de um tipo particular, que são os parabolóides.

É importante lembrar as convenções feitas no início do capítulo anterior (seção 4-1). *Os espaços vetoriais em discussão serão euclidianos, de dimensão finita maior ou igual a dois. Portanto, a terminologia "espaço vetorial" significará espaço euclidiano de dimensão finita maior ou igual a dois.*

Os espaços $\mathbb{R}^n$ serão, a menos de aviso em contrário, dotados do *produto interno canônico,* definido pondo:

$$\langle \vec{x}, \vec{y} \rangle = x_1 y_1 + \cdots + x_n y_n$$

para todo $\vec{x} = (x_1, \ldots, x_n)$ e para todo $\vec{y} = (y_1, \ldots, y_n)$. Portanto, a base canônica $\{\vec{e}_1, \ldots, \vec{e}_n\}$ é ortonormal.

5-2 - Quádricas.

Seja $g : \mathbb{E} \to \mathbb{R}$ uma função quadrática definida num espaço vetorial $\mathbb{E}$. Dado $\beta \in \mathbb{R}$, o conjunto $g^{-1}(\{\beta\})$ das soluções da equação $g(\vec{x}) = \beta$ diz-se uma *quádrica.* Portanto, uma quádrica de $\mathbb{E}$ é um conjunto de nível de uma função quadrática.

CAPÍTULO 5 – PARABOLÓIDES N-DIMENSIONAIS   73

Uma *cônica* é uma quádrica em um espaço vetorial $\mathbb{E}$ de dimensão dois.

Escreve-se às vezes, para simplificar,
$$\mathbb{X} : g(\vec{x}) = \beta$$
em lugar de
$$\mathbb{X} = \{\vec{x} \in \mathbb{E} : g(\vec{x}) = \beta\}$$
para indicar que $\mathbb{X}$ é a quádrica $g^{-1}(\{\beta\})$ e diz-se que a expressão $g(\vec{x}) = \beta$ é *uma equação* de $\mathbb{X}$.

5-2-1 - Observações:

5-2-1-1: Seja $g : \mathbb{E} \to \mathbb{R}$ uma função quadrática definida num espaço vetorial $\mathbb{E}$. Pelo Corolário 4-4-2, existem um único operador auto-adjunto $A \in \text{hom}(\mathbb{E})$, um único vetor $\vec{a} \in \mathbb{E}$ e um único número $\alpha \in \mathbb{R}$ de modo que:
$$g(\vec{x}) = \langle \vec{x}, A\vec{x} \rangle + \langle \vec{a}, \vec{x} \rangle + \alpha$$
Tem-se então:
$$g(\vec{x}) = \beta \Leftrightarrow \langle \vec{x}, A\vec{x} \rangle + \langle \vec{a}, \vec{x} \rangle = \beta - \alpha$$
Portanto pode-se admitir, sem perda de generalidade, que as quádricas de $\mathbb{E}$ são conjuntos de nível de funções quadráticas g da forma $g(\vec{x}) = \langle \vec{x}, A\vec{x} \rangle + \langle \vec{a}, \vec{x} \rangle$.

5-2-1-2: Dado um espaço vetorial $\mathbb{E}$, sejam $A \in \text{hom}(\mathbb{E})$ auto-adjunto não-nulo, $\vec{a} \in \mathbb{E}$ e $g : \mathbb{E} \to \mathbb{R}$ a função quadrática definida por:
$$g(\vec{x}) = \langle \vec{x}, A\vec{x} \rangle + \langle \vec{a}, \vec{x} \rangle$$
Sejam $\mathbb{X} \subseteq \mathbb{E}$ a quádrica $g^{-1}(\{\alpha\})$ (onde $\alpha \in \mathbb{R}$) e $\mathbf{a} = [a_{ik}]$ a matriz de A na base $\mathbb{B} = \{\vec{u}_1, \ldots, \vec{u}_n\} \subseteq \mathbb{E}$. Pela Observação 4-4-3-2, $\mathbb{X}$ é o conjunto das soluções da equação:
$$\sum_{i=1}^{n} \sum_{k=1}^{n} a_{ik} x_i x_k + \sum_{i=1}^{n} b_i x_i = \alpha$$

74 PARABOLÓIDES N-DIMENSIONAIS

onde os números x_i, x_k $(i,k = 1,...,n)$ são as componentes de $\vec{x}$ na base $\mathbb{B}$ e $b_i = \langle \vec{a}, \vec{u}_i \rangle$ $(i = 1,...,n)$. Diz-se então que a fórmula acima é *uma equação* da quádrica $\mathbb{X}$ na base $\mathbb{B}$. Escreve-se, às vezes,

$$\mathbb{X} : \sum_{i=1}^{n} \sum_{k=1}^{n} a_{ik} x_i x_k + \sum_{i=1}^{n} b_i x_i = \alpha$$

para indicar que $\sum_{i=1}^{n} \sum_{k=1}^{n} a_{ik} x_i x_k + \sum_{i=1}^{n} b_i x_i = \alpha$ é uma equação da quádrica $\mathbb{X}$.

5-2-1-3: Sejam A, $\vec{a}$ e $g : \mathbb{E} \to \mathbb{R}$ como na Observação 5-2-1-2. Sejam $\mathbb{B} = \{\vec{u}_1, ..., \vec{u}_n\}$ uma base ortonormal formada por autovetores de A e $\lambda_1, ..., \lambda_n$ os autovalores correspondentes a $\vec{u}_1, ..., \vec{u}_n$, nesta ordem. Então, a quádrica $\mathbb{X} = g^{-1}(\{\alpha\})$ é o conjunto das soluções da equação:

$$\sum_{k=1}^{n} \lambda_k \langle \vec{x}, \vec{u}_k \rangle^2 + \sum_{k=1}^{n} \langle \vec{a}, \vec{u}_k \rangle \langle \vec{x}, \vec{u}_k \rangle = \alpha$$

e esta fórmula é uma equação de $\mathbb{X}$ na base $\mathbb{B}$.

5-2-1-4: Seja $g : \mathbb{E} \to \mathbb{R}$ a função definida por:

$$g(\vec{x}) = \sum_{\mu=1}^{n} c_\mu x_\mu^2 + \sum_{\mu<v} c_{\mu v} x_\mu x_v + \sum_{\mu=1}^{n} b_\mu x_\mu$$

onde onde os números x_μ, x_v $(\mu, v \in \mathbb{I}_n)$ são as componentes do vetor $\vec{x} \in \mathbb{E}$ na base $\mathbb{B} = \{\vec{u}_1, ..., \vec{u}_n\} \subseteq \mathbb{E}$. Pelo Exemplo 4-3-4-3, a função $\xi : \mathbb{E} \to \mathbb{R}$, definida por:

$$\xi(\vec{x}) = \sum_{\mu=1}^{n} c_\mu x_\mu^2 + \sum_{\mu<v} c_{\mu v} x_\mu x_v$$

é uma forma quadrática. Sua matriz $\mathbf{a} = [a_{ik}]$ na base $\mathbb{B}$ é simétrica, e se tem:

$$a_{ik} = \begin{cases} c_k, & \text{se } i = k \\ c_{ik}/2, & \text{se } i \neq k \end{cases}$$

A função $\varphi : \mathbb{E} \to \mathbb{R}$, definida por $\varphi(\vec{x}) = \sum_{\mu=1}^{n} b_\mu x_\mu$, é um funcional linear. Portanto, se (pelo menos) um dos

CAPÍTULO 5 – PARABOLÓIDES N-DIMENSIONAIS   75

números c_k, c_{ik} $(i,k = 1,...,n)$ for diferente de zero, a função g definida acima é uma *função quadrática*, e a equação:

$$\sum_{\mu=1}^{n} c_\mu x_\mu^2 + \sum_{\mu<\nu} c_{\mu\nu} x_\mu x_\nu + \sum_{\mu=1}^{n} b_\mu x_\mu = \alpha$$

onde $\alpha \in \mathbb{R}$, representa uma *quádrica* do espaço vetorial $\mathbb{E}$.

5-2-1-5: Sejam $g, \xi : \mathbb{E} \to \mathbb{R}$ como na Observação 5-2-1-4. Se a base $\mathbb{B}$ é ortonormal (em particular, quando $\mathbb{E} = \mathbb{R}^n$ e $\mathbb{B}$ é a base canônica) então a matriz $\mathbf{a} = [a_{ik}]$ da forma quadrática ξ é a matriz, nesta mesma base, do operador auto-adjunto $A \in \text{hom}(\mathbb{E})$ que corresponde a ξ, e portanto a g. Então, os autovalores de ξ são obtidos resolvendo a *equação característica*:

$$\det(\mathbf{a} - \lambda \mathbf{I}_n) = 0$$

onde $\mathbf{I}_n \in \mathbb{M}(n \times n)$ é a matriz identidade. Uma vez obtidos os autovalores λ_k $(k = 1,...,n)$, os autovetores correspondentes são obtidos resolvendo (por eliminação gaussiana, se necessário) cada um dos sistemas lineares:

$$\begin{cases} (a_{11} - \lambda_k)x_1 + \cdots + a_{1n}x_n = 0 \\ \quad\quad\quad \vdots \\ a_{1n}x_n + \cdots + (a_{nn} - \lambda_k)x_n = 0 \end{cases}$$

onde $k = 1, \ldots, n$ e $x_i = \langle \vec{x}, \vec{u}_i \rangle$, $i = 1, \ldots, n$. Os autovalores de ξ e os autovetores que correspondem a eles podem também ser obtidos através de programas de computador como, por exemplo, MATLAB® e MATHCAD®.

5-2-1-6: Seja $g : \mathbb{R}^n \to \mathbb{R}$, onde $n \geq 2$, a função quadrática definida por $\langle \vec{x}, A\vec{x} \rangle + \langle \vec{a}, \vec{x} \rangle$, onde $A \in \text{hom}(\mathbb{R}^n)$ é auto-adjunto e $\vec{a} = (a_1, \ldots, a_n) \in \mathbb{R}^n$. Sejam $\mathbb{U} = \{\vec{u}_1, \ldots, \vec{u}_n\}$ uma base ortonormal formada por autovetores de A e $\lambda_1, \ldots, \lambda_n$ os autovalores de A correspondentes aos autovetores $\vec{u}_1, \ldots, \vec{u}_n$, nesta ordem. Sejam

76 PARABOLÓIDES N-DIMENSIONAIS

$G, A_0 : \mathbb{R}^n \to \mathbb{R}^n$ os operadores lineares definidos pondo $A_0 \vec{e}_k = \lambda_k \vec{e}_k$ e $G\vec{u}_k = \vec{e}_k$, $k = 1, \dots, n$. Sejam $\vec{a}_0 = G\vec{a}$ e $g_0 : \mathbb{R}^n \to \mathbb{R}$ a função quadrática definida pondo:

$$g_0(\vec{x}) = \langle \vec{x}, A_0 \vec{x} \rangle + \langle \vec{a}_0, \vec{x} \rangle$$

Pela Observação 4-4-3-9 pode-se admitir, sem perda de generalidade, que o operador ortogonal G é uma rotação. Decorre também da Observação 4-4-3-9 que se tem:

$$g = g_0 \circ G$$

Seja $\mathbb{X} \subseteq \mathbb{R}^n$ a quádrica $g^{-1}(\{\alpha\})$. Segue-se que:

$$\mathbb{X} = (g_0 \circ G)^{-1}(\{\alpha\}) =$$

$$= G^{-1}(g_0^{-1}(\{\alpha\})) = G^*(g_0^{-1}(\{\alpha\}))$$

Sejam $H = G^{-1} = G^*$ e $\mathbb{X}_0$ a quádrica $g_0^{-1}(\{\alpha\})$. Das igualdades acima resulta:

$$\mathbb{X} = H(\mathbb{X}_0)$$

Sendo o operador linear G uma rotação, seu inverso H é também uma rotação. Portanto, a quádrica $\mathbb{X}$ é *a imagem da quádrica* $\mathbb{X}_0$ *pela rotação* $H : \mathbb{R}^n \to \mathbb{R}^n$. A equação:

$$\sum_{k=1}^{n} \lambda_k x_k^2 + \sum_{k=1}^{n} \langle \vec{a}_0, \vec{e}_k \rangle x_k = \alpha$$

representa a quádrica $\mathbb{X}_0$ relativamente à base canônica. O operador H é definido por:

$$H\vec{e}_k = \vec{u}_k, \quad k = 1, \dots, n$$

Portanto, as colunas da matriz **h** de H na base canônica $\{\vec{e}_1, \dots, \vec{e}_n\}$ são formadas pelas componentes dos vetores $\vec{u}_k$ ($k = 1, \dots, n$) na base canônica de $\mathbb{R}^n$. Quando o operador H for diferente da identidade, diz-se que a quádrica $\mathbb{X}$ é *rotacionada* relativamente à base canônica de $\mathbb{R}^n$. Segue-se que a quádrica $\mathbb{X}$ é rotacionada quando existe (pelo menos) um índice $k \in \mathbb{I}_n$ tal que o autovetor $\vec{u}_k$ é diferente de $\vec{e}_k$.

5-2-1-7: Seja $\mathbb{X} \subseteq \mathbb{R}^n$ a quádrica representada, *na base*

CAPÍTULO 5 – PARABOLÓIDES N-DIMENSIONAIS   77

canônica $\{\vec{e}_1, \ldots, \vec{e}_n\}$ de $\mathbb{R}^n$, pela equação:

$$\sum_{\mu=1}^{n} c_\mu x_\mu^2 + \sum_{\mu<\nu} c_{\mu\nu} x_\mu x_\nu +$$

$$+ \sum_{\mu=1}^{n} b_\mu x_\mu = \alpha$$

Se os coeficientes $c_{\mu\nu}$ são iguais a zero então a matriz na base canônica $\mathbf{a} = [a_{ik}]$ da forma quadrática ξ, e portanto do operador auto-adjunto $A \in \text{hom}(\mathbb{R}^n)$ correspondente a $\mathbb{X}$, é:

$$a_{ik} = \begin{cases} c_k, & \text{se} \quad i = k \\ 0, & \text{se} \quad i \neq k \end{cases}$$

conforme a Observação 5-2-1-3. Portanto, os autovalores de A são os números $c_1, \ldots, c_n$ e os autovetores correspondentes são $\vec{e}_1, \ldots, \vec{e}_n$, nesta ordem. Assim sendo, a quádrica $\mathbb{X}$ não é rotacionada. Reciprocamente: Se a quádrica $\mathbb{X} \subseteq \mathbb{R}^n$, representada pela equação:

$$\langle \vec{x}, A\vec{x} \rangle + \langle \vec{a}, \vec{x} \rangle = \alpha$$

onde $A \in \text{hom}(\mathbb{E})$ é auto-adjunto e $\vec{x} = (x_1, \ldots, x_n)$ não é rotacionada, então (v. Observação 5-2-1-5) os autovetores de A são os vetores $\vec{e}_k$ $(k = 1, \ldots, n)$ da base canônica de $\mathbb{R}^n$, e a equação acima torna-se:

$$\sum_{k=1}^{n} \lambda_k x_k^2 + \sum_{k=1}^{n} a_k x_k = \alpha$$

onde os números λ_k são os autovalores correspondentes aos autovetores $\vec{e}_k$ $(k = 1, \ldots, n)$, nesta ordem. Desta forma, pode-se determinar diretamente se uma quádrica $\mathbb{X} \subseteq \mathbb{R}^n$ é ou não rotacionada quando é dada uma equação de $\mathbb{X}$ na base canônica: $\mathbb{X}$ é rotacionada sempre que (pelo menos) um dos coeficientes dos "termos cruzados" for diferente de zero.

5-2-1-8: Dado um espaço vetorial $\mathbb{E}$, seja $g : \mathbb{E} \to \mathbb{R}$ a função quadrática definida por:

78 PARABOLÓIDES N-DIMENSIONAIS

$$g(\vec{x}) = \langle \vec{x}, A\vec{x} \rangle + \langle \vec{a}, \vec{x} \rangle$$

onde $A \in \text{hom}(\mathbb{E})$ é auto-adjunto (não-nulo) e $\vec{a} \in \mathbb{E} \setminus \text{Im}(A)$. Como $\vec{a}$ não pertence a $\text{Im}(A)$, segue da Observação 4-4-3-6 que a função g é *sobrejetiva*. Portanto, o conjunto $g^{-1}(\{\alpha\})$ é *não-vazio*, seja qual for $\alpha \in \mathbb{R}$.

5-2-1-9: Seja $g : \mathbb{E} \to \mathbb{R}$ a função quadrática definida no espaço vetorial $\mathbb{E}$ por $g(\vec{x}) = \langle \vec{x}, A\vec{x} \rangle + \langle \vec{a}, \vec{x} \rangle$, onde $A \in \text{hom}(\mathbb{E})$ é auto-adjunto e $\vec{a} \in \mathbb{E}$. Seja $\mathbb{X} \subseteq \mathbb{E}$ a quádrica $g^{-1}(\{\alpha\})$. Tem-se $g(\vec{p}) = \alpha$, qualquer que seja $\vec{p} \in \mathbb{X}$. Assim sendo, resulta da Observação 4-4-3-4 que se tem:

$$g(\vec{x}) = \langle \vec{x} - \vec{p}, A(\vec{x} - \vec{p}) \rangle + \langle 2A\vec{p} + \vec{a}, \vec{x} - \vec{p} \rangle + \alpha$$

seja qual for $\vec{p} \in \mathbb{X}$. Consequentemente, $\mathbb{X}$ é o conjunto das soluções da equação:

$$\langle \vec{x} - \vec{p}, A(\vec{x} - \vec{p}) \rangle + \langle 2A\vec{p} + \vec{a}, \vec{x} - \vec{p} \rangle = 0$$

onde $\vec{p}$ é qualquer ponto de $\mathbb{X}$.

5-2-1-10: Sejam $g : \mathbb{E} \to \mathbb{R}$ como na Observação 5-2-1-9, $\mathbb{X} \subseteq \mathbb{E}$ a quádrica $g^{-1}(\{\alpha\})$ e $\mathbb{D} \subseteq \mathbb{E}$ a reta $\vec{p} + S(\vec{w})$, onde $\vec{p} \in \mathbb{E}$. Pela Observação 4-4-3-4, $\mathbb{X}$ é o conjunto das soluções $\vec{x} \in \mathbb{E}$ da equação:

$$\langle \vec{x} - \vec{p}, A(\vec{x} - \vec{p}) \rangle + \langle 2A\vec{p} + \vec{a}, \vec{x} - \vec{p} \rangle + g(\vec{p}) = \alpha$$

Os pontos de $\mathbb{D}$ são os vetores $\vec{u} \in \mathbb{E}$ que se escrevem como $\vec{u} = \vec{p} + \theta\vec{w}$, onde θ é um número real. Desta forma, os pontos de $\mathbb{D} \cap \mathbb{X}$ são os vetores $\vec{u} = \vec{p} + \theta\vec{w}$, onde o número real θ satisfaz:

$$\langle \vec{w}, A\vec{w} \rangle \theta^2 + \langle 2A\vec{p} + \vec{a}, \vec{w} \rangle \theta + g(\vec{p}) - \alpha = 0$$

Por conseguinte, vale uma, e somente uma, das seguintes afirmações:

(a) A interseção $\mathbb{D} \cap \mathbb{X}$ é vazia.

(b) Tem-se $1 \leq \text{card}(\mathbb{D} \cap \mathbb{X}) \leq 2$.

CAPÍTULO 5 – PARABOLÓIDES N-DIMENSIONAIS   79

(c) $\mathbb{D} \subseteq \mathbb{X}$.

Segue-se que vale (c) se, e somente se, $\langle \vec{w}, A\vec{w} \rangle = \langle 2A\vec{p} + \vec{a}, \vec{w} \rangle = g(\vec{p}) - \alpha = 0$.

5-2-1-11: Sejam $g : \mathbb{E} \to \mathbb{R}$ a função quadrática definida no espaço vetorial $\mathbb{E}$ por $g(\vec{x}) = \langle \vec{x}, A\vec{x} \rangle + \langle \vec{a}, \vec{x} \rangle$, onde $A \in \text{hom}(\mathbb{E})$ é auto-adjunto (e não-nulo, pois g é uma função quadrática). Sejam $\mathbb{X} \subseteq \mathbb{E}$ a quádrica $g^{-1}(\{\alpha\})$ e $\mathbb{D} \subseteq \mathbb{E}$ a reta $\vec{p} + S(\vec{w})$, onde $\vec{p} \in \mathbb{X}$. Como $\vec{p} \in \mathbb{X}$, tem-se $g(\vec{p}) = \alpha$. Segue deste fato e da Observação 5-2-1-10 que $\mathbb{D} \cap \mathbb{X}$ é o conjunto dos vetores $\vec{u} \in \mathbb{E}$ que se exprimem como $\vec{u} = \vec{p} + \theta\vec{w}$, onde o número real θ satisfaz:

$$\langle \vec{w}, A\vec{w} \rangle\theta^2 + \langle 2A\vec{p} + \vec{a}, \vec{w} \rangle\theta = 0$$

Portanto, vale uma, e somente uma, das seguintes afirmações:

(a) $\text{card}(\mathbb{D} \cap \mathbb{X}) = 1$.

(b) $\text{card}(\mathbb{D} \cap \mathbb{X}) = 2$.

(c) $\mathbb{D} \subseteq \mathbb{X}$.

Para que seja $\mathbb{D} \subseteq \mathbb{X}$ é necessário e suficiente que se tenha $\langle \vec{w}, A\vec{w} \rangle = \langle 2A\vec{p} + \vec{a}, \vec{w} \rangle = 0$.

Sejam $g_1, g_2 : \mathbb{E} \to \mathbb{R}$ as funções quadráticas definidas por $g_k(\vec{x}) = \langle \vec{x}, A_k\vec{x} \rangle + \langle \vec{a}_k, \vec{x} \rangle$ $(k = 1,2)$, onde $A_1, A_2 \in \text{hom}(\mathbb{E})$ são auto-adjuntos. Seja $\mathbb{X}_k \subseteq \mathbb{E}$ $(k = 1,2)$ a quádrica $g_k^{-1}(\{\alpha_k\})$. Se existe um número real κ diferente de zero tal que $A_2 = \kappa A_1$, $\vec{a}_2 = \kappa\vec{a}_1$ e $\alpha_2 = \kappa\alpha_1$ então as equações $\langle \vec{x}, A_k\vec{x} \rangle + \langle \vec{a}_k, \vec{x} \rangle = \alpha_k$ $(k = 1,2)$ são equivalentes, logo representam a mesma quádrica. Será demonstrado, no desenvolvimento subseqüente, que a recíproca é válida desde que exista $\vec{p} \in \mathbb{X}_1$ de modo que o vetor $2A_1\vec{p} + \vec{a}_1$ é não-nulo. Com este objetivo, serão demonstrados os quatro lemas a seguir:

80 PARABOLÓIDES N-DIMENSIONAIS

5-2-2 - Lema: Dado um espaço vetorial $\mathbb{E}$, seja $\xi : \mathbb{E} \to \mathbb{R}$ uma forma quadrática não-nula. Sejam $\vec{u}_1, \vec{u}_2 \in \mathbb{E}$ vetores não-nulos. Então existe um vetor $\vec{w} \in \mathbb{E}$ de modo que os números $\xi(\vec{w})$, $\langle \vec{u}_1, \vec{w} \rangle$ e $\langle \vec{u}_2, \vec{w} \rangle$ são diferentes de zero.

Demonstração:

(i) Seja $\vec{u} \in \mathbb{E}$ um vetor não-nulo qualquer. Se $\xi(\vec{u})$ é diferente de zero, então os números $\xi(\vec{u})$ e $\langle \vec{u}, \vec{u} \rangle$ são ambos diferentes de zero. Se, por outro lado, $\xi(\vec{u}) = 0$, há dois casos a considerar:

(1) $\xi(\vec{x}) = 0$ para todo $\vec{x} \in [S(\vec{u})]^{\perp}$. Como a forma quadrática ξ é não-nula, existe $\vec{w} \in \mathbb{E}$ tal que $\xi(\vec{w})$ é diferente de zero. Este $\vec{w}$ não pertence a $[S(\vec{u})]^{\perp}$, logo o número $\langle \vec{u}, \vec{w} \rangle$ também é diferente de zero.

(2) Existe $\vec{x}_0 \in [S(\vec{u})]^{\perp}$ tal que $\xi(\vec{x}_0)$ é diferente de zero. Seja $A \in \hom(\mathbb{E})$ o operador auto-adjunto associado a ξ. Como $\xi(\vec{u}) = 0$ e o operador A é auto-adjunto, valem, para todo número real θ, a seguinte igualdade:

(5.1)
$$\xi(\vec{x}_0 + \theta\vec{u}) = 2\langle \vec{u}, A\vec{x}_0 \rangle\theta + \xi(\vec{x}_0)$$

Se $\langle \vec{u}, A\vec{x}_0 \rangle = 0$ então resulta de (5.1) que $\xi(\vec{x}_0 + \theta\vec{u}) = \xi(\vec{x}_0)$, portanto $\xi(\vec{x}_0 + \theta\vec{u})$ é diferente de zero para todo número real θ. Se $\langle \vec{u}, A\vec{x}_0 \rangle$ é diferente de zero, então $\xi(\vec{x}_0 + \theta\vec{u})$ é diferente de zero para todo número real θ diferente de $-\xi(\vec{x}_0)/2\langle \vec{u}, A\vec{x}_0 \rangle$. Segue-se que existe um número real *positivo* θ_0 tal que $\xi(\vec{x}_0 + \theta_0\vec{u})$ é diferente de zero. Como $\vec{x}_0 \in [S(\vec{u})]^{\perp}$ e $\vec{u}$ é não-nulo segue-se:

(5.2)
$$\langle \vec{u}, \vec{x}_0 + \theta_0\vec{u} \rangle = \theta_0\|\vec{u}\|^2 > 0$$

Logo, existe $\vec{w} \in \mathbb{E}$ tal que os números $\xi(\vec{w})$ e $\langle \vec{u}, \vec{w} \rangle$ são ambos diferente de zero.

(ii) Sejam agora $\vec{u}_1, \vec{u}_2 \in \mathbb{E}$ vetores não-nulos. Pelo item (i), existe um vetor $\vec{w}_1 \in \mathbb{E}$ de modo que $\xi(\vec{w}_1)$ é diferente

CAPÍTULO 5 – PARABOLÓIDES N-DIMENSIONAIS **81**

de zero e $\langle \vec{u}_1, \vec{w}_1 \rangle$ é diferente de zero. Sejam $\varphi_1, \varphi_2 : \mathbb{R} \to \mathbb{R}$ definidas por:

$$\varphi_1(\theta) = \xi(\vec{w}_1 + \theta \vec{u}_2)$$

$$\varphi_2(\theta) = \langle \vec{u}_1, \vec{w}_1 + \theta \vec{u}_2 \rangle$$

Como o operador A associado a ξ é auto-adjunto, segue-se:

$$\varphi_1(\theta) = \theta^2 \xi(\vec{u}_2) + 2\theta \langle \vec{u}_2, A\vec{w}_1 \rangle + \xi(\vec{w}_1)$$

Tem-se também:

$$\varphi_2(\theta) = \theta \langle \vec{u}_1, \vec{u}_2 \rangle + \langle \vec{u}_1, \vec{w}_1 \rangle$$

Tem-se $\varphi_1(0) = \xi(\vec{w}_1)$ e $\varphi_2(0) = \langle \vec{u}_1, \vec{w}_1 \rangle$, logo $\varphi_1(0)$ e $\varphi_2(0)$ são ambos diferentes de zero. As funções φ_1, φ_2 definidas acima são contínuas, porque são polinômios (de grau menor ou igual a dois). Portanto existe um número real positivo θ_1 de modo que os números $\xi(\vec{w}_1 + \theta_1 \vec{u}_2)$ e $\langle \vec{u}_1, \vec{w}_1 + \theta_1 \vec{u}_2 \rangle$ são ambos diferentes de zero. Se $\vec{w}_1 \in [S(\vec{u}_2)]^\perp$ então $\langle \vec{u}_2, \vec{w}_1 \rangle = 0$, donde $\langle \vec{u}_2, \vec{w}_1 + \theta_1 \vec{u}_2 \rangle = \theta_1 \|\vec{u}_2\|^2 > 0$. Se, por outro lado, $\vec{w}_1$ não pertence a $[S(\vec{u}_2)]^\perp$ então $\langle \vec{w}_1, \vec{u}_2 \rangle$ é diferente de zero. Isto encerra a demonstração.

5-2-3 - Corolário: Dado um espaço vetorial $\mathbb{E}$, seja $g : \mathbb{E} \to \mathbb{R}$ a função quadrática definida por $g(\vec{x}) = \langle \vec{x}, A\vec{x} \rangle + \langle \vec{a}, \vec{x} \rangle$, onde $A \in \hom(\mathbb{E})$ é um operador auto-adjunto. Sejam $\mathbb{X} \subseteq \mathbb{E}$ a quádrica $g^{-1}(\{a\})$ e $\vec{p} \in \mathbb{X}$. Se o vetor $2A\vec{p} + \vec{a}$ é não-nulo então existe uma reta $\mathbb{D} \subseteq \mathbb{E}$ tal que $\operatorname{card}(\mathbb{D} \cap \mathbb{X}) = 2$.

Demonstração: A forma quadrática $\vec{x} \mapsto \langle \vec{x}, A\vec{x} \rangle$ é não-nula, porque g é uma função quadrática. Desta forma, o Lema 5-2-2 diz que se o vetor $2A\vec{p} + \vec{a}$ é não-nulo então existe $\vec{w} \in \mathbb{E}$ de modo que os números $\langle \vec{w}, A\vec{w} \rangle$ e $\langle 2A\vec{p} + \vec{a}, \vec{w} \rangle$ são ambos diferentes de zero. Seja $\mathbb{D} = \vec{p} + S(\vec{w})$. Como o vetor

82 PARABOLÓIDES N-DIMENSIONAIS

$\vec{w}$ é não-nulo (pois $\langle \vec{w}, A\vec{w} \rangle$ é diferente de zero) a variedade linear $\mathbb{D}$ é uma reta. Pela Observação 5-2-1-11, $\mathbb{D} \cap \mathbb{X}$ é o conjunto dos vetores $\vec{u} \in \mathbb{E}$ que se escrevem como $\vec{u} = \vec{p} + \theta\vec{w}$, onde o número θ é solução da equação:

(5.3)
$$\langle \vec{w}, A\vec{w} \rangle \theta^2 + \langle 2A\vec{p} + \vec{a}, \vec{w} \rangle \theta = 0$$

Como os números $\langle \vec{w}, A\vec{w} \rangle$ e $\langle 2A\vec{p} + \vec{a}, \vec{w} \rangle$ são ambos diferentes de zero, a equação (5.3) tem duas soluções distintas, que são $\theta_1 = 0$ e $\theta_2 = -\langle 2A\vec{p} + \vec{a}, \vec{w} \rangle / \langle \vec{w}, A\vec{w} \rangle$. Logo, o resultado segue.

5-2-4 - Lema: Sejam $g : \mathbb{R}^2 \to \mathbb{R}$ definida por $g(x, y) = ax^2 + 2bxy + cy^2 + dx$, onde o vetor $(a, b, c) \in \mathbb{R}^3$ é não-nulo. Seja $\mathbb{X}$ o conjunto $g^{-1}(\{0\})$ das soluções da equação $g(x, y) = 0$. Então $\mathbb{X} = \{(0, 0)\}$ ou $\mathbb{X}$ é um conjunto infinito.

Demonstração:

(i) Como o vetor $(a, b, c) \in \mathbb{R}^3$ é não-nulo, a função g é (v. Observação 5-2-1-4) uma função quadrática. Tem-se então:

(5.4)
$$g(\vec{x}) = \langle \vec{x}, A\vec{x} \rangle + \langle \vec{w}, \vec{x} \rangle$$

para todo $\vec{x} = (x, y) \in \mathbb{R}^2$, onde $A \in \hom(\mathbb{R}^2)$ é um operador linear auto-adjunto não-nulo. Admitindo que o vetor $\vec{w}$ pertença à imagem $\mathrm{Im}(A)$ de A, seja $\vec{c} \in \mathbb{R}^2$ (o qual existe) tal que $2A\vec{c} + \vec{w} = \vec{o}$. Segue da Observação 4-4-3-4 que, para este $\vec{c}$ se tem:

(5.5)
$$g(\vec{x}) = \langle \vec{x} - \vec{c}, A(\vec{x} - \vec{c}) \rangle + g(\vec{c})$$

Segue de (5.5) que $\mathbb{X}$ é o conjunto das soluções $\vec{x} \in \mathbb{R}^2$ da equação:

(5.6)
$$\langle \vec{x} - \vec{c}, A(\vec{x} - \vec{c}) \rangle = -g(\vec{c})$$

CAPÍTULO 5 – PARABOLÓIDES N-DIMENSIONAIS   83

(ii) Supondo ainda que $\vec{w} \in \text{Im}(A)$, sejam $\mathbb{B} = \{\vec{u}_1, \vec{u}_2\}$ uma base ortonormal do espaço $\mathbb{R}^2$ formada por autovetores de A e λ_k (k =1,2) os autovalores correspondentes aos autovetores $\vec{u}_k$ ($k = 1,2$) nesta ordem. A equação (5.6) torna-se:

(5.7)
$$\lambda_1 \langle \vec{x} - \vec{c}, \vec{u}_1 \rangle^2 + \lambda_2 \langle \vec{x} - \vec{c}, \vec{u}_2 \rangle^2 = -g(\vec{c})$$

Como $\mathbb{X} = g^{-1}(\{0\}) = (-g)^{-1}(\{0\})$, há três casos a considerar:

(1) Os autovalores λ_1 e λ_2 são ambos positivos. Como o conjunto $\mathbb{X}$ é não-vazio (pois o vetor nulo $\vec{o} = (0,0)$ pertence a $\mathbb{X}$) tem-se, neste caso, $g(\vec{c}) \leq 0$. Se $g(\vec{c}) = 0$ então a única solução de (5.7) é o vetor $\vec{x}$ que cumpre $\langle \vec{x} - \vec{c}, \vec{u}_1 \rangle = \langle \vec{x} - \vec{c}, \vec{u}_2 \rangle = 0$, e portanto $\vec{x} = \vec{c}$. Como o vetor nulo $(0,0)$ pertence a $\mathbb{X}$, segue-se $\mathbb{X} = \{\vec{c}\} = \{(0,0)\}$. Se, por outro lado, o número $g(\vec{c})$ é negativo, então, fazendo $\alpha_k = \sqrt{-g(\vec{c})/\lambda_k}$ ($k = 1,2$) a equação (5.7) assume a forma:

(5.8)
$$\frac{\langle \vec{x} - \vec{c}, \vec{u}_1 \rangle^2}{\alpha_1^2} + \frac{\langle \vec{x} - \vec{c}, \vec{u}_2 \rangle}{\alpha_2^2} = 1$$

Sejam $\varphi_1, \varphi_2 : [-\alpha_1, \alpha_1] \to \mathbb{R}^2$ definidas por:

$$\varphi_1(\theta) = \vec{c} + \theta \vec{u}_1 - \left[\alpha_2 \sqrt{1 - \frac{\theta^2}{\alpha_1^2}} \right] \vec{u}_2$$

$$\varphi_2(\theta) = \vec{c} + \theta \vec{u}_1 + \left[\alpha_2 \sqrt{1 - \frac{\theta^2}{\alpha_1^2}} \right] \vec{u}_2$$

Como $\mathbb{X}$ é o conjunto das soluções da equação (5.8), segue-se que $\varphi_1(\theta), \varphi_2(\theta) \in \mathbb{X}$ para todo $\theta \in [-\alpha_1, \alpha_1]$. Como se pode verificar sem dificuldade, as funções φ_1 e φ_2 são ambas injetivas. Como $\mathbb{X}$ contém a imagem $\varphi_k([-\alpha_1, \alpha_1])$ ($k = 1,2$), segue-se que $\mathbb{X}$ é infinito.

84 PARABOLÓIDES N-DIMENSIONAIS

(2) Tem-se $\lambda_1 < 0 < \lambda_2$. Se $g(\vec{c}) < 0$ então, fazendo $\alpha_1 = \sqrt{g(\vec{c})/\lambda_1}$ e $\alpha_2 = \sqrt{-g(\vec{c})/\lambda_2}$, a equação (5.7) fica:

(5.9)
$$-\frac{\langle \vec{x} - \vec{c}, \vec{u}_1 \rangle^2}{\alpha_1^2} + \frac{\langle \vec{x} - \vec{c}, \vec{u}_2 \rangle}{\alpha_2^2} = 1$$

Se $g(\vec{c}) > 0$ então, tomando $\alpha_1 = \sqrt{-g(\vec{c})/\lambda_1}$ e $\alpha_2 = \sqrt{g(\vec{c})/\lambda_2}$, a equação (5.7) torna-se:

(5.10)
$$\frac{\langle \vec{x} - \vec{c}, \vec{u}_1 \rangle^2}{\alpha_1^2} - \frac{\langle \vec{x} - \vec{c}, \vec{u}_2 \rangle}{\alpha_2^2} = 1$$

Sejam $\psi_1, \psi_2 : \mathbb{R} \to \mathbb{R}^2$ definidas por:

$$\psi_1(\theta) = \vec{c} + \theta \vec{u}_1 + \left[\alpha_2 \sqrt{1 + \frac{\theta^2}{\alpha_1^2}} \right] \vec{u}_2$$

$$\psi_2(\theta) = \vec{c} + \left[\alpha_1 \sqrt{1 + \frac{\theta^2}{\alpha_2^2}} \right] \vec{u}_1 + \theta \vec{u}_2$$

Decorre de 5.9 e 5.10 que $\psi_1(\mathbb{R}) \subseteq X$ se $g(\vec{c}) < 0$ e $\psi_2(\mathbb{R}) \subseteq X$ se $g(\vec{c}) > 0$. As funções ψ_1 e ψ_2 sendo injetivas, o conjunto X é infinito. Se $g(\vec{c}) = 0$ então, por (5.6), X é o conjunto das soluções da equação:

(5.11)
$$\langle \vec{x} - \vec{c}, A(\vec{x} - \vec{c}) \rangle = 0$$

Sejam $\xi : \mathbb{R}^2 \to \mathbb{R}$ a forma quadrática $\vec{x} \mapsto \langle \vec{x}, A\vec{x} \rangle$ e $T : \mathbb{R}^2 \to \mathbb{R}^2$ a translação $\vec{x} \mapsto \vec{x} + \vec{c}$. De (5.11) resulta:

(5.12)
$$X = T(\xi^{-1}(\{0\})) = \vec{c} + \xi^{-1}(\{0\})$$

A forma quadrática ξ é indefinida, pois $\lambda_1 < 0$ e $\lambda_2 > 0$. Assim, o Teorema 4-3-12 diz que $\xi^{-1}(\{0\})$ é a reunião $S(\vec{w}_1) \cup S(\vec{w}_2)$, onde os vetores $\vec{w}_1$, $\vec{w}_2$ são LI. Como a translação T é uma função bijetiva, segue de (5.12) que X é

CAPÍTULO 5 – PARABOLÓIDES N-DIMENSIONAIS   85

um conjunto infinito.

(3) Um dos autovalores λ_k ($k = 1,2$) é positivo, enquanto que o outro é nulo. Renumerando a base $\mathbb{B} = \{\vec{u}_1, \vec{u}_2\}$ se necessário, pode-se supor, sem perda de generalidade, $\lambda_1 > 0$ e $\lambda_2 = 0$. Assim, a equação (5.7) assume a forma:

(5.13)
$$\lambda_1 \langle \vec{x} - \vec{c}, \vec{u}_1 \rangle^2 = -g(\vec{c})$$

Resulta de (5.13) que $\mathbb{X}$ contém a reta $\vec{c} + (\sqrt{-g(\vec{c})/\lambda_1})\vec{u}_1 + \mathcal{S}(\vec{u}_2)$, e portanto que o conjunto $\mathbb{X}$ é infinito. Segue-se que se o vetor $\vec{w}$ pertence à imagem $\mathrm{Im}(A)$ do operador A, então $\mathbb{X} = \{(0,0)\}$ ou $\mathbb{X}$ é um conjunto infinito.

(iii) Supondo agora que o vetor $\vec{w}$ não pertence a $\mathrm{Im}(A)$, sejam $\mathbb{B} = \{\vec{u}_1, \vec{u}_2\}$ e λ_1, λ_2 como no item (ii) acima. Como A é não-nulo e $\vec{w}$ não pertence a $\mathrm{Im}(A)$, o posto de A é igual a um. Logo, um dos autovalores λ_1, λ_2 é igual a zero. Renumerando a base $\mathbb{B}$ e multiplicando por -1 a equação $g(\vec{x}) = 0$ se necessário, pode-se supor, sem perda de generalidade, $\lambda_1 > 0$ e $\lambda_2 = 0$. Pelo item 3-5-2 do Capítulo 3, $\mathrm{Im}(A) = \mathcal{S}(\vec{u}_1)$ e $\ker(A) = \mathcal{S}(\vec{u}_2)$. Como a base $\mathbb{B}$ é ortonormal e $\vec{w}$ não pertence a $\mathrm{Im}(A)$, segue-se $\vec{w} = \langle \vec{w}, \vec{u}_1 \rangle \vec{u}_1 + \langle \vec{w}, \vec{u}_2 \rangle \vec{u}_2$, onde o número $\langle \vec{w}, \vec{u}_2 \rangle$ é diferente de zero. Pela Observação 4-4-3-5 tem-se:

$$g(\vec{x}) = \langle \vec{x} - \vec{c}, A(\vec{x} - \vec{c}) \rangle +$$
$$+ \langle \vec{w}, \vec{u}_2 \rangle \langle \vec{x} - \vec{c}, \vec{u}_2 \rangle + g(\vec{c})$$

para todo $\vec{x} \in \mathbb{R}^2$, onde $\vec{c}$ é uma solução da equação linear $A\vec{x} = -(\langle \vec{w}, \vec{u}_1 \rangle/2)\vec{u}_1$. Logo,

(5.14)
$$g(\vec{x}) = \lambda_1 \langle \vec{x} - \vec{c}, \vec{u}_1 \rangle^2 + \beta \langle \vec{x} - \vec{c}, \vec{u}_2 \rangle + g(\vec{c})$$

para todo $\vec{x} \in \mathbb{R}^2$, onde $\beta = \langle \vec{w}, \vec{u}_2 \rangle$. Segue-se que $\mathbb{X}$ é o conjunto das soluções da equação:

86 PARABOLÓIDES N-DIMENSIONAIS

(5.15)
$$\langle \vec{x} - \vec{c}, \vec{u}_2 \rangle = -\left[\frac{\lambda_1}{\beta} \langle \vec{x} - \vec{c}, \vec{u}_1 \rangle^2 + \frac{g(\vec{c})}{\beta} \right]$$

Seja $f : \mathbb{R} \to \mathbb{R}^2$ definida por:

$$f(\theta) = \vec{c} + \theta \vec{u}_1 - \frac{1}{\beta} [\lambda_1 \theta^2 + g(\vec{c})] \vec{u}_2$$

Resulta de (5.15) que $f(\mathbb{R}) \subseteq \mathbb{X}$. Segue deste fato e da injetividade de f que o conjunto $\mathbb{X}$ é infinito. Com isto, termina a demonstração.

5-2-5 - Lema: Sejam $g : \mathbb{R}^2 \to \mathbb{R}$ e $\mathbb{X}$ como no Lema 5-2-4. Sejam $\xi : \mathbb{R}^2 \to \mathbb{R}$ definida por $\xi(x, y) = ax^2 + 2bxy + cy^2$ e $\mathbb{Y} \subseteq \mathbb{R}^2$ o conjunto $\xi^{-1}(\{0\})$ das soluções da equação $\xi(x, y) = 0$. Se $\mathbb{X} \subseteq \mathbb{Y}$ e o conjunto $\mathbb{X}$ é infinito, então $\mathbb{X}$ é um subespaço $\mathbb{F} \subseteq \mathbb{R}^2$ de dimensão um ou $\mathbb{X}$ é a reunião $\mathbb{F}_1 \cup \mathbb{F}_2$ de subespaços de dimensão um $\mathbb{F}_1, \mathbb{F}_2 \subseteq \mathbb{R}^2$.

Demonstração:

(i) Segue da Observação 5-2-1-4 que ξ é uma forma quadrática não-nula. Seja $A \in \mathbb{R}^2$ o operador auto-adjunto associado a ξ. Como $g(\vec{x}) = \xi(\vec{x}) + \langle \vec{w}, \vec{x} \rangle$ onde $\vec{w}$ é o vetor $(d, 0)$, segue-se:

(5.16)
$$\xi(\vec{x}) = \langle \vec{x}, A\vec{x} \rangle$$
$$g(\vec{x}) = \langle \vec{x}, A\vec{x} \rangle + \langle \vec{w}, \vec{x} \rangle$$

Seja $\vec{x} \in \mathbb{X}$ arbitrário. Como $\mathbb{X} \subseteq \mathbb{Y}$ tem-se $g(\vec{x}) = \langle \vec{x}, A\vec{x} \rangle + \langle \vec{w}, \vec{x} \rangle = 0$ porque $\vec{x} \in \mathbb{X}$ e também $\xi(\vec{x}) = \langle \vec{x}, A\vec{x} \rangle = 0$ porque $\vec{x} \in \mathbb{Y}$. Por isto, $\langle \vec{w}, \vec{x} \rangle = 0$. Segue-se que $\mathbb{X}$ está contido no complemento ortogonal $[\mathcal{S}(\vec{w})]^{\perp}$ do subespaço $\mathcal{S}(\vec{w})$. Logo, $\mathbb{X} \subseteq \mathbb{Y} \cap [\mathcal{S}(\vec{w})]^{\perp}$. Por outro lado, se $\langle \vec{x}, A\vec{x} \rangle = \langle \vec{w}, \vec{x} \rangle = 0$ então $\langle \vec{x}, A\vec{x} \rangle + \langle \vec{w}, \vec{x} \rangle = 0$. Portanto, $\mathbb{Y} \cap [\mathcal{S}(\vec{w})]^{\perp} \subseteq \mathbb{X}$. Isto mostra que vale a igualdade $\mathbb{X} = \mathbb{Y} \cap [\mathcal{S}(\vec{w})]^{\perp}$.

(ii) Sejam $\mathbb{B} = \{\vec{u}_1, \vec{u}_2\}$ uma base ortonormal de $\mathbb{R}^2$

CAPÍTULO 5 – PARABOLÓIDES N-DIMENSIONAIS   87

formada por autovetores de A e λ_k (k =1,2) os autovalores correspondentes aos autovetores $\vec{u}_k$ (k = 1,2) nesta ordem. Como $\mathbb{X} \subseteq \mathbb{Y}$ e $\mathbb{X}$ é infinito, não se pode ter $\lambda_1 > 0$ e $\lambda_2 > 0$, pois neste caso $\mathbb{Y}$ seria o conjunto $\{(0,0)\}$. Portanto, tem-se $\lambda_1 < 0 < \lambda_2$ ou $\lambda_2 = 0$ enquanto que $\lambda_1 > 0$. Se $\lambda_1 < 0 < \lambda_2$ então o Teorema 4-3-12 conta que $\mathbb{Y}$ é a reunião $\mathcal{S}(\vec{w}_1) \cup \mathcal{S}(\vec{w}_2)$, onde os vetores $\vec{w}_1$, $\vec{w}_2$ são LI. Se, por outro lado, λ_1 é positivo e $\lambda_2 = 0$ então $\mathbb{Y}$ é o conjunto das soluções da equação $\lambda_1 \langle \vec{x}, \vec{u}_1 \rangle^2 = 0$, logo $\mathbb{Y}$ é o subespaço $\mathcal{S}(\vec{u}_2)$. Portanto, se $\vec{w} = \vec{o}$ então $g = \xi$, donde $\mathbb{X} = \mathbb{Y}$, e nada mais há para demonstrar.

(iii) Admitindo $\vec{w}$ não-nulo, seja $\mathbb{F} = [\mathcal{S}(\vec{w})]^{\perp}$. Então $\dim \mathbb{F} = 1$ ($\mathbb{F}$ e $\mathcal{S}(\vec{w})$ são subespaços de $\mathbb{R}^2$ e se tem $\dim \mathcal{S}(\vec{w}) = 1$). Logo, existe um vetor não-nulo $\vec{v} \in \mathbb{R}^2$ tal que $\mathbb{F} = \mathcal{S}(\vec{v})$. Do item (i) acima segue:

(5.17)
$$\boxed{\mathbb{X} = \mathbb{F} \cap \mathbb{Y}}$$

Pelo item (ii), tem-se $\mathbb{Y} = \mathcal{S}(\vec{w}_1) \cup \mathcal{S}(\vec{w}_2)$ onde $\vec{w}_1$ e $\vec{w}_2$ são LI ou $\mathbb{Y} = \mathcal{S}(\vec{u}_2)$. No primeiro caso, (5.17) fornece:

(5.18)
$$\boxed{\mathbb{X} = [\mathbb{F} \cap \mathcal{S}(\vec{w}_1)] \cup [\mathbb{F} \cap \mathcal{S}(\vec{w}_2)]}$$

Como $\mathbb{X}$ é um conjunto infinito, segue de (5.18) que ou os vetores $\vec{v}$ e $\vec{w}_1$ são LD ou os vetores $\vec{v}$ e $\vec{w}_2$ são LD, pois do contrário ter-se-ia $\mathbb{F} \cap \mathcal{S}(\vec{w}_1) = \mathbb{F} \cap \mathcal{S}(\vec{w}_2) = \{\vec{o}\}$. Se $\vec{v}$ e $\vec{w}_1$ são LD então $\mathbb{F} = \mathcal{S}(\vec{v}) = \mathcal{S}(\vec{w}_1)$ e $\mathbb{F} \cap \mathcal{S}(\vec{w}_2) = \{\vec{o}\}$. Assim, a equação (5.18) dá $\mathbb{X} = \mathcal{S}(\vec{w}_1)$. Análogamente, se $\vec{v}$ e $\vec{w}_2$ são LD então $\mathbb{X} = \mathcal{S}(\vec{w}_2)$. Se, por outro lado, $\mathbb{Y} = \mathcal{S}(\vec{u}_2)$, então (5.17) conduz a:

(5.19)
$$\boxed{\mathbb{X} = \mathbb{F} \cap \mathcal{S}(\vec{u}_2)}$$

Sendo o conjunto $\mathbb{X}$ infinito, os vetores $\vec{v}$ e $\vec{u}_2$ são LD. Assim sendo, $\mathbb{F} = \mathcal{S}(\vec{v}) = \mathcal{S}(\vec{u}_2)$ e de (5.19) obtém-se $\mathbb{X} =$

88 PARABOLÓIDES N-DIMENSIONAIS

$S(\vec{u}_2)$. Com isto, a demonstração está concluída.

Sejam $g_1, g_2 : \mathbb{E} \to \mathbb{R}$ as funções quadráticas definidas por $g_k(\vec{x}) = \langle \vec{x}, A_k\vec{x} \rangle + \langle \vec{a}_k, \vec{x} \rangle$ $(k = 1,2)$, onde $A_1, A_2 \in \mathrm{hom}(\mathbb{E})$ são auto-adjuntos (e não nulos, porque g_1, g_2 são funções quadráticas). Seja $\mathbb{X}_k \subseteq \mathbb{E}$ $(k = 1,2)$ a quádrica $g_k^{-1}(\{\alpha_k\})$, sendo $\mathbb{X}_1 = \mathbb{X}_2$. Será demonstrada agora uma importante propriedade dos vetores $2A_k\vec{p} + \vec{a}_k$ $(k = 1,2)$ onde $\vec{p}$ pertence a $\mathbb{X}_1$, e portanto a $\mathbb{X}_2$.

5-2-6 - Teorema: Dado um espaço vetorial $\mathbb{E}$, sejam $g_1, g_2 : \mathbb{E} \to \mathbb{R}$ funções quadráticas definidas por $g_k(\vec{x}) = \langle \vec{x}, A_k\vec{x} \rangle + \langle \vec{a}_k, \vec{x} \rangle$ $(k = 1,2)$, onde $A_1, A_2 \in \mathrm{hom}(\mathbb{E})$ são auto-adjuntos. Seja $\mathbb{X}_k \subseteq \mathbb{E}$ $(k = 1,2)$ a quádrica $g_k^{-1}(\{\alpha_k\})$, sendo $\mathbb{X}_1 = \mathbb{X}_2$. Seja $\vec{p} \in \mathbb{X}_1$ tal que o vetor $2A_1\vec{p} + \vec{a}_1$ é não-nulo. Então $2A_2\vec{p} + \vec{a}_2$ também é não-nulo, e os vetores $2A_k\vec{p} + \vec{a}_k$ $(k = 1,2)$ são LD.

Demonstração:

(i) Seja $\vec{p} \in \mathbb{X}_1$ tal que o vetor $2A_1\vec{p} + \vec{a}_1$ é não-nulo. Pelo Lema 5-2-2, existe um vetor (não-nulo) $\vec{w} \in \mathbb{E}$ tal que os números $\langle \vec{w}, A\vec{w} \rangle$ e $\langle 2A_1\vec{p} + \vec{a}_1, \vec{w} \rangle$ são ambos não-nulos. Seja $\mathbb{D}$ a reta $\vec{p} + S(\vec{w})$. O Corolário 5-2-3 diz que existe um número real θ *diferente de zero* de modo que $\mathbb{D} \cap \mathbb{X}_1 = \{\vec{p}, \vec{p} + \theta\vec{w}\}$. Como $\mathbb{X}_1 = \mathbb{X}_2$, tem-se também $\mathbb{D} \cap \mathbb{X}_2 = \{\vec{p}, \vec{p} + \theta\vec{w}\}$. O vetor $\vec{w}$ é não-nulo e o número θ é diferente de zero. Logo, os vetores $\vec{p}$ e $\vec{p} + \theta\vec{w}$ são distintos. Assim sendo,

(5.20)
$$\boxed{\mathrm{card}(\mathbb{D} \cap \mathbb{X}_2) = \mathrm{card}(\mathbb{D} \cap \mathbb{X}_1) = 2}$$

Como $\vec{p}$ e $\vec{p} + \theta\vec{w}$ pertencem a $\mathbb{X}_2$, se tem:

(5.21)
$$\boxed{g_2(\vec{p}) = g_2(\vec{p} + \theta\vec{w}) = \alpha_2}$$

pois $\mathbb{X}_2$ é o conjunto dos vetores $\vec{x} \in \mathbb{E}$ tais que $g_2(\vec{x}) = \alpha_2$.

CAPÍTULO 5 – PARABOLÓIDES N-DIMENSIONAIS **89**

Suponha-se agora $2A_2\vec{p} + \vec{a}_2 = \vec{o}$. Como $g_2(\vec{p}) = \alpha_2$, da Observação 4-4-3-4 segue:

(5.22)
$$g_2(\vec{p} + \vec{x}) = \langle \vec{x}, A_2\vec{x} \rangle + \alpha_2$$

valendo (5.22) para todo $\vec{x} \in \mathbb{E}$. Resulta de (5.22) que $g_2(\vec{p} - \vec{x}) = g_2(\vec{p} + \vec{x})$, seja qual for $\vec{x} \in \mathbb{E}$. Daí e de (5.21) segue:

(5.23)
$$g_2(\vec{p} - \theta\vec{w}) = g_2(\vec{p}) =$$
$$= g_2(\vec{p} + \theta\vec{w}) = \alpha_2$$

Por (5.23), os vetores $\vec{p} - \theta\vec{w}$, $\vec{p}$ e $\vec{p} + \theta\vec{w}$ pertencem a $\mathbb{X}_2$. Como estes vetores também pertencem à reta $\mathbb{D} = \vec{p} + S(\vec{w})$, tem-se:

(5.24)
$$\{\vec{p} - \theta\vec{w}, \vec{p}, \vec{p} + \theta\vec{w}\} \subseteq \mathbb{D} \cap \mathbb{X}_2$$

Os vetores $\vec{p} - \theta\vec{w}$, $\vec{p}$ e $\vec{p} + \theta\vec{w}$ são distintos, porque o vetor $\vec{w}$ é não-nulo e o número θ é diferente de zero. Segue deste fato e de (5.24) que a interseção $\mathbb{D} \cap \mathbb{X}_2$ contém um conjunto de três elementos, o que contradiz (5.20). Conclui-se daí que o vetor $2A_2\vec{p} + \vec{a}_2$ também é não-nulo.

(ii) Sejam $\varphi_k : \mathbb{E} \to \mathbb{R}$ ($k = 1,2$) os funcionais lineares definidos por $\varphi_k(\vec{x}) = \langle 2A_k\vec{p} + \vec{a}_k, \vec{x} \rangle$ e $\xi_k : \mathbb{E} \to \mathbb{R}$ ($k = 1,2$) as formas quadráticas definidas por $\xi_k(\vec{x}) = \langle \vec{x}, A_k\vec{x} \rangle$. Pelo item (i), os vetores $2A_k\vec{p} + \vec{a}_k$ ($k = 1,2$) são não-nulos. Assim sendo, o Lema 5-2-2 mostra que existe um vetor $\vec{u} \in \mathbb{E}$ de modo que os números $\varphi_1(\vec{u})$ e $\varphi_2(\vec{u})$ são ambos diferentes de zero. Seja agora $\vec{v} \in \ker(\varphi_1)$ dado arbitrariamente (o núcleo $\ker(\varphi_k)$ do funcional linear $\varphi_k \in \mathbb{E}^*$ é o complemento ortogonal $[S(2A_k\vec{p} + \vec{a}_k)]^{\perp}$ do subespaço $S(2A_k\vec{p} + \vec{a}_k)$). Como $\varphi_1(\vec{u})$ é diferente de zero, o vetor $\vec{u}$ não pertence a $\ker(\varphi_1)$. Por esta razão, os vetores $\vec{u}$ e $\vec{v}$ são LI. Seja $\mathbb{Y} \subseteq \mathbb{E}$ a variedade linear $\vec{p} + S(\vec{u}, \vec{v})$. Como

90 PARABOLÓIDES N-DIMENSIONAIS

$\vec{u}$ e $\vec{v}$ são LI, a variedade linear $\mathbb{Y}$ é um plano do espaço vetorial $\mathbb{E}$. Como $\vec{p} \in \mathbb{X}_k$ $(k = 1,2)$ a quádrica $\mathbb{X}_k$ é (v. Observação 5-2-1-10) o conjunto das soluções da equação:

(5.25)
$$\langle \vec{x} - \vec{p}, A_k(\vec{x} - \vec{p}) \rangle +$$
$$+ \langle 2A_k\vec{p} + \vec{a}, \vec{x} - \vec{p} \rangle = 0$$

Os vetores $\vec{z} \in \mathbb{Y}$ se exprimem como $\vec{z} = \vec{p} + x\vec{u} + y\vec{v}$, onde $x, y \in \mathbb{R}$. Como $\varphi_1(\vec{v}) = 0$, resulta de (5.25) que os pontos $\vec{z}$ da interseção $\mathbb{Y} \cap \mathbb{X}_1$ são os vetores $\vec{z} = \vec{p} + x\vec{u} + y\vec{v}$, onde o vetor $(x, y) \in \mathbb{R}^2$ satisfaz:

(5.26)
$$x^2 \xi_1(\vec{u}) + 2xy\langle \vec{u}, A_1\vec{v} \rangle +$$
$$+ y^2 \xi_1(\vec{v}) + x\varphi_1(\vec{u}) = 0$$

Segue também de (5.25) que um vetor $\vec{z} = \vec{p} + x\vec{u} + y\vec{v}$ pertence a $\mathbb{Y} \cap \mathbb{X}_2$ se, e somente se, o vetor $(x, y) \in \mathbb{R}^2$ cumpre a condição:

(5.27)
$$x^2 \xi_2(\vec{u}) + 2xy\langle \vec{u}, A_2\vec{v} \rangle +$$
$$+ y^2 \xi_2(\vec{v}) + x\varphi_2(\vec{u}) + y\varphi_2(\vec{v}) = 0$$

Sejam $\mathbb{V}_1$ o conjunto das soluções $(x, y) \in \mathbb{R}^2$ da equação (5.26) e $\mathbb{V}_2$ o conjunto das soluções $(x, y) \in \mathbb{R}^2$ da equação (5.27). Sejam $f_1, f_2 : \mathbb{R}^2 \to \mathbb{R}$ definidas por:

$$f_1(x, y) = x^2 \xi_1(\vec{u}) +$$
$$+ 2xy\langle \vec{u}, A_1\vec{v} \rangle + y^2 \xi_1(\vec{v}) + x\varphi_1(\vec{u})$$
$$f_2(x, y) = x^2 \xi_2(\vec{u}) + 2xy\langle \vec{u}, A_2\vec{v} \rangle +$$
$$+ y^2 \xi_2(\vec{v}) + x\varphi_2(\vec{u}) + y\varphi_2(\vec{v})$$

As funções f_1, f_2 são diferenciáveis, e se tem:

(5.28)
$$\operatorname{grad} f_1(0, 0) = (\varphi_1(\vec{u}), 0)$$

CAPÍTULO 5 – PARABOLÓIDES N-DIMENSIONAIS   91

(5.29)

$$\operatorname{grad} f_2(0,0) = (\varphi_2(\vec{u}), \varphi_2(\vec{v}))$$

Como $\varphi_1(\vec{u})$ e $\varphi_2(\vec{u})$ são diferentes de zero, os conjuntos de nível $\mathbb{V}_k$ ($k = 1,2$) possuem, cada um deles, uma única reta tangente no ponto $(0,0)$. Por (5.28), a reta tangente a $\mathbb{V}_1$ no ponto $(0,0)$ é o subespaço $\mathbb{F}_1 \subseteq \mathbb{R}^2$ gerado pelo vetor $(0, \varphi_1(\vec{u}))$. Segue de (5.29) que a reta tangente a $\mathbb{V}_2$ no ponto $(0,0)$ é o subespaço $\mathbb{F}_2 \subseteq \mathbb{R}^2$ gerado pelo vetor $(-\varphi_2(\vec{v}), \varphi_2(\vec{u}))$. Os subespaços $\mathbb{F}_k$ ($k = 1,2$) são gerados pelos vetores velocidade das curvas diferenciáveis cujas imagens estão contidas em $\mathbb{V}_k$ e contém o ponto $(0,0)$ (Guidorizzi, 2001, vol. 2, p. 245-246). Como $\mathbb{X}_1 = \mathbb{X}_2$, tem-se $\mathbb{Y} \cap \mathbb{X}_1 = \mathbb{Y} \cap \mathbb{X}_2$, e portanto $\mathbb{V}_1 = \mathbb{V}_2$. Por esta razão, $\mathbb{F}_1 = \mathbb{F}_2$. Segue desta igualdade que os vetores $(0, \varphi_1(\vec{u}))$ e $(-\varphi_2(\vec{v}), \varphi_2(\vec{u}))$ são LD. Resulta disto que $\varphi_2(\vec{v}) = 0$, donde $\vec{v} \in \ker(\varphi_2)$. Como $\vec{v} \in \ker(\varphi_1)$ é arbitrário, segue-se $\ker(\varphi_1) \subseteq \ker(\varphi_2)$. Como o funcional linear φ_2 é não-nulo, da maximalidade do subespaço $\ker(\varphi_1)$ decorre a igualdade $\ker(\varphi_1) = \ker(\varphi_2)$. Logo existe (v. item 3-2-3 do Capítulo 3) um número real κ diferente de zero tal que $\varphi_2 = \kappa\varphi_1$. Para este κ se tem:

$$\langle 2A_2\vec{p} + \vec{a}_2, \vec{x}\rangle =$$

$$= \kappa\langle 2A_1\vec{p} + \vec{a}_1, \vec{x}\rangle =$$

$$= \langle \kappa(2A_1\vec{p} + \vec{a}_1), \vec{x}\rangle$$

seja qual for $\vec{x} \in \mathbb{E}$. Logo, $2A_2\vec{p} + \vec{a}_2 = \kappa(2A_1\vec{p} + \vec{a}_1)$, e a demonstração está concluída.

Finalmente, será demonstrado que, se as equações $\langle \vec{x}, A_1\vec{x}\rangle + \langle \vec{a}_1, \vec{x}\rangle = \alpha_1$ e $\langle \vec{x}, A_2\vec{x}\rangle + \langle \vec{a}_2, \vec{x}\rangle = \alpha_2$ representam a mesma quádrica então existe, desde que o vetor $2A_1\vec{p} + \vec{a}_1$ seja não-nulo para algum ponto $\vec{p}$ desta quádrica, um número real κ diferente de zero de modo que $A_2 = \kappa A_1$, $\vec{a}_2$

92 PARABOLÓIDES N-DIMENSIONAIS

$= \kappa\vec{a}_1$ e $\alpha_2 = \kappa\alpha_1$. Noutros termos, a equação $\langle \vec{x}, A_2\vec{x} \rangle + \langle \vec{a}_2, \vec{x} \rangle = \alpha_2$ é obtida multiplicando membro a membro a equação $\langle \vec{x}, A_1\vec{x} \rangle + \langle \vec{a}_1, \vec{x} \rangle = \alpha_1$ por um número diferente de zero.

5-2-7 - Teorema: *Unicidade da representação.* Dado um espaço vetorial $\mathbb{E}$, sejam $g_1, g_2 : \mathbb{E} \to \mathbb{R}$ funções quadráticas definidas por $g_k(\vec{x}) = \langle \vec{x}, A_k\vec{x} \rangle + \langle \vec{a}_k, \vec{x} \rangle$ $(k = 1,2)$, onde $A_1, A_2 \in \text{hom}(\mathbb{E})$ são auto-adjuntos. Seja $\mathbb{X}_k \subseteq \mathbb{E}$ $(k = 1,2)$ a quádrica $g_k^{-1}(\{\alpha_k\})$, sendo $\mathbb{X}_1 = \mathbb{X}_2$. Se existir $\vec{p} \in \mathbb{X}_1$ tal que o vetor $2A_1\vec{p} + \vec{a}_1$ é não-nulo, então existe um número real κ diferente de zero de modo que $A_2 = \kappa A_1$, $\vec{a}_2 = \kappa\vec{a}_1$ e $\alpha_2 = \kappa\alpha_1$.

Demonstração:

(i) Seja $\vec{p} \in \mathbb{X}_1$ tal que o vetor $2A_1\vec{p} + \vec{a}_1$ é não-nulo. Como $\mathbb{X}_1 = \mathbb{X}_2$, o Teorema 5-2-6 mostra que o vetor $2A_2\vec{p} + \vec{a}_2$ também é não-nulo, e que existe um (único) número real κ diferente de zero tal que:

(5.30)
$$\boxed{2A_2\vec{p} + \vec{a}_2 = \kappa(2A_1\vec{p} + \vec{a}_1)}$$

Seja $\vec{u} \in \mathbb{E}$ (o qual existe, conforme o Lema 5-2-2) de modo que os números $\langle \vec{u}, A_1\vec{u} \rangle$ e $\langle 2A_k\vec{p} + \vec{a}_k, \vec{u} \rangle$ $(k = 1,2)$ sejam diferentes de zero. Seja $\vec{w} \in [\mathcal{S}(2A_1\vec{p} + \vec{a}_1)]^{\perp}$ *dado arbitrariamente.* Como $\langle 2A_1\vec{p} + \vec{a}_1, \vec{u} \rangle$ é diferente de zero, o vetor $\vec{u}$ não pertence ao subespaço $[\mathcal{S}(2A_1\vec{p} + \vec{a}_1)]^{\perp}$. Por esta razão, os vetores $\vec{u}$ e $\vec{w}$ são LI. Desta forma, a variedade linear $\mathbb{Y} = \vec{p} + \mathcal{S}(\vec{u}, \vec{v})$ é um plano do espaço vetorial $\mathbb{E}$. Por (5.30), tem-se $\langle 2A_k\vec{p} + \vec{a}_k, \vec{w} \rangle = 0$ para $k = 1, 2$. Segue daí que um vetor $\vec{p} + x\vec{u} + y\vec{w}$ pertence a $\mathbb{Y} \cap \mathbb{X}_1$ se, e somente se, o vetor $(x, y) \in \mathbb{R}^2$ satisfaz:

CAPÍTULO 5 – PARABOLÓIDES N-DIMENSIONAIS   93

(5.31)
$$\langle \vec{u}, A_1\vec{u}\rangle x^2 + 2\langle \vec{u}, A_1\vec{w}\rangle xy + $$
$$+ \langle \vec{w}, A_1\vec{w}\rangle y^2 + \langle 2A_1\vec{p} + \vec{a}_1, \vec{u}\rangle x = 0$$

· e que um vetor $\vec{p} + x\vec{u} + y\vec{w}$ pertence a $\mathbb{Y} \cap \mathbb{X}_2$ se, e somente se, o vetor $(x, y) \in \mathbb{R}^2$ cumpre a condição:

(5.32)
$$\langle \vec{u}, A_2\vec{u}\rangle x^2 + 2\langle \vec{u}, A_2\vec{w}\rangle xy + $$
$$+ \langle \vec{w}, A_2\vec{w}\rangle y^2 + \langle 2A_2\vec{p} + \vec{a}_2, \vec{u}\rangle x = 0$$

Sejam $\mathbb{V}_1$ o conjunto das soluções $(x, y) \in \mathbb{R}^2$ de (5.31) e $\mathbb{V}_2$ o conjunto das soluções $(x, y) \in \mathbb{R}^2$. Como $\mathbb{X}_1 = \mathbb{X}_2$, $\mathbb{Y} \cap \mathbb{X}_1 = \mathbb{Y} \cap \mathbb{X}_2$. Consequentemente,

(5.33)
$$\mathbb{V}_1 = \mathbb{V}_2$$

Seja $\mathbb{D} \subseteq \mathbb{E}$ a reta $\vec{p} + \mathcal{S}(\vec{u})$. Os números $\langle \vec{u}, A_1\vec{u}\rangle$ e $\langle 2A_1\vec{p} + \vec{a}_1, \vec{u}\rangle$ sendo não-nulos, segue do Corolário 5-2-3 que:

(5.34)
$$\mathbb{D} \cap \mathbb{X}_1 = \{\vec{p}, \vec{p} + x_1\vec{u}\}$$

onde:

$$x_1 = -\frac{\langle 2A\vec{p} + \vec{a}, \vec{u}\rangle}{\langle \vec{u}, A\vec{u}\rangle}$$

Como os pontos $\vec{p}$ e $\vec{p} + x_1\vec{u}$ pertencem a $\mathbb{X}_1$ e também ao plano $\mathbb{Y}$, segue-se que os vetores distintos $(0, 0)$ e $(x_1, 0)$ pertencem a $\mathbb{V}_1$. Assim sendo, o Lema 5-2-4 diz que $\mathbb{V}_1$ (e portanto $\mathbb{V}_2$) é um conjunto infinito.

(ii) Dado qualquer vetor $(x_0, y_0) \in \mathbb{R}^2$ com x_0 diferente de zero, seja $\mathbb{F}$ o subespaço de $\mathbb{R}^2$ gerado por (x_0, y_0). Os vetores de $\mathbb{F}$ se escrevem como $(\lambda x_0, \lambda y_0)$, onde λ é um número real. Se fosse $\mathbb{F} \subseteq \mathbb{V}_1$, o vetor $(\lambda x_0, \lambda y_0)$ pertenceria a $\mathbb{V}_1$ para todo $\lambda \in \mathbb{R}$. Pelo item (i), o vetor $\vec{p} + \lambda(x_0\vec{u} + y_0\vec{w})$ pertenceria a $\mathbb{Y} \cap \mathbb{X}_1$ e portanto a $\mathbb{X}_1$, seja qual for $\lambda \in \mathbb{R}$. Como o vetor $(x_0, y_0) \in \mathbb{R}^2$ é não-nulo e os

94   PARABOLÓIDES N-DIMENSIONAIS

vetores $\vec{u}$, $\vec{w}$ são LI, o vetor $x_0\vec{u} + y_0\vec{w}$ é não-nulo. Logo, a variedade linear $\mathbb{D}_0 = \vec{p} + S(x_0\vec{u} + y_0\vec{w})$ é uma reta que contém o ponto $\vec{p} \in \mathbb{X}_1$. Segue-se que se fosse $\mathbb{F} \subseteq \mathbb{V}_1$ ter-se-ia $\mathbb{D}_0 \subseteq \mathbb{X}_1$. Por outro lado, como $\vec{w} \in [S(2A_1\vec{p} + \vec{a}_1)]^\perp$, se tem:

$$\langle 2A_1\vec{p} + \vec{a}_1, x_0\vec{u} + y_0\vec{w} \rangle =$$

$$= x_0\langle 2A_1\vec{p} + \vec{a}_1, \vec{u} \rangle$$

Como x_0 e $\langle 2A_1\vec{p} + \vec{a}_1, \vec{u} \rangle$ são diferentes de zero, o número $\langle 2A_1\vec{p} + \vec{a}_1, x_0\vec{u} + y_0\vec{w} \rangle$ é também diferente de zero. Assim sendo, resulta da Observação 5-2-1-11 que não se pode ter $\mathbb{D}_0 \subseteq \mathbb{X}_1$. Portanto, não se pode ter $\mathbb{F} \subseteq \mathbb{V}_1$. Uma vez que $(0,0) \in \mathbb{V}_1$, segue-se que $\mathrm{card}(\mathbb{F} \cap \mathbb{V}_1) = 1$ ou $\mathrm{card}(\mathbb{F} \cap \mathbb{V}_1) = 2$.

(iii) Sejam κ o número real tal que a equação (5.30) é satisfeita e $B \in \mathrm{hom}(\mathbb{E})$ o operador $A_2 - \kappa A_1$. Multiplicando (5.31) por $-\kappa$ e somendo membro a membro com (5.32) obtém-se:

(5.35)
$$\boxed{\langle \vec{u}, B\vec{u} \rangle x^2 + 2\langle \vec{u}, B\vec{w} \rangle xy + \langle \vec{w}, B\vec{w} \rangle y^2 = 0}$$

Seja $\mathbb{V} \subseteq \mathbb{R}^2$ o conjunto das soluções de (5.35). Como $\mathbb{V}_1 = \mathbb{V}_2$, as equações (5.31) e (5.32) são equivalentes. Logo,

(5.36)
$$\boxed{\mathbb{V}_1 = \mathbb{V}_2 \subseteq \mathbb{V}}$$

Suponha-se agora que um dos números $\langle \vec{u}, B\vec{u} \rangle$, $\langle \vec{u}, B\vec{w} \rangle$, $\langle \vec{w}, B\vec{w} \rangle$ seja diferente de zero. Pelo item (i), o conjunto $\mathbb{V}_1$ é infinito. Segue deste fato, de (5.36) e do Lema 5.2.5 que $\mathbb{V}_1$ é um subespaço de $\mathbb{R}^2$ de dimensão um, ou é a reunião $\mathbb{F}_1 \cup \mathbb{F}_2$, onde $\mathbb{F}_1, \mathbb{F}_2 \subseteq \mathbb{R}^2$ são subespaços com $\dim \mathbb{F}_1 = \dim \mathbb{F}_2 = 1$. Por sua vez, decorre do item (i) que $\mathbb{V}_1$ contém os vetores $(0,0)$ e $(x_1,0)$, onde x_1 é diferente de zero. Logo, $\mathbb{V}_1$ contém o subespaço $S(\vec{e}_1)$ gerado pelo vetor $\vec{e}_1 = (1,0)$. Por outro lado, o item (ii) mostra que não se pode

CAPÍTULO 5 – PARABOLÓIDES N-DIMENSIONAIS   95

ter $\mathcal{S}(\vec{e}_1) \subseteq \mathbb{V}_1$. Desta contradição resulta:

(5.37)
$$\langle \vec{u}, B\vec{u} \rangle = \langle \vec{u}, B\vec{w} \rangle = \langle \vec{w}, B\vec{w} \rangle = 0$$

Como o vetor $\vec{w} \in [\mathcal{S}(2A_1\vec{p} + \vec{a}_1)]^\perp$ é arbitrário, valem as igualdades listadas em (5.37), *seja qual for* $\vec{w} \in [\mathcal{S}(2A_1\vec{p} + \vec{a}_1)]^\perp$. Como o vetor $\vec{u}$ não pertence a $[\mathcal{S}(2A_1\vec{p} + \vec{a}_1)]^\perp$ e $[\mathcal{S}(2A_1\vec{p} + \vec{a}_1)]^\perp$ é o núcleo do funcional linear $\vec{x} \mapsto \langle 2A_1\vec{p} + \vec{a}_1, \vec{x} \rangle$, o item 3-2-2 do Capítulo 3 fornece:

(5.38)
$$\mathbb{E} = \mathcal{S}(\vec{u}) \oplus [\mathcal{S}(2A_1\vec{p} + \vec{a}_1)]^\perp$$

Seja $\vec{x} \in \mathbb{E}$ qualquer. Por (5.38) $\vec{x}$ se exprime, de modo único, como $\vec{x} = \lambda\vec{u} + \vec{w}$, onde $\lambda \in \mathbb{R}$ e $\vec{w} \in [\mathcal{S}(2A_1\vec{p} + \vec{a}_1)]^\perp$. O operador $B = A_2 - \kappa A_1$ é auto-adjunto, porque A_1 e A_2 são auto-adjuntos. Por esta razão, vale:

$$\langle \vec{x}, B\vec{x} \rangle =$$

$$= \lambda^2 \langle \vec{u}, B\vec{u} \rangle + 2\lambda \langle \vec{u}, B\vec{w} \rangle + \langle \vec{w}, B\vec{w} \rangle$$

Decorre então de (5.37) que $\langle \vec{x}, B\vec{x} \rangle = 0$ para todo $\vec{x} \in \mathbb{E}$. Portanto, $B = A_2 - \kappa A_1$ é o operador nulo $O \in \hom(\mathbb{E})$, do que resulta $A_2 = \kappa A_1$. Substituindo A_2 por κA_1 em (5.30) obtém-se $\vec{a}_2 = \kappa \vec{a}_1$. Assim sendo, $g_2(\vec{x}) = \kappa g_1(\vec{x})$ para todo $\vec{x} \in \mathbb{E}$. Como $g_k(\vec{x}) = \alpha_k$ para todo $\vec{x} \in \mathbb{X}_k$ ($k = 1,2$) e $\mathbb{X}_1 = \mathbb{X}_2$, segue-se $\alpha_2 = \kappa \alpha_1$. O teorema está demonstrado.

5-2-8 - Observações:

5-2-8-1: Dado um espaço vetorial $\mathbb{E}$, sejam $g_1, g_2 : \mathbb{E} \to \mathbb{R}$ as funções quadráticas definidas por $g_k(\vec{x}) = \langle \vec{x}, A_k\vec{x} \rangle + \langle \vec{a}_k, \vec{x} \rangle$ ($k = 1,2$), onde $A_1, A_2 \in \hom(\mathbb{E})$ são auto-adjuntos. Seja $\mathbb{X}_k \subseteq \mathbb{E}$ ($k = 1,2$) a quádrica $g_k^{-1}(\{\alpha_k\})$, sendo $\mathbb{X}_1 = \mathbb{X}_2$. Se a condição do Teorema 5-2-7 é satisfeita, ou seja, se existir um ponto $\vec{p} \in \mathbb{E}$ tal que $2A_1\vec{p} +$

96 PARABOLÓIDES N-DIMENSIONAIS

$\vec{a}_1$ é um vetor não-nulo, então existe um número real κ diferente de zero de modo que $A_2 = \kappa A_1$, $\vec{a}_2 = \kappa \vec{a}_1$ e $\alpha_2 = \kappa \alpha_1$. Desta forma, tem-se $\text{Im}(A_1) = \text{Im}(A_2)$, logo A_1 e A_2 têm o mesmo posto. A forma quadrática $\vec{x} \mapsto \langle \vec{x}, A_1\vec{x} \rangle$ é indefinida se, e somente se, a forma quadrática $\vec{x} \mapsto \langle \vec{x}, A_2\vec{x} \rangle$ também o é.

5-2-8-2: Sejam $g_1, g_2 : \mathbb{E} \to \mathbb{R}$, $\mathbb{X}_1$ e $\mathbb{X}_2$ como na Observação 5-2-8-1. Se $\vec{a}_1$ não pertence à imagem $\text{Im}(A_1)$ de A_1, então o conjunto $\mathbb{X}_1$ é não-vazio (v. Observação 5-2-1-8). Tem-se também $2A_1\vec{p} + \vec{a}_1 \neq \vec{o}$ seja qual for $\vec{p} \in \mathbb{E}$, logo $2A_1\vec{p} + \vec{a}_1 \neq \vec{o}$ para todo $\vec{p} \in \mathbb{X}_1$. Por conseguinte, se $\vec{a}_1$ não pertence a $\text{Im}(A_1)$ então o Teorema 5-2-7 mostra que a igualdade $\mathbb{X}_1 = \mathbb{X}_2$ implica a existência de $\kappa \in \mathbb{R}$ diferente de zero tal que $A_2 = \kappa A_1$, $\vec{a}_2 = \kappa \vec{a}_1$ e $\alpha_2 = \kappa \alpha_1$. Como $\text{Im}(A_2) = \text{Im}(A_1)$, $\vec{a}_1$ não pertence a $\text{Im}(A_2)$. Logo $\vec{a}_2 = \kappa \vec{a}_1$ também não pertence a $\text{Im}(A_2)$.

5-2-8-3: Sejam g_k e $\mathbb{X}_k$ ($k = 1,2$) como na Observação 5-2-8-1, sendo $2A_1\vec{p} + \vec{a}_1 \neq \vec{o}$ para algum ponto $\vec{p} \in \mathbb{X}_1$. Sejam $\xi_1, \xi_2 : \mathbb{E} \to \mathbb{R}$ as formas quadráticas $\vec{x} \mapsto \langle \vec{x}, A_1\vec{x} \rangle$ e $\vec{x} \mapsto \langle \vec{x}, A_2\vec{x} \rangle$, respectivamente. Pelo Teorema 5-2-7, $\mathbb{X}_1 = \mathbb{X}_2$ (noutras palavras, as equações $\langle \vec{x}, A_1\vec{x} \rangle + \langle \vec{a}_1, \vec{x} \rangle = \alpha_1$ e $\langle \vec{x}, A_2\vec{x} \rangle + \langle \vec{a}_2, \vec{x} \rangle = \alpha_2$ representam a mesma quádrica) se, e somente se, existe um número real κ diferente de zero tal que $A_2 = \kappa A_1$, $\vec{a}_2 = \kappa \vec{a}_1$ e $\alpha_2 = \kappa \alpha_1$. No caso afirmativo, um vetor $\vec{u} \in \mathbb{E}$ é autovetor de A_1 com autovalor λ se, e somente se, é autovetor de A_2 com autovalor $\kappa \lambda$. Segue deste fato e do Teorema 4-3-7 que se tem

$$\iota(\xi_1) = \iota(\xi_2), \quad \sigma(\xi_1) = \sigma(\xi_2)$$

se o número κ é positivo, e

$$\iota(\xi_1) = \sigma(\xi_2), \quad \sigma(\xi_1) = \iota(\xi_2)$$

se o número κ é negativo. Logo, $\max\{\iota(\xi_1), \sigma(\xi_1)\} =$

CAPÍTULO 5 – PARABOLÓIDES N-DIMENSIONAIS   **97**

$\max\{\iota(\xi_2), \sigma(\xi_2)\}$.

Dado um espaço vetorial $\mathbb{E}$, sejam $g : \mathbb{E} \to \mathbb{R}$ a função quadrática definida por $g(\vec{x}) = \langle \vec{x}, A\vec{x} \rangle + \langle \vec{a}, \vec{x} \rangle$ e $\mathbb{X} \subseteq \mathbb{E}$ a quádrica $g^{-1}(\{a\})$. Será demonstrado agora que, se o vetor $\vec{a}$ não pertence à imagem $\text{Im}(A)$ de A então existe um vetor não-nulo $\vec{w} \in \ker(A)$ e existe uma translação $T : \mathbb{E} \to \mathbb{E}$ tal que $\mathbb{X}$ é a imagem $T(\mathbb{X}_0)$ por T do conjunto $\mathbb{X}_0$ das soluções da equação $\langle \vec{x}, A\vec{x} \rangle + \langle \vec{w}, \vec{x} \rangle = 0$.

5-2-9 - Teorema: Dado um espaço vetorial $\mathbb{E}$, seja $g : \mathbb{E} \to \mathbb{R}$ a função quadrática definida por $g(\vec{x}) = \langle \vec{x}, A\vec{x} \rangle + \langle \vec{a}, \vec{x} \rangle$, onde $A \in \text{hom}(\mathbb{E})$ é auto-adjunto e o vetor $\vec{a}$ não pertence a $\text{Im}(A)$. Seja $\mathbb{X} \subseteq \mathbb{E}$ a quádrica $g^{-1}(\{a\})$, onde $a \in \mathbb{R}$. Então existem um vetor não-nulo $\vec{w} \in \ker(A)$ e uma translação $T : \mathbb{E} \to \mathbb{E}$ de modo que $\mathbb{X} = T(\mathbb{X}_0)$, onde $\mathbb{X}_0 \subseteq \mathbb{E}$ é o conjunto das soluções da equação $\langle \vec{x}, A\vec{x} \rangle + \langle \vec{w}, \vec{x} \rangle = 0$.

Demonstração: Sejam $P, Q \in \text{hom}(\mathbb{E})$ respectivamente as projeções ortogonais sobre $\text{Im}(A)$ e $\ker(A)$. Seja $\vec{w} = Q\vec{a}$. O vetor $\vec{w} =$ é *não-nulo*, porque $\vec{a}$ não pertence a $\text{Im}(A)$. Como o vetor $P\vec{a}$ pertence a $\text{Im}(A)$, a equação:

(5.39)
$$\boxed{2A\vec{x} + P\vec{a} = \vec{o}}$$

possui soluções. Sejam $\vec{w} = Q\vec{a}$ e $\vec{q}$ uma solução de (5.39). O vetor $\vec{w}$ é não-nulo, porque $\vec{a}$ não pertence a $\text{Im}(A)$. Como $\vec{a} = P\vec{a} + Q\vec{a} = P\vec{a} + \vec{w}$, segue da Observação 4-4-3-5 que vale:

$$g(\vec{x}) =$$
$$= \langle \vec{x} - \vec{q}, A(\vec{x} - \vec{q}) \rangle + \langle \vec{w}, \vec{x} - \vec{q} \rangle + g(\vec{q})$$

para todo $\vec{x} \in \mathbb{E}$. Desta forma, $\mathbb{X}$ é o conjunto das soluções da equação:

98 PARABOLÓIDES N-DIMENSIONAIS

(5.40)

$$\langle \vec{x} - \vec{q}, A(\vec{x} - \vec{q}) \rangle +$$
$$+ \langle \vec{w}, \vec{x} - \vec{q} \rangle = \alpha - g(\vec{q})$$

Dado $\lambda \in \mathbb{R}$ arbitrario, seja $\vec{c} = \vec{q} + \lambda \vec{w}$. Como o operador A é auto-adjunto e $\vec{w} \in \ker(A)$, segue-se:

$$\langle \vec{x} - \vec{q}, A(\vec{x} - \vec{q}) \rangle = \langle \vec{x} - \vec{c}, A(\vec{x} - \vec{c}) \rangle$$

Tem-se também:

$$\langle \vec{w}, \vec{x} - \vec{q} \rangle = \langle \vec{w}, \vec{x} - \vec{c} \rangle + \lambda \|\vec{w}\|^2$$

Assim sendo, a equação (5.40) assume a forma:

(5.41)

$$\langle \vec{x} - \vec{c}, A(\vec{x} - \vec{c}) \rangle + \langle \vec{w}, \vec{x} - \vec{c} \rangle =$$
$$= \alpha - g(\vec{q}) - \lambda \|\vec{w}\|^2$$

Fazendo $\lambda = [\alpha - g(\vec{q})]/\|\vec{w}\|^2$, a equação (5.41) torna-se:

(5.42)

$$\langle \vec{x} - \vec{c}, A(\vec{x} - \vec{c}) \rangle + \langle \vec{w}, \vec{x} - \vec{c} \rangle = 0$$

Sejam agora $g_0 : \mathbb{E} \to \mathbb{R}$ definida por $g_0(\vec{x}) = \langle \vec{x}, A\vec{x} \rangle + \langle \vec{w}, \vec{x} \rangle$, $F : \mathbb{E} \to \mathbb{E}$ a translação $\vec{x} \mapsto \vec{x} - \vec{c}$ e $T : \mathbb{E} \to \mathbb{E}$ a translação $\vec{x} \mapsto \vec{x} + \vec{c}$. A função F é bijetiva, sendo $T = F^{-1}$. Tem-se $\langle \vec{x} - \vec{c}, A(\vec{x} - \vec{c}) \rangle + \langle \vec{w}, \vec{x} - \vec{c} \rangle = g_0 \circ F(\vec{x})$ para todo $\vec{x} \in \mathbb{E}$. Como $\mathbb{X}$ é o conjunto das soluções da equação (5.40), da equivalência de (5.40) e (5.42) segue-se:

$$\mathbb{X} = (g_0 \circ F)^{-1}(\{0\}) =$$
$$= F^{-1}[g_0^{-1}(\{0\})] = F^{-1}(\mathbb{X}_0) =$$
$$= T(\mathbb{X}_0) = \vec{c} + \mathbb{X}_0$$

o que conclui a demonstração.

5-2-10 - Corolário: Dado um espaço vetorial $\mathbb{E}$, seja $g : \mathbb{E} \to \mathbb{R}$ como no Teorema 5-2-9. Seja $\mathbb{X}_k$ ($k = 1,2$) a quádrica $g^{-1}(\{\alpha_k\})$, onde α_1, α_2 são números reais. Então

CAPÍTULO 5 – PARABOLÓIDES N-DIMENSIONAIS   **99**

existe uma translação $T : \mathbb{E} \to \mathbb{E}$ tal que $\mathbb{X}_2 = T(\mathbb{X}_1)$.

Demonstração: Com efeito, o Teorema 5-2-9 mostra que que existem translações $T_1, T_2 : \mathbb{E} \to \mathbb{E}$ tais que $\mathbb{X}_1$ e $\mathbb{X}_2$ são respectivamente as imagens $T_1(\mathbb{X}_0)$ e $T_2(\mathbb{X}_0)$ por T_1 e T_2 de um mesmo conjunto $\mathbb{X}_0$.

5-2-11 - Teorema: Dado um espaço vetorial $\mathbb{E}$, seja $A \in \hom(\mathbb{E})$ auto-adjunto e não-nulo. Sejam $\vec{w}_1, \vec{w}_2 \in \ker(A)$ vetores não-nulos, $g_k : \mathbb{E} \to \mathbb{R}$ ($k = 1,2$) definidas pondo $g_k(\vec{x}) = \langle \vec{x} - \vec{c}_k, A(\vec{x} - \vec{c}_k) \rangle + \langle \vec{w}_k, \vec{x} - \vec{c}_k \rangle$ para todo $\vec{x} \in \mathbb{E}$ e $\mathbb{X}_k = g_k^{-1}(\{\alpha_k\})$ ($k = 1,2$), sendo $\mathbb{X}_1 = \mathbb{X}_2$. Nesta condição se tem $\vec{w}_1 = \vec{w}_2$, $\vec{c}_2 - \vec{c}_1 \in \ker(A)$ e $\alpha_2 = \alpha_1 + \langle \vec{w}_1, \vec{c}_1 - \vec{c}_2 \rangle$.

Demonstração: Como o operador A é auto-adjunto, segue-se:

$$g_1(\vec{x}) = \langle \vec{x}, A\vec{x} \rangle +$$

$$+ \langle \vec{w}_1 - 2A\vec{c}_1, \vec{x} \rangle + \langle \vec{c}_1, A\vec{c}_1 - \vec{w}_1 \rangle$$

$$g_2(\vec{x}) = \langle \vec{x}, A\vec{x} \rangle +$$

$$+ \langle \vec{w}_2 - 2A\vec{c}_2, \vec{x} \rangle + \langle \vec{c}_2, A\vec{c}_2 - \vec{w}_2 \rangle$$

valendo estas igualdades para todo $\vec{x} \in \mathbb{E}$. Sejam $\varphi_1, \varphi_2 : \mathbb{E} \to \mathbb{R}$ definidas por:

$$\varphi_k(\vec{x}) = \langle \vec{x}, A\vec{x} \rangle + \langle \vec{w}_k - 2A\vec{c}_k, \vec{x} \rangle$$

onde $k = 1,2$. Tem-se então:

(5.43)
$$\boxed{\mathbb{X}_k = \varphi_k^{-1}(\alpha_k + \langle \vec{c}_k, \vec{w}_k - A\vec{c}_k \rangle)}$$

onde $k = 1,2$. Como os vetores $\vec{w}_k$ ($k = 1,2$) pertencem a $\ker(A)$ e são diferentes de $\vec{o}$, os vetores $\vec{a}_k = \vec{w}_k - 2A\vec{c}_k$ ($k = 1,2$) não pertencem a $\text{Im}(A)$. Fazendo $A_1 = A_2 = A$, segue de (5.43), da igualdade $\mathbb{X}_1 = \mathbb{X}_2$ e da Observação 5-2-8-2 que existe $\kappa \in \mathbb{R}$ tal que:

$$A_2 = \kappa A_1$$

$$\vec{w}_2 - 2A_2\vec{c}_2 = \kappa(\vec{w}_1 - 2A\vec{c}_1)$$

$$\alpha_2 + \langle \vec{c}_2, \vec{w}_2 - A_2\vec{c}_2 \rangle =$$

$$= \kappa(\alpha_1 + \langle \vec{c}_1, \vec{w}_1 - A_1\vec{c}_1 \rangle)$$

Como $A_1 = A_2 = A$, tem-se $\kappa = 1$. Portanto vale:

(5.44)
$$\boxed{\vec{w}_1 - 2A\vec{c}_1 = \vec{w}_2 - 2A\vec{c}_2}$$

e também:

(5.45)
$$\boxed{\begin{aligned} \alpha_2 + \langle \vec{c}_2, \vec{w}_2 - A\vec{c}_2 \rangle = \\ = \alpha_1 + \langle \vec{c}_1, \vec{w}_1 - A\vec{c}_1 \rangle \end{aligned}}$$

De (5.44) obtém-se:

(5.46)
$$\boxed{2A(\vec{c}_2 - \vec{c}_1) = \vec{w}_2 - \vec{w}_1}$$

O vetor $2A(\vec{c}_2 - \vec{c}_1)$ pertence a $\mathrm{Im}(A)$, enquanto que $\vec{w}_2 - \vec{w}_1 \in \ker(A)$. Como o operador A é auto-adjunto, $\mathbb{E} = \mathrm{Im}(A) \oplus \ker(A)$. Por isto, a equação (5.46) dá $A(\vec{c}_2 - \vec{c}_1) = \vec{w}_2 - \vec{w}_1 = \vec{0}$. Logo, $\vec{w}_1 = \vec{w}_2$ e $\vec{c}_2 - \vec{c}_1 \in \ker(A)$. Como $\vec{w}_1 = \vec{w}_2$, $\vec{c}_2 - \vec{c}_1 \in \ker(A)$ e A é auto-adjunto, tem-se:

$$\langle \vec{c}_2, \vec{w}_2 - A\vec{c}_2 \rangle = \langle \vec{c}_2, \vec{w}_1 - A\vec{c}_1 \rangle =$$

$$= \langle \vec{c}_1 + (\vec{c}_2 - \vec{c}_1), \vec{w}_1 - A\vec{c}_1 \rangle =$$

$$= \langle \vec{c}_1, \vec{w}_1 - A\vec{c}_1 \rangle + \langle \vec{c}_2 - \vec{c}_1, \vec{w}_1 - A\vec{c}_1 \rangle =$$

$$= \langle \vec{c}_1, \vec{w}_1 - A\vec{c}_1 \rangle + \langle \vec{c}_2 - \vec{c}_1, \vec{w}_1 \rangle - \langle \vec{c}_2 - \vec{c}_1, A\vec{c}_1 \rangle =$$

$$= \langle \vec{c}_1, \vec{w}_1 - A\vec{c}_1 \rangle + \langle \vec{c}_2 - \vec{c}_1, \vec{w}_1 \rangle - \langle A(\vec{c}_2 - \vec{c}_1), \vec{c}_1 \rangle =$$

$$= \langle \vec{c}_1, \vec{w}_1 - A\vec{c}_1 \rangle + \langle \vec{c}_2 - \vec{c}_1, \vec{w}_1 \rangle$$

Desta forma, a equação (5.45) fornece $\alpha_2 = \alpha_1 +$

CAPÍTULO 5 – PARABOLÓIDES N-DIMENSIONAIS   101

$\langle \vec{c}_1 - \vec{c}_2, \vec{w}_1 \rangle$, e o teorema está demonstrado.

5-2-12 - Corolário: Dado um espaço vetorial $\mathbb{E}$, sejam $A \in$ hom$(\mathbb{E})$, $\vec{w}_1$, $\vec{w}_2$, e $g_1, g_2 : \mathbb{E} \to \mathbb{R}$ como no Teorema 5-2-11. Sejam $\mathbb{X}_1 = g_1^{-1}(\{0\})$ e $\mathbb{X}_2 = g_2^{-1}(\{0\})$, sendo $\mathbb{X}_1 = \mathbb{X}_2$. Nesta condição, tem-se $\vec{w}_1 = \vec{w}_2$, $\vec{c}_2 - \vec{c}_1 \in$ ker(A) e $\langle \vec{c}_2 - \vec{c}_1, \vec{w}_1 \rangle = 0$.

Demonstração: A igualdade $\vec{w}_2 = \vec{w}_1$ e a relação $\vec{c}_2 - \vec{c}_1 \in$ ker(A) seguem do Teorema 5-2-11. Aplicando o Teorema 5-2-11 com $\alpha_1 = \alpha_2$ obtém-se $\langle \vec{c}_2 - \vec{c}_1, \vec{w}_1 \rangle = 0$.

5-3 - Parabolóides.

Dado um espaço vetorial $\mathbb{E}$ de dimensão n $(n \geq 2)$, seja $g : \mathbb{E} \to \mathbb{R}$ a função quadrática definida por $g(\vec{x}) = \langle \vec{x}, A\vec{x} \rangle + \langle \vec{a}, \vec{x} \rangle$, onde $A \in$ hom$(\mathbb{E})$ é auto-adjunto. Seja $\xi : \mathbb{E} \to \mathbb{R}$ a forma quadrática $\vec{x} \mapsto \langle \vec{x}, A\vec{x} \rangle$. A quádrica $g^{-1}(\{\alpha\})$ chama-se *parabolóide* quando o posto de A é igual a $n - 1$ (noutros termos, dim[Im(A)] $= n - 1$) e o vetor $\vec{a}$ *não pertence* a Im(A). No caso afirmativo, diz-se que $g^{-1}(\{\alpha\})$ é:

–Um *parabolóide elíptico* quando ξ é não-negativa.

–Um *parabolóide de revolução* quando $A = \lambda P$, onde λ é um número real positivo e $P \in$ hom$(\mathbb{E})$ é a projeção ortogonal sobre um subespaço $\mathbb{F} \subseteq \mathbb{E}$ de dimensão $n - 1$.

–Um *parabolóide hiperbólico* quando ξ é indefinida.

Uma *parábola* é um parabolóide em um espaço vetorial $\mathbb{E}$ de dimensão 2.

5-3-1 - Observações:

5-3-1-1: Dado um espaço vetorial $\mathbb{E}$ de dimensão n $(n \geq 2)$ seja $g : \mathbb{E} \to \mathbb{R}$ a função quadrática definida por $g(\vec{x}) = \langle \vec{x}, A\vec{x} \rangle + \langle \vec{a}, \vec{x} \rangle$, onde $A \in$ hom$(\mathbb{E})$ é auto-adjunto de posto

102 PARABOLÓIDES N-DIMENSIONAIS

igual a $n - 1$ e $\vec{a}$ não pertence a Im(A). Pela Observação 5-2-1-8, o conjunto $g^{-1}(\{\alpha\})$ é não-vazio, seja qual for $\alpha \in \mathbb{R}$.

5-3-1-2: Sejam $\mathbb{E}$ como na Observação 5-3-1-1, $A \in$ hom($\mathbb{E}$) auto-adjunto de posto igual a $n - 1$ e $g : \mathbb{E} \to \mathbb{R}$ a função quadrática definida pondo $g(\vec{x}) = \langle \vec{x}, A\vec{x} \rangle + \langle \vec{a}, \vec{x} \rangle$. Seja $\mathbb{B} = \{\vec{u}_1, \dots, \vec{u}_n\} \subseteq \mathbb{E}$ uma base ortonormal formada por autovetores de A. Como dim[ker(A)] = 1, existe um único vetor $\vec{u} \in \mathbb{B}$ tal que ker(A) = $\mathcal{S}(\vec{u})$. Como A é auto-adjunto, tem-se Im(A) = [ker(A)]$^\perp$, logo Im(A) = $[\mathcal{S}(\vec{u})]^\perp$. Assim sendo, $\vec{a} \notin$ Im(A) se, e somente se, o número $\langle \vec{a}, \vec{u} \rangle$ é diferente de zero. Portanto, a quádrica $g^{-1}(\{\alpha\})$ é um parabolóide se, e somente se, $\langle \vec{a}, \vec{u} \rangle$ é diferente de zero.

5-3-1-3: Sejam $g_1, g_2 : \mathbb{E} \to \mathbb{R}$ definidas por $g_k(\vec{x}) = \langle \vec{x}, A_k\vec{x} \rangle + \langle \vec{a}_k, \vec{x} \rangle$ ($k = 1,2$) onde $A_1, A_2 \in$ hom($\mathbb{E}$) são auto-adjuntos e $\vec{a}_1$ não pertence a Im(A_1). Sejam $\mathbb{X}_k = g_k^{-1}(\{\alpha_k\})$ ($k = 1,2$) sendo $\mathbb{X}_1 = \mathbb{X}_2$. Segue das Observações 5-2-8-1 e 5-2-8-2 que se $\mathbb{X}_1$ é um parabolóide, então $\mathbb{X}_2$ também é um parabolóide. Pela Observação 5-2-8-1, a forma quadrática $\vec{x} \mapsto \langle \vec{x}, A_1\vec{x} \rangle$ é indefinida se, e somente se, a forma quadrática $\vec{x} \mapsto \langle \vec{x}, A_2\vec{x} \rangle$ é também indefinida. Portanto, se $\mathbb{X}_1$ é um parabolóide hiperbólico, então $\mathbb{X}_2$ também é um parabolóide hiperbólico.

5-3-1-4: Sejam $g : \mathbb{E} \to \mathbb{R}$ como na Observação 5-3-1-1 e $\mathbb{X} \subseteq \mathbb{E}$ o parabolóide $g^{-1}(\{\alpha\})$. As equações:

$$\langle \vec{x}, A\vec{x} \rangle + \langle \vec{a}, \vec{x} \rangle = \alpha$$

$$\langle \vec{x}, (-A)\vec{x} \rangle + \langle -\vec{a}, \vec{x} \rangle = -\alpha$$

são equivalentes, logo representam o mesmo conjunto. A forma quadrática $\vec{x} \mapsto \langle \vec{x}, A\vec{x} \rangle$ é não-positiva se, e somente

CAPÍTULO 5 – PARABOLÓIDES N-DIMENSIONAIS   103

se, a forma quadrática $\vec{x} \mapsto \langle \vec{x}, (-A)\vec{x} \rangle$ é não-negativa. Pode-se portanto admitir (multiplicando as equações por –1, se necessário), sem perda de generalidade, que os parabolóides em discussão são elípticos ou hiperbólicos.

5-3-1-5: Dado um espaço vetorial $\mathbb{E}$ de dimensão $n \geq 2$, seja $\mathbb{F} \subseteq \mathbb{E}$ um subespaço de dimensão $n - 1$. Existe uma base ortonormal $\mathbb{B} = \{\vec{u}_1, \ldots, \vec{u}_n\}$ de $\mathbb{E}$ de modo que $\{\vec{u}_1, \ldots, \vec{u}_{n-1}\}$ é uma base de $\mathbb{F}$. Seja $A = \lambda P$, onde $\lambda > 0$ e $P \in \hom(\mathbb{E})$ é a projeção ortogonal sobre $\mathbb{F}$. Tem-se $A\vec{u}_k = \lambda\vec{u}_k$ para $k = 1, \ldots n - 1$, enquanto que $A\vec{u}_n = 0$. Assim sendo, $\mathbb{B}$ é uma base ortonormal de $\mathbb{E}$ formada por autovetores de A, e os autovetores $\vec{u}_1, \ldots, \vec{u}_{n-1}$ correspondem ao mesmo autovalor λ. Logo, se a equação $\langle \vec{x}, A\vec{x} \rangle + \langle \vec{a}, \vec{x} \rangle = \alpha$ representa um parabolóide de revolução, então A tem um autovalor positivo λ de multiplicidade $n - 1$. Diz-se então que o operador A (e portanto a forma quadrática $\vec{x} \mapsto \langle \vec{x}, A\vec{x} \rangle$), possui $n - 1$ autovalores positivos iguais.

5-3-1-6: Dado um operador auto-adjunto $A \in \hom(\mathbb{E})$ de posto $n - 1$, sejam $\mathbb{B} = \{\vec{u}_1, \ldots, \vec{u}_n\}$ uma base ortonormal de $\mathbb{E}$ fornada por autovetores de A e λ_k, $(k = 1, \ldots, n)$ os autovalores correspondentes aos autovetores $\vec{u}_k$ $(k = 1, \ldots, n)$ nesta ordem. Renumerando a base $\mathbb{B}$ se necessário, pode-se admitir, sem perda de generalidade, $\lambda_n = 0$ enquanto que λ_k é diferente de zero para $k = 1, \ldots, n - 1$. Desta maneira, $\mathrm{Im}(A) = \mathcal{S}(\vec{u}_1, \ldots, \vec{u}_{n-1})$ e $\ker(A) = \mathcal{S}(\vec{u}_n)$. A projeção ortogonal $P : \mathbb{E} \rightarrow \mathbb{E}$ sobre $\mathrm{Im}(A)$ é dada por:

$$P\vec{x} = \sum_{k=1}^{n-1} \langle \vec{x}, \vec{u}_k \rangle \vec{u}_k$$

Tem-se também:

$$A\vec{x} = \sum_{k=1}^{n-1} \lambda_k \langle \vec{x}, \vec{u}_k \rangle \vec{u}_k$$

para todo $\vec{x} \in \mathbb{E}$. Portanto, se $\lambda_1 = \cdots = \lambda_{n-1} = \lambda > 0$ então A

104 PARABOLÓIDES N-DIMENSIONAIS

$= \lambda P$. Logo, a equação $\langle \vec{x}, A\vec{x} \rangle + \langle \vec{a}, \vec{x} \rangle = \alpha$ representa, para quaisquer $\vec{a} \in \mathbb{E} \backslash \text{Im}(A)$ e $\alpha \in \mathbb{R}$, um parabolóide de revolução. Resulta disto e da Observação 5-3-1-5 que um parabolóide $\mathbb{X}$ de equação $\langle \vec{x}, A\vec{x} \rangle + \langle \vec{a}, \vec{x} \rangle = \alpha$ é de revolução se, e somente se, o operador A possui $n - 1$ autovalores positivos iguais. Isto significa que A possui um autovalor positivo de multiplicidade $n - 1$.

5-3-1-7: Se $\dim(\mathbb{E}) = 2$ então os operadores auto-adjuntos $A \in \hom(\mathbb{E})$ de posto um têm um autovalor diferente de zero e um autovalor igual a zero. Segue deste fato e da Observação 5-1-3-4 que toda parábola $\mathbb{X} \subseteq \mathbb{E}$ é um parabolóide de revolução.

5-3-1-8: Sejam $g : \mathbb{E} \to \mathbb{R}$ e $\mathbb{X}$ como na Observação 5-3-1-1 e $T : \mathbb{E} \to \mathbb{E}$ a translação $\vec{x} \mapsto \vec{x} + \vec{c}$. Tem-se:

$$T(\mathbb{X}) = T(g^{-1}(\{\alpha\})) =$$

$$= (T^{-1})^{-1}(g^{-1}(\{\alpha\})) = (g \circ T^{-1})(\{\alpha\})$$

A inversa T^{-1} de T é a translação $\vec{x} \mapsto \vec{x} - \vec{c}$. Portanto vale:

$$g \circ T^{-1}(\vec{x}) = g(\vec{x} - \vec{c}) =$$

$$= \langle \vec{x} - \vec{c}, A(\vec{x} - \vec{c}) \rangle + \langle \vec{a}, \vec{x} - \vec{c} \rangle =$$

$$= \langle \vec{x}, A\vec{x} \rangle + \langle \vec{a} - 2A\vec{c}, \vec{x} \rangle + g(-\vec{c})$$

Seja $\varphi : \mathbb{E} \to \mathbb{R}$ a função quadrática definida por:

$$\varphi(\vec{x}) = \langle \vec{x}, A\vec{x} \rangle + \langle \vec{a} - 2A\vec{c}, \vec{x} \rangle$$

Das igualdades acima obtém-se:

$$T(\mathbb{X}) = (g \circ T^{-1})(\{\alpha\}) = \varphi^{-1}(\{\alpha - g(-\vec{c})\})$$

Como $2A\vec{c} \in \text{Im}(A)$, $\vec{a} \notin \text{Im}(A)$ e $\vec{a} = (\vec{a} - 2A\vec{c}) + 2A\vec{c}$, segue-se que $\vec{a} - 2A\vec{c} \notin \text{Im}(A)$. Por conseguinte, a imagem $T(\mathbb{X})$ do parabolóide $\mathbb{X}$ pela translação T é um parabolóide

CAPÍTULO 5 – PARABOLÓIDES N-DIMENSIONAIS   105

do mesmo tipo de X.

5-3-2 - Exemplos:

5-3-2-1: Seja $g : \mathbb{R}^3 \to \mathbb{R}$ a função quadrática (v. Observação 5-2-1-4) definida por:

$$g(x, y, z) = 9x^2 + 6y^2 + 12z^2 +$$

$$+ 12xy - 12xz + 3x - 6y + 3z$$

Pela Observação 5-2-1-4, a matriz **a**, na base canônica, da forma quadrática $\xi : \mathbb{R}^3 \to \mathbb{R}$ que corresponde a g é:

$$\mathbf{a} = \begin{bmatrix} 9 & 6 & -6 \\ 6 & 6 & 0 \\ -6 & 0 & 12 \end{bmatrix}$$

Tem-se:

$$g(\vec{x}) = \langle \vec{x}, A\vec{x} \rangle + \langle \vec{a}, \vec{x} \rangle$$

para todo $\vec{x} = (x, y, z) \in \mathbb{R}^3$, onde $A \in \hom(\mathbb{R}^3)$ é o operador auto-adjunto cuja matriz na base canônica é **a**, e $\vec{a}$ é o vetor $(3, -6, 3)$. Uma vez conhecida a matriz **a** do operador A, obtém-se (por exemplo, com o programa MATHCAD®) os autovalores de A, que são:

$$\lambda_1 = 9, \quad \lambda_2 = 18, \quad \lambda_3 = 0$$

Da mesma forma, obtém-se os autovetores:

$$\vec{u}_1 = \left(\frac{1}{3}, \frac{2}{3}, \frac{2}{3} \right)$$

$$\vec{u}_2 = \left(\frac{-2}{3}, \frac{-1}{3}, \frac{2}{3} \right)$$

$$\vec{u}_3 = \left(\frac{2}{3}, \frac{-2}{3}, \frac{1}{3} \right)$$

do operador A correspondentes aos autovalores λ_1, λ_2 e λ_3 nesta ordem. Eles formam uma base ortonormal de $\mathbb{R}^3$. A

106 PARABOLÓIDES N-DIMENSIONAIS

forma quadrática $\vec{x} \mapsto \langle \vec{x}, A\vec{x} \rangle$ é não-negativa, porque os autovalores de A são não-negativos. O núcleo de A é o subespaço $S(\vec{u}_3)$ gerado pelo vetor $\vec{u}_3$. Como se pode verificar facilmente, $\langle \vec{a}, \vec{u}_3 \rangle = 7$. Portanto, $\vec{a}$ não pertence a $\text{Im}(A)$. Segue-se então que a quádrica $X = g^{-1}(\{a\})$, conjunto das soluções da equação $g(x, y, z) = \alpha$, é um *parabolóide elíptico* para todo número real α. As componentes do vetor $\vec{a}$ na base $U = \{\vec{u}_1, \vec{u}_2, \vec{u}_3\}$ são $\langle \vec{a}, \vec{u}_1 \rangle = -1$, $\langle \vec{a}, \vec{u}_2 \rangle = -2$ e $\langle \vec{a}, \vec{u}_3 \rangle = 7$. Como a base U é ortonormal, indicando por X, Y e Z respectivamente as componentes $\langle \vec{x}, \vec{u}_1 \rangle$, $\langle \vec{x}, \vec{u}_2 \rangle$ e $\langle \vec{x}, \vec{u}_3 \rangle$ do vetor $\vec{x} \in \mathbb{E}$ na base U, obtém-se:

$$\langle \vec{a}, \vec{x} \rangle = \sum_{k=1}^{3} \langle \vec{a}, \vec{u}_k \rangle \langle \vec{x}, \vec{u}_k \rangle = -X - 2Y + 7Z$$

para todo $\vec{x} = X\vec{u}_1 + Y\vec{u}_2 + Z\vec{u}_3 \in \mathbb{R}^3$. Portanto, a equação:

$$9X^2 + 18Y^2 - X - 2Y + 7Z = \alpha$$

representa o parabolóide elíptico X relativamente à base U.

5-3-2-2: Sejam $g : \mathbb{R}^3 \to \mathbb{R}$ e λ_k, $\vec{u}_k$ ($k = 1,2,3$) como no Exemplo 5-3-2-1. Seja $G \in \text{hom}(\mathbb{R}^3)$ o operador linear definido pondo:

$$G\vec{u}_k = \vec{e}_k, \quad k = 1, 2, 3$$

O operador G é ortogonal, e sua matriz na base canônica é:

$$\mathbf{g} = \begin{bmatrix} 1/3 & 2/3 & 2/3 \\ -2/3 & -1/3 & 2/3 \\ 2/3 & -2/3 & 1/3 \end{bmatrix}$$

Como se pode verificar facilmente, $\det(\mathbf{g}) = 1$. Logo, o operador G é uma rotação. Seja $\vec{a}_0 = G\vec{a}$. Da definição de G e do Exemplo 5-3-2-1 segue:

$$\vec{a}_0 = G\vec{a} =$$

$$= G(\langle \vec{a}, \vec{u}_1 \rangle \vec{u}_1 + \langle \vec{a}, \vec{u}_2 \rangle \vec{u}_2 + \langle \vec{a}, \vec{u}_3 \rangle \vec{u}_3) =$$

$$= \langle \vec{a}, \vec{u}_1 \rangle G\vec{u}_1 + \langle \vec{a}, \vec{u}_2 \rangle G\vec{u}_2 + \langle \vec{a}, \vec{u}_3 \rangle G\vec{u}_3 =$$

$$= \langle \vec{a}, \vec{u}_1 \rangle \vec{e}_1 + \langle \vec{a}, \vec{u}_2 \rangle \vec{e}_2 + \langle \vec{a}, \vec{u}_3 \rangle \vec{e}_3 =$$

$$= (\langle \vec{a}, \vec{u}_1 \rangle, \langle \vec{a}, \vec{u}_2 \rangle, \langle \vec{a}, \vec{u}_3 \rangle) =$$

$$= (-1, -2, 7)$$

Sejam $A_0 \in \hom(\mathbb{R}^3)$ definido pondo:

$$A_0 \vec{e}_k = \lambda_k \vec{e}_k, \quad k = 1, 2, 3$$

e $g_0 : \mathbb{R}^3 \to \mathbb{R}$ a função quadrática dada por:

$$g_0(\vec{x}) = \langle \vec{x}, A_0 \vec{x} \rangle + \langle \vec{a}_0, \vec{x} \rangle$$

Os autovetores do operador (auto-adjunto) A_0 são os vetores $\vec{e}_1, \vec{e}_2, \vec{e}_3$ da base canônica de $\mathbb{R}^3$, com os mesmos autovalores do operador A do Exemplo 5-3-2-1. Portanto, a quádrica $\mathbb{X}_0 = g_0^{-1}(\{\alpha\})$ é um *parabolóide elíptico*, seja qual for $\alpha \in \mathbb{R}$. O parabolóide elíptico $\mathbb{X}_0$ é o conjunto dos vetores $\vec{x} = (x, y, z) \in \mathbb{R}^3$ que cumprem a condição:

$$9x^2 + 18y^2 - x - 2y + 7z = \alpha$$

Seja $\mathbb{X} \subseteq \mathbb{R}^3$ o parabolóide elíptico $g^{-1}(\{\alpha\})$. Segue da Observação 5-2-1-6 que vale:

$$\boxed{\mathbb{X} = H(\mathbb{X}_0)}$$

onde $H = G^{-1} = G^*$. Consequentemente, $\mathbb{X}$ é a imagem $H(\mathbb{X}_0)$ de $\mathbb{X}_0$ pela rotação $H \in \hom(\mathbb{R}^3)$ definida por:

$$H(x, y, z) =$$

$$= \left(\frac{x - 2y + 2z}{3}, \frac{2x - y - 2z}{3}, \frac{2x + 2y + z}{3} \right)$$

Tem-se $H\vec{e}_k = G^{-1}\vec{e}_k = \vec{u}_k$ ($k = 1, 2, 3$). A matriz do operador H na base canônica de $\mathbb{R}^3$ é:

$$\mathbf{h} = \mathbf{g^T} = \begin{bmatrix} 1/3 & -2/3 & 2/3 \\ 2/3 & -1/3 & -2/3 \\ 2/3 & 2/3 & 1/3 \end{bmatrix}$$

5-3-2-3: Sejam $g : \mathbb{R}^5 \to \mathbb{R}$ definida pondo:

$$g(\vec{x}) =$$

$$= x_1^2 - 2x_2^2 + 10x_3^2 + 9x_4^2 +$$

$$+ 28x_1x_2 - 20x_1x_3 + 8x_2x_3 + 9x_5$$

para todo $\vec{x} \in \mathbb{R}^5$ e $\mathbb{X}$ a quádrica $g^{-1}(\{a\})$, onde α é um número real. Pela Observação 5-2-1-4, a matriz **a**, na base canônica, da forma quadrática $\xi : \mathbb{R}^3 \to \mathbb{R}$ que corresponde a g é:

$$\mathbf{a} = \begin{bmatrix} 1 & 14 & -10 & 0 & 0 \\ 14 & -2 & 4 & 0 & 0 \\ -10 & 4 & 10 & 0 & 0 \\ 0 & 0 & 0 & -9 & 0 \\ 0 & 0 & 0 & 0 & 0 \end{bmatrix}$$

A matriz **a** dada acima é a matriz, na base canônica de $\mathbb{R}^5$, do operador auto-adjunto $A \in \hom(\mathbb{R}^5)$ correspondente a g. Fazendo $\vec{a} = (0, 0, 0, 0, 9) = 9\vec{e}_5$, tem-se:

$$g(\vec{x}) = \langle \vec{x}, A\vec{x} \rangle + \langle \vec{a}, \vec{x} \rangle$$

Uma vez conhecida a matriz **a** do operador A, obtém-se (por exemplo, com o programa MATHCAD®) os autovalores λ_k ($k = 1,...,5$) de A, que são:

$$\lambda_1 = 9, \quad \lambda_2 = 18, \quad \lambda_3 = -18, \quad \lambda_4 = -9, \quad \lambda_5 = 0$$

Portanto, o posto de A é igual a 4 e a forma quadrática $\vec{x} \mapsto \langle \vec{x}, A\vec{x} \rangle$ é indefinida. De modo análogo, obtém-se também os autovetores:

CAPÍTULO 5 – PARABOLÓIDES N-DIMENSIONAIS 109

$$\vec{u}_1 = \left(\tfrac{1}{3}, \tfrac{2}{3}, \tfrac{2}{3}, 0, 0\right)$$

$$\vec{u}_2 = \left(\tfrac{-2}{3}, \tfrac{-1}{3}, \tfrac{2}{3}, 0, 0\right)$$

$$\vec{u}_3 = \left(\tfrac{2}{3}, \tfrac{-2}{3}, \tfrac{1}{3}, 0, 0\right)$$

$$\vec{u}_4 = \vec{e}_4 = (0, 0, 0, 1, 0)$$

$$\vec{u}_5 = \vec{e}_5 = (0, 0, 0, 0, 1)$$

Os autovetores $\vec{u}_k$ correspondem aos autovalores λ_k ($k = 1,...,5$) nesta ordem, e a base $\mathbb{U} = \{\vec{u}_1, ..., \vec{u}_5\}$ é ortonormal. O núcleo $\ker(A)$ de A é o subespaço $S(\vec{u}_5) = S(\vec{e}_5)$ gerado pelo vetor $\vec{e}_5$. Logo, $\vec{a} = 9\vec{e}_5$ não pertence à imagem $\operatorname{Im}(A)$. Segue-se que $\mathbb{X}$ é um *parabolóide hiperbólico* do espaço $\mathbb{R}^5$. Seja X_k ($k = 1,...,5$) a componente $\langle \vec{x}, \vec{u}_k \rangle$ do vetor $\vec{x} \in \mathbb{R}^5$ na base $\mathbb{U}$. A fórmula:

$$9X_1^2 + 18X_2^2 - 18X_3^2 - 9X_4^2 + 9X_5 = \alpha$$

é uma equação do parabolóide $\mathbb{X}$ relativamente à base $\mathbb{U}$.

5-3-2-4: Sejam $H, A_0 \in \hom(\mathbb{R}^5)$ definidos por:

$$H\vec{e}_k = \vec{u}_k, \quad k = 1, ..., 5$$

$$A_0\vec{e}_k = \lambda_k\vec{e}_k, \quad k = 1, ..., 5$$

onde os números λ_k ($k = 1,...,5$) são os autovalores do operador A do Exemplo 5-3-2-3. Sejam $g : \mathbb{R}^5 \to \mathbb{R}$, $\vec{a}$ e $\mathbb{X}$ como no Exemplo 5-3-2-3, $\vec{a}_0 = H^*\vec{a}$, $g_0 : \mathbb{R}^5 \to \mathbb{R}$ a função quadrática $\vec{x} \mapsto \langle \vec{x}, A_0\vec{x} \rangle + \langle \vec{a}_0, \vec{x} \rangle$ e $\mathbb{X}_0$ a quádrica $g_0^{-1}(\{\alpha\})$. Pela definição de A_0, o posto de A_0 é igual a 4. Como $\vec{u}_5 = \vec{e}_5$, tem-se também $\vec{a}_0 = \vec{a} = 9\vec{e}_5$. Logo, $\vec{a}_0$ não pertence à imagem $\operatorname{Im}(A_0)$ de A_0. Segue-se que a quádrica $\mathbb{X}_0$ é um *parabolóide hiperbólico* do espaço $\mathbb{R}^5$. A fórmula:

$$9x_1^2 + 18x_2^2 - 18x_3^2 - 9x_4^2 + 9x_5 = \alpha$$

110 PARABOLÓIDES N-DIMENSIONAIS

é uma equação de $\mathbb{X}_0$ relativamente à base canônica de $\mathbb{R}^5$. Pela Observação 5-2-1-6, a quádrica $\mathbb{X} = g^{-1}(\{a\})$ é a imagem $H(\mathbb{X}_0)$ da quádrica $\mathbb{X}_0$ por H, que é um operador linear ortogonal. Como se pode verificar sem dificuldade, se tem $\det(H) = 1$. Logo, H é uma rotação no espaço $\mathbb{R}^5$.

5-3-2-5: Seja $g : \mathbb{R}^n \to \mathbb{R}$ a função quadrática $\vec{x} \mapsto \langle \vec{x}, A\vec{x} \rangle + \langle \vec{a}, \vec{x} \rangle$, onde $A \in \hom(\mathbb{R}^n)$ é auto-adjunto (e não-nulo). Sejam $\mathbb{B} = \{\vec{u}_1, \ldots, \vec{u}_n\}$ uma base ortonormal de $\mathbb{R}^n$ formada por autovetores de A e λ_k $(k = 1,\ldots,n)$ os autovalores correspondentes aos autovetores $\vec{u}_k$, nesta ordem. Seja $\mathbb{X} \subseteq \mathbb{R}^n$ a quádrica $g^{-1}(\{a\})$. Fazendo $X_k = \langle \vec{x}, \vec{u}_k \rangle$ e $a_k = \langle \vec{a}, \vec{u}_k \rangle$ $(k = 1,\ldots,n)$ tem-se:

$$\mathbb{X} : \sum_{k=1}^{n} \lambda_k X_k^2 + \sum_{k=1}^{n} a_k X_k = a$$

Sejam $H, A_0 \in \hom(\mathbb{R}^n)$ definidos pondo $H\vec{e}_k = \vec{u}_k$, $A_0\vec{e}_k = \lambda_k\vec{e}_k$ $(k = 1,\ldots,n)$. Sejam $\vec{a}_0 = H^{-1}\vec{a} = H^*\vec{a}$, $g_0 : \mathbb{R}^n \to \mathbb{R}$ a função quadrática $\vec{x} \mapsto \langle \vec{x}, A_0\vec{x} \rangle + \langle \vec{a}_0, \vec{x} \rangle$ e $\mathbb{X}_0$ a quádrica $g_0^{-1}(\{a\})$. Como $\vec{a} = \sum_{k=1}^{n} a_k\vec{u}_k$ e $H^*\vec{u}_k = \vec{e}_k$ $(k = 1,\ldots,n)$, se tem:

$$\vec{a}_0 = \sum_{k=1}^{n} a_k H^*\vec{u}_k = \sum_{k=1}^{n} a_k\vec{e}_k$$

Portanto,

$$\mathbb{X}_0 : \sum_{k=1}^{n} \lambda_k x_k^2 + \sum_{k=1}^{n} a_k x_k = a$$

Pela Observação 5-1-2-6, $\mathbb{X}$ é a imagem $H(\mathbb{X}_0)$ de $\mathbb{X}_0$ pelo operador ortogonal H, e a base $\mathbb{B}$ pode ser escolhida de modo que H seja uma rotação. Segue-se que $\mathbb{X}$ é a imagem, por uma rotação em $\mathbb{R}^n$, de uma quádrica $\mathbb{X}_0$ cuja equação, relativamente à base canônica de $\mathbb{R}^n$, *tem os mesmos coeficientes* da equação de $\mathbb{X}$ relativamente à base $\mathbb{B}$. Em particular, esta propriedade é válida para os parabolóides do espaço $\mathbb{R}^n$.

CAPÍTULO 5 – PARABOLÓIDES N-DIMENSIONAIS   111

Dado um espaço vetorial $\mathbb{E}$, seja $g : \mathbb{E} \to \mathbb{R}$ a função quadrática definida por $g(\vec{x}) = \langle \vec{x}, A\vec{x} \rangle + \langle \vec{a}, \vec{x} \rangle$, onde $A \in \hom(\mathbb{E})$ é um operador auto-adjunto e $\vec{a}$ não pertence a $\text{Im}(A)$. Seja $\mathbb{X} \subseteq \mathbb{E}$ a quádrica $g^{-1}(\{a\})$, onde $\alpha \in \mathbb{R}$. Os Teoremas 5-2-9 e 5-2-11 mostram que existe $\vec{c} \in \mathbb{E}$ e existe um único vetor não-nulo $\vec{w} \in \ker(A)$ de modo que $\mathbb{X}$ é o conjunto das soluções da equação $\langle \vec{x} - \vec{c}, A(\vec{x} - \vec{c}) \rangle$ + $\langle \vec{w}, \vec{x} - \vec{c} \rangle = 0$. Será mostrado a seguir que, se $\mathbb{X}$ é um parabolóide (em cujo caso o posto do operador A é igual a $\dim \mathbb{E} - 1$) então tem-se também a unicidade do vetor $\vec{c}$. Portanto, existe *uma única* translação $T : \mathbb{E} \to \mathbb{E}$ de modo que $\mathbb{X}$ é a imagem $T(\mathbb{X}_0)$ por T do conjunto $\mathbb{X}_0$ das soluções da equação $\langle \vec{x}, A\vec{x} \rangle + \langle \vec{w}, \vec{x} \rangle = 0$.

5-3-3 - Teorema: Dado um espaço vetorial $\mathbb{E}$ de dimensão n, seja $g : \mathbb{E} \to \mathbb{R}$ a função quadrática definida por $g(\vec{x}) = \langle \vec{x}, A\vec{x} \rangle + \langle \vec{a}, \vec{x} \rangle$, onde $A \in \hom(\mathbb{E})$ é auto-adjunto de posto $n - 1$ e $\vec{a}$ não pertence a $\text{Im}(A)$. Seja $\mathbb{X}$ o parabolóide $g^{-1}(\{a\})$, onde $\alpha \in \mathbb{R}$. Então existem um único vetor não-nulo $\vec{w} \in \ker(A)$ e um único vetor $\vec{c} \in \mathbb{E}$ de modo que $\mathbb{X}$ é o conjunto das soluções da equação $\langle \vec{x} - \vec{c}, A(\vec{x} - \vec{c}) \rangle$ + $\langle \vec{w}, \vec{x} - \vec{c} \rangle = 0$.

Demonstração: Do Teorema 5-2-9 segue a existência dos vetores $\vec{c}$ e $\vec{w}$. Do Teorema 5-2-11 resulta a unicidade do vetor $\vec{w}$. Pelo Corolário 5-2-12, se as equações:

$$\langle \vec{x} - \vec{c}_1, A(\vec{x} - \vec{c}_1) \rangle + \langle \vec{w}, \vec{x} - \vec{c}_1 \rangle = 0$$

$$\langle \vec{x} - \vec{c}_2, A(\vec{x} - \vec{c}_2) \rangle + \langle \vec{w}, \vec{x} - \vec{c}_2 \rangle = 0$$

onde $\vec{w} \in \ker(A) \backslash \{\vec{o}\}$ representam o parabolóide $\mathbb{X}$, então $\vec{c}_2 - \vec{c}_1 \in \ker(A)$ e $\langle \vec{c}_2 - \vec{c}_1, \vec{w} \rangle = 0$. Tem-se $\dim[\ker(A)] = 1$, porque o posto de A (e portanto $\dim[\text{Im}(A)]$) é igual a $n - 1$. Como $\vec{w}$ é não-nulo e $\vec{w} \in \ker(A)$, segue-se $\ker(A) = \mathcal{S}(\vec{w})$.

112 PARABOLÓIDES N-DIMENSIONAIS

Logo, $\vec{c}_2 - \vec{c}_1 = \lambda \vec{w}$, onde $\lambda \in \mathbb{R}$. Assim, a igualdade $\langle \vec{c}_2 - \vec{c}_1, \vec{w} \rangle = 0$ fornece $\langle \lambda \vec{w}, \vec{w} \rangle = \lambda \|\vec{w}\|^2 = 0$, donde $\lambda = 0$. Daí obtém-se $\vec{c}_2 - \vec{c}_1 = \vec{o}$, e o resultado segue.

O ponto $\vec{c}$ dado pelo Teorema 5-3-3 pertence ao parabolóide $\mathbb{X}$, e se chama o *vértice* de $\mathbb{X}$. Como $\dim[\ker(A)] = 1$, a variedade linear $\mathbb{D} = \vec{c} + \ker(A)$ é *uma reta*. Esta reta diz-se o *eixo* de $\mathbb{X}$. Tem-se $\mathbb{D} = \vec{c} + S(\vec{w})$, onde $\vec{w}$ é qualquer vetor não-nulo que pertença a $\ker(A)$.

Dado um espaço euclidiano $\mathbb{E}$, sejam $\vec{w} \in \mathbb{E}$ um vetor não-nulo e $\mathbb{D} \subseteq \mathbb{E}$ a reta $\vec{p} + S(\vec{w})$. Sejam $\vec{q} \in \mathbb{D}$ e $\vec{v} \in S(\vec{w})$ um vetor não-nulo. Então $S(\vec{w}) = S(\vec{v})$, logo $\mathbb{D} = \vec{p} + S(\vec{v})$. Como $\vec{q} \in \mathbb{D}$, existe $\theta \in \mathbb{R}$ tal que $\vec{q} = \vec{p} + \theta \vec{v}$. Sendo $S(\vec{w}) = S(\vec{v})$, existe também $\beta \in \mathbb{R}$ tal que $\vec{v} = \beta \vec{w}$. Portanto, tem-se:

$$\vec{q} + \frac{\langle \vec{x} - \vec{q}, \vec{v} \rangle}{\|\vec{v}\|^2} \vec{v} =$$

$$= \vec{p} + \theta \vec{v} + \frac{\langle \vec{x} - \vec{p} - \theta \vec{v}, \vec{v} \rangle}{\|\vec{v}\|^2} \vec{v} =$$

$$= \vec{p} + \theta \vec{v} + \frac{\langle \vec{x} - \vec{p}, \vec{v} \rangle - \theta \|\vec{v}\|^2}{\|\vec{v}\|^2} \vec{v} =$$

$$= \vec{p} + \theta \vec{v} + \frac{\langle \vec{x} - \vec{p}, \vec{v} \rangle}{\|\vec{v}\|^2} \vec{v} - \theta \vec{v} =$$

$$= \vec{p} + \frac{\langle \vec{x} - \vec{p}, \vec{v} \rangle}{\|\vec{v}\|^2} \vec{v} =$$

$$= \vec{p} + \frac{\beta \langle \vec{x} - \vec{p}, \vec{w} \rangle}{\beta^2 \|\vec{w}\|^2} (\beta \vec{w}) =$$

$$= \vec{p} + \frac{\langle \vec{x} - \vec{p}, \vec{w} \rangle}{\|\vec{w}\|^2} \vec{w}$$

seja qual for $\vec{x} \in \mathbb{E}$. Logo, o ponto $\vec{p} + [\langle \vec{x} - \vec{p} \rangle / \|\vec{w}\|^2]\vec{w}$ *não depende* do ponto $\vec{p} \in \mathbb{D}$ nem do vetor que gera o subespaço $S(\vec{w})$. Assim sendo, ficam definidas as funções $F, R : \mathbb{E} \to \mathbb{R}$ por:

$$F(\vec{x}) = \vec{p} + \frac{\langle \vec{x} - \vec{p}, \vec{w} \rangle}{\|\vec{w}\|^2} \vec{w}$$

$$R(\vec{x}) = 2F(\vec{x}) - \vec{x}$$

A função F chama-se a *projeção ortogonal sobre* $\mathbb{D}$, e a função R diz-se a *reflexão relativamente a* $\mathbb{D}$. O valor $R(\vec{x})$ de R no ponto $\vec{x} \in \mathbb{E}$ diz-se o *simétrico* de $\vec{x}$ relativamente a $\mathbb{D}$.

Seja $\vec{y} \in \mathbb{D}$. Então $\vec{y} = \vec{p} + \theta\vec{w}$, para algum número real θ. Desta maneira,

$$F(\vec{y}) = \vec{p} + \frac{\langle \vec{y} - \vec{p}, \vec{w} \rangle}{\|\vec{w}\|^2} \vec{w} =$$

$$= \vec{p} + \frac{\langle \theta\vec{w}, \vec{w} \rangle}{\|\vec{w}\|^2} \vec{w} = \vec{p} + \theta\vec{w} = \vec{y}$$

Segue-se que $F(\vec{y}) = \vec{y}$ para todo $\vec{y} \in \mathbb{D}$. Pela definição de F, $F(\vec{x}) \in \mathbb{D}$ para todo $\vec{x} \in \mathbb{E}$. Logo, $F(F(\vec{x})) = F(\vec{x})$ para todo $\vec{x} \in \mathbb{E}$. Por conseguinte,

$$F \circ F = F$$

Diz-se então que F é *idempotente*. Seja agora $P : \mathbb{E} \to \mathbb{E}$ definida pondo:

$$P(\vec{x}) = \frac{\langle \vec{x}, \vec{w} \rangle}{\|\vec{w}\|^2} \vec{w}$$

para todo $\vec{x} \in \mathbb{E}$. Como se pode verificar facilmente, P é um

114 PARABOLÓIDES N-DIMENSIONAIS

operador linear, que se chama a *projeção ortogonal sobre* $S(\vec{w})$. Tem-se $P(\vec{y}) = \vec{y}$ para todo $\vec{y} \in S(\vec{w})$ e $P(\vec{x}) \in S(\vec{w})$ para todo $\vec{x} \in \mathbb{E}$. Portanto,

$$P \circ P = P$$

Tem-se também:

$$F(\vec{x}) = \vec{p} + P(\vec{x} - \vec{p})$$

qualquer que seja $\vec{x} \in \mathbb{E}$.

Seja $\vec{x} \in \mathbb{E}$ arbitrário. Pela igualdade $P \circ P = P$ e pela linearidade de P, tem-se:

$$F(R(\vec{x})) = \vec{p} + P(R(\vec{x}) - \vec{p}) =$$

$$= \vec{p} + P(R(\vec{x})) - P\vec{p} =$$

$$= \vec{p} + P(2F(\vec{x}) - \vec{x}) - P\vec{p} =$$

$$= \vec{p} + 2P(F(\vec{x})) - P\vec{x} - P\vec{p} =$$

$$= \vec{p} + 2P(\vec{p} + P(\vec{x} - \vec{p})) - P\vec{x} - P\vec{p} =$$

$$= \vec{p} + 2P\vec{p} + 2P(P(\vec{x} - \vec{p})) - P\vec{x} - P\vec{p} =$$

$$= \vec{p} + 2P(\vec{x} - \vec{p}) + P(\vec{p}) - P\vec{x} =$$

$$= \vec{p} + 2P(\vec{x} - \vec{p}) - P(\vec{x} - \vec{p}) =$$

$$= \vec{p} + P(\vec{x} - \vec{p}) = F(\vec{x})$$

e portanto:

$$R(R(\vec{x})) = 2F(R(\vec{x})) - R(\vec{x}) =$$

$$= 2F(\vec{x}) - 2F(\vec{x}) + \vec{x} = \vec{x}$$

Consequentemente,

$$R \circ R = I$$

onde $I \in \text{hom}(\mathbb{E})$ é o operador identidade. Assim, a reflexão R relativamente à reta $\mathbb{D}$ é uma *involução*, ou seja, é uma

CAPÍTULO 5 – PARABOLÓIDES N-DIMENSIONAIS   115

função bijetiva cuja inversa é ela própria.

Diz-se que um conjunto $\mathbb{X} \subseteq \mathbb{E}$ é *simétrico* relativamente à reta $\mathbb{D}$ quando a imagem $R(\mathbb{X})$ de $\mathbb{X}$ pela reflexão R é igual a $\mathbb{X}$.

5-3-4 - Teorema: Dado um espaço vetorial $\mathbb{E}$ de dimensão n, seja $g : \mathbb{E} \to \mathbb{R}$ a função quadrática definida por $g(\vec{x}) = \langle \vec{x}, A\vec{x} \rangle + \langle \vec{a}, \vec{x} \rangle$, onde $A \in \hom(\mathbb{E})$ é auto-adjunto de posto $n - 1$ e $\vec{a}$ não pertence a $\text{Im}(A)$. Seja $\mathbb{X}$ o parabolóide $g^{-1}(\{\alpha\})$, onde $\alpha \in \mathbb{R}$. Seja $R : \mathbb{E} \to \mathbb{E}$ a reflexão relativamente ao eixo de $\mathbb{X}$. Então $R(\mathbb{X}) = \mathbb{X}$. Noutros termos: Todo parabolóide é simétrico relativamente a seu eixo.

Demonstração: Pelo Teorema 5-3-3, existem um único ponto $\vec{c} \in \mathbb{E}$ e um único vetor não-nulo $\vec{w} \in \ker(A)$ de modo que $\mathbb{X}$ é representado pela equação:

(5.47)
$$\boxed{\langle \vec{x} - \vec{c}, A(\vec{x} - \vec{c}) \rangle + \langle \vec{w}, \vec{x} - \vec{c} \rangle = 0}$$

Como $\vec{w}$ é não-nulo e $\vec{w} \in \ker(A)$, o eixo do parabolóide $\mathbb{X}$ é a reta $\mathbb{D} = \vec{c} + S(\vec{w})$. Desta forma, a reflexão R relativamente a $\mathbb{D}$ é dada por $R(\vec{x}) = 2\vec{c} + [2\langle \vec{x} - \vec{c}, \vec{w} \rangle / \|\vec{w}\|^2]\vec{w} - \vec{x}$. Tem-se então:

$$R(\vec{x}) - \vec{c} = (\vec{c} - \vec{x}) + \frac{2\langle \vec{x} - \vec{c}, \vec{w} \rangle}{\|\vec{w}\|^2}\vec{w}$$

seja qual for $\vec{x} \in \mathbb{E}$. Como o operador A é auto-adjunto e $\vec{w} \in \ker(A)$, segue-se:

(5.48)
$$\boxed{\begin{aligned} \langle R(\vec{x}) - \vec{c}, A(R(\vec{x}) - \vec{c}) \rangle &= \\ = \langle \vec{c} - \vec{x}, A(\vec{c} - \vec{x}) \rangle &= \\ = \langle \vec{x} - \vec{c}, A(\vec{x} - \vec{c}) \rangle \end{aligned}}$$

116 PARABOLÓIDES N-DIMENSIONAIS

Tem-se também:

(5.49)
$$\langle \vec{w}, R(\vec{x}) - \vec{c} \rangle =$$
$$= \langle \vec{w}, \vec{c} - \vec{x} \rangle + \frac{2\langle \vec{x} - \vec{c}, \vec{w} \rangle}{\| \vec{w} \|^2} \langle \vec{w}, \vec{w} \rangle =$$
$$= -\langle \vec{w}, \vec{x} - \vec{c} \rangle + 2\langle \vec{w}, \vec{x} - \vec{c} \rangle =$$
$$= \langle \vec{w}, \vec{x} - \vec{c} \rangle$$

De (5.47), (5.48) e (5.49) resulta:

$$R(\vec{x}) \in X \Longleftrightarrow \vec{x} \in X$$

o que demonstra o resultado acima.

5-3-5 - Observações:

5-3-5-1: Dado um espaço vetorial $\mathbb{E}$, sejam $A \in \hom(\mathbb{E})$ auto-adjunto cujo posto é igual a $\dim \mathbb{E} - 1$ e $g : \mathbb{E} \to \mathbb{R}$ a função quadrática definida pondo $g(\vec{x}) = \langle \vec{x}, A\vec{x} \rangle + \langle \vec{a}, \vec{x} \rangle$, onde $\vec{a}$ não pertence a $\text{Im}(A)$. Sejam $P, Q \in \hom(\mathbb{E})$ respectivamente as projeções ortogonais sobre $\text{Im}(A)$ e $\ker(A)$. Seja X o parabolóide $g^{-1}(\{a\})$, onde a é um número real. Pelos Teoremas 5-2-9 e 5-3-3, o vértice $\vec{c}$ de X é:

$$\vec{c} = \vec{q} + \frac{a - g(\vec{q})}{\| \vec{w} \|^2} \vec{w}$$

onde $\vec{w}$ é a projeção $Q\vec{a}$ do vetor $\vec{a}$ sobre $\ker(A)$ e $\vec{q}$ é uma solução da equação linear $A\vec{x} = -(1/2)P\vec{a}$.

5-3-5-2: Sejam $\mathbb{E}$, $A \in \hom(\mathbb{E})$, $g : \mathbb{E} \to \mathbb{R}$, X e $P, Q \in \hom(\mathbb{E})$ como na Observação 5-3-5-1. Sejam $\vec{q}_1, \vec{q}_2$ soluções da equação linear $A\vec{x} = -(1/2)P\vec{a}$. O conjunto das soluções desta equação é a variedade linear $\vec{q}_1 + \ker(A)$. Como o vetor $\vec{w} = Q\vec{a}$ é não-nulo e $\dim[\ker(A)] = 1$, segue-se $\ker(A) = S(\vec{w})$. Portanto, o vetor $\vec{q}_2$ se exprime

CAPÍTULO 5 – PARABOLÓIDES N-DIMENSIONAIS **117**

como $\vec{q}_2 = \vec{q}_1 + \beta\vec{w}$, onde β é um número real. Uma vez que $P\vec{a} \in \text{Im}(A)$ e $\vec{w} \in \ker(A)$, segue-se $\langle P\vec{a}, \vec{w} \rangle = 0$ (com efeito, $\ker(A) = [\text{Im}(A)]^{\perp}$, porque A é auto-adjunto). Por esta razão,

$$\langle \vec{a}, \vec{w} \rangle = \langle P\vec{a} + Q\vec{a}, \vec{w} \rangle =$$

$$= \langle P\vec{a} + \vec{w}, \vec{w} \rangle = \|\vec{w}\|^2$$

Logo,

$$\langle \vec{a}, \vec{q}_2 \rangle = \langle \vec{a}, \vec{q}_1 + \beta\vec{w} \rangle = \langle \vec{a}, \vec{q}_1 \rangle + \beta\|\vec{w}\|^2$$

Como $\vec{w} \in \ker(A)$ e A é auto-adjunto, vale $\langle \vec{q}_2, A\vec{q}_2 \rangle = \langle \vec{q}_1, A\vec{q}_1 \rangle$. Desta forma, se tem:

$$g(\vec{q}_2) = \langle \vec{q}_2, A\vec{q}_2 \rangle + \langle \vec{a}, \vec{q}_2 \rangle =$$

$$= \langle \vec{q}_1, A\vec{q}_1 \rangle + \langle \vec{a}, \vec{q}_1 \rangle + \beta\|\vec{w}\|^2 =$$

$$= g(\vec{q}_1) + \beta\|\vec{w}\|^2$$

Assim sendo,

$$\vec{q}_2 + \frac{\alpha - g(\vec{q}_2)}{\|\vec{w}\|^2}\vec{w} =$$

$$= \vec{q}_1 + \beta\vec{w} + \frac{\alpha - g(\vec{q}_1) - \beta\|\vec{w}\|^2}{\|\vec{w}\|^2}\vec{w} =$$

$$= \vec{q}_1 + \beta\vec{w} + \frac{\alpha - g(\vec{q}_1)}{\|\vec{w}\|^2}\vec{w} - \beta\vec{w} =$$

$$= \vec{q}_1 + \frac{\alpha - g(\vec{q}_1)}{\|\vec{w}\|^2}\vec{w}$$

Desta maneira, verifica-se diretamente que o vértice $\vec{c}$ de $\mathbb{X}$ pode ser obtido tomando qualquer uma das soluções da equação linear $A\vec{x} = -(1/2)P\vec{a}$.

5-3-5-3: Sejam $\mathbb{E}$, $A \in \text{hom}(\mathbb{E})$, $g : \mathbb{E} \to \mathbb{R}$, $\mathbb{X}$ e $P, Q \in$

118 PARABOLÓIDES N-DIMENSIONAIS

hom($\mathbb{E}$) como na Observação 5-3-5-1. Dada uma base ortonormal $\mathbb{B} = \{\vec{u}_1, \ldots, \vec{u}_n\} \subseteq \mathbb{E}$ formada por autovetores de A, sejam λ_k ($k = 1, \ldots, n$) os autovalores correspondentes aos autovetores $\vec{u}_k$ ($k = 1, \ldots, n$) nesta ordem. Renumerando a base $\mathbb{B}$ se necessário, pode-se supor, sem perda de generalidade, $\lambda_n = 0$ (e portanto $\ker(A) = S(\vec{u}_n)$) enquanto que $\lambda_k \neq 0$ para $k = 1, \ldots, n - 1$. Assim, $P\vec{a} = \sum_{k=1}^{n-1} \langle \vec{a}, \vec{u}_k \rangle \vec{u}_k$. Portanto, fazendo:

$$\vec{q}_0 = -\sum_{k=1}^{n-1} \frac{\langle \vec{a}, \vec{u}_k \rangle}{2\lambda_k} \vec{u}_k$$

obtém-se:

$$A\vec{q}_0 = -\frac{1}{2} \sum_{k=1}^{n-1} \langle \vec{a}, \vec{u}_k \rangle \vec{u}_k = -\frac{1}{2} P\vec{a}$$

Tem-se também $\vec{w} = Q\vec{a} = \langle \vec{a}, \vec{u}_n \rangle \vec{u}_n$. Desta forma, segue das Observações 5-3-5-1 e 5-3-5-2 que o vértice $\vec{c}$ do parabolóide $\mathbb{X}$ é:

$$\vec{c} = \vec{q}_0 + \frac{a - g(\vec{q}_0)}{|\langle \vec{a}, \vec{u}_n \rangle|} \vec{u}_n$$

Como $A\vec{q}_0 = -(1/2)P\vec{a}$, $\vec{q}_0 \in \text{Im}(A)$ e $Q\vec{a} \in \ker(A)$, tem-se:

$$\langle \vec{q}_0, A\vec{q}_0 \rangle = -\frac{\langle P\vec{a}, \vec{q}_0 \rangle}{2}$$

$$\langle \vec{a}, \vec{q}_0 \rangle = \langle P\vec{a} + Q\vec{a}, \vec{q}_0 \rangle = \langle P\vec{a}, \vec{q}_0 \rangle$$

Logo,

$$g(\vec{q}_0) = \langle \vec{q}_0, A\vec{q}_0 \rangle + \langle \vec{a}, \vec{q}_0 \rangle =$$

$$= \frac{\langle P\vec{a}, \vec{q}_0 \rangle}{2} = -\sum_{k=1}^{n-1} \frac{\langle \vec{a}, \vec{u}_k \rangle^2}{4\lambda_k}$$

5-3-5-4: Dado um espaço vetorial $\mathbb{E}$, sejam $A \in \text{hom}(\mathbb{E})$ auto-adjunto de posto igual a $\dim(\mathbb{E}) - 1$, $\vec{a} \in \mathbb{E} \setminus \text{Im}(A)$, $g : \mathbb{E} \to \mathbb{R}$ a função quadrática definida por $g(\vec{x}) = \langle \vec{x}, A\vec{x} \rangle + \langle \vec{a}, \vec{x} \rangle$ e $\mathbb{X} \subseteq \mathbb{E}$ o parabolóide $g^{-1}(\{a\})$, onde $\alpha \in \mathbb{R}$. Pelo

CAPÍTULO 5 – PARABOLÓIDES N-DIMENSIONAIS 119

Teorema 5-3-3, existem um único vetor não-nulo $\vec{w} \in$ ker(A) e um único vetor $\vec{c} \in \mathbb{E}$ de modo que $\mathbb{X}$ é o conjunto das soluções da equação $\langle \vec{x} - \vec{c}, A(\vec{x} - \vec{c}) \rangle + \langle \vec{w}, \vec{x} - \vec{c} \rangle = 0$. Como o parabolóide $\mathbb{X}$ é elíptico ou hiperbólico (v. Observação 5-3-1-4) o operador A possui um autovalor $\lambda > 0$. Seja $\vec{u}$ um autovetor de A correspondente a este autovalor λ. Como $\vec{u}$ pertence a Im(A) (com efeito, $\vec{u} = A((1/\lambda)\vec{u})$) e $\vec{w} \in$ ker(A), os vetores $\vec{u}$ e $\vec{w}$ são ortogonais, e portanto LI. Seja $f : \mathbb{R} \to \mathbb{E}$ definida por:

$$f(\theta) = \vec{c} + \theta\vec{u} - \frac{\lambda \|\vec{u}\|^2 \theta^2}{\|\vec{w}\|^2} \vec{w}$$

Como se pode verificar sem dificuldade, $f(\theta) \in \mathbb{X}$ para todo $\theta \in \mathbb{R}$, portanto $f(\mathbb{R}) \subseteq \mathbb{X}$. Como os vetores $\vec{u}$ e $\vec{w}$ são LI, a função f é injetiva, logo $f(\mathbb{R})$ é um conjunto infinito (não enumerável). Segue deste fato e da inclusão $f(\mathbb{R}) \subseteq \mathbb{X}$ que $\mathbb{X}$ é um conjunto infinito.

Resulta das Observações 5-2-1-4 e 5-2-1-5 que a Observação 5-3-5-3 fornece um método para determinar o vértice e o eixo de um parabolóide $\mathbb{X} \subseteq \mathbb{R}^n$, uma vez conhecida sua equação na base canônica.

Será demonstrado a seguir um resultado interessante referente a parabolóides: Se $\mathbb{X}$ é um parabolóide de um espaço vetorial de dimensão n, $n \geq 2$, então a única variedade linear que contém $\mathbb{X}$ é o próprio espaço $\mathbb{E}$. Em particular, um parabolóide não pode estar contido em um hiperplano.

5-3-6 - Teorema: Sejam $\mathbb{E}$ um espaço vetorial de dimensão $n \geq 2$ e $A \in$ hom($\mathbb{E}$) um operador auto-adjunto de posto $n - 1$. Seja $g : \mathbb{E} \to \mathbb{R}$ a função quadrática definida por $g(\vec{x}) = \langle \vec{x}, A\vec{x} \rangle + \langle \vec{a}, \vec{x} \rangle$, onde o vetor $\vec{a}$ não pertence a Im(A).

120 PARABOLÓIDES N-DIMENSIONAIS

Dado $\alpha \in \mathbb{R}$, seja $\mathbb{X}$ o parabolóide $g^{-1}(\{\alpha\})$. Seja $\mathbb{Y} \subseteq \mathbb{E}$ a variedade linear $\vec{q} + \mathbb{F}$, paralela ao subespaço $\mathbb{F} \subseteq \mathbb{E}$. Se $\mathbb{X} \subseteq \mathbb{Y}$ então $\mathbb{Y} = \mathbb{E}$. Noutros termos, a única variedade linear que contém $\mathbb{X}$ é o espaço $\mathbb{E}$.

Demonstração: Resulta do Teorema 5-3-3 que existem um único vetor não-nulo $\vec{w} \in \ker(A)$ e uma única translação $T : \mathbb{E} \to \mathbb{E}$ de modo que $\mathbb{X} = T(g_0^{-1}(\{0\}))$, onde $g_0 : \mathbb{E} \to \mathbb{R}$ é a função quadrática definida pondo $g_0(\vec{x}) = \langle \vec{x}, A\vec{x} \rangle + \langle \vec{w}, \vec{x} \rangle$. Portanto, tem-se $\mathbb{X} \subseteq \mathbb{Y}$ se, e somente se, $g_0^{-1}(\{0\}) \subseteq T^{-1}(\mathbb{Y})$. A inversa de uma translação é uma translação, e a imagem de uma variedade linear por qualquer translação é também uma variedade linear. Como o vetor nulo $\vec{o}$ pertence ao conjunto $\mathbb{X}_0 = g_0^{-1}(\{0\})$, se $\mathbb{X}_0$ está contido em alguma variedade linear $\mathbb{V}$ então $\vec{o} \in \mathbb{V}$, logo $\mathbb{V}$ é um subespaço. Desta forma, pode-se admitir, sem perda de generalidade, que $\alpha = 0$, $\vec{a} \in \ker(A) \setminus \{\vec{o}\}$ e que $\mathbb{Y}$ é um subespaço vetorial de $\mathbb{E}$.

Com as hipóteses acima, seja $\mathbb{B} = \{\vec{u}_1, \ldots, \vec{u}_n\}$ uma base ortonormal de $\mathbb{E}$ formada por autovetores de A, enumerada de modo que $\vec{u}_1, \ldots, \vec{u}_{n-1}$ sejam os autovetores correspondentes aos autovalores diferentes de zero. Tem-se então $\text{Im}(A) = \mathcal{S}(\vec{u}_1, \ldots, \vec{u}_{n-1})$ e $\ker(A) = \mathcal{S}(\vec{u}_n)$. Sejam $\lambda_1, \ldots, \lambda_{n-1}$ os autovalores de A correspondentes aos autovetores $\vec{u}_1, \ldots, \vec{u}_{n-1}$, nesta ordem. Como $\vec{u}_1, \ldots, \vec{u}_{n-1} \in \text{Im}(A)$, $\vec{a} \in \ker(A)$ e o operador A é auto-adjunto, para cada $k = 1, \ldots, n - 1$ se tem:

$$\langle \pm \|\vec{a}\|\vec{u}_k - \lambda_k \vec{a}, A(\pm \|\vec{a}\|\vec{u}_k - \lambda_k \vec{a}) \rangle = \lambda_k \|\vec{a}\|^2$$

$$\langle \vec{a}, \pm \|\vec{a}\|\vec{u}_k - \lambda_k \vec{a} \rangle = -\lambda_k \langle \vec{a}, \vec{a} \rangle = -\lambda_k \|\vec{a}\|^2$$

Portanto,

$$\pm \|\vec{a}\|\vec{u}_k - \lambda_k \vec{a} \in \mathbb{X}, \quad k = 1, \ldots, n - 1$$

CAPÍTULO 5 – PARABOLÓIDES N-DIMENSIONAIS 121

Seja $\mathbb{V}$ o conjunto formado pelos vetores $\pm\|\vec{a}\|\vec{u}_k - \lambda_k\vec{a}$, $k = 1,\ldots,n-1$. Tem-se $\mathbb{V} = \mathbb{V}_1 \cup \mathbb{V}_2$, onde:

$$\mathbb{V}_1 = \{\|\vec{a}\|\vec{u}_k - \lambda_k\vec{a} : k = 1,\ldots,n-1\}$$

$$\mathbb{V}_2 = \{-\|\vec{a}\|\vec{u}_k - \lambda_k\vec{a} : k = 1,\ldots,n-1\}$$

Uma vez que vale:

$$\vec{u}_k = \frac{1}{2\|\vec{a}\|}[(\|\vec{a}\|\vec{u}_k - \lambda_k\vec{a}) - (-\|\vec{a}\|\vec{u}_k - \lambda_k\vec{a})]$$

para cada $k = 1,\ldots,n-1$, e também:

$$\vec{a} = -\frac{1}{2\lambda_1}[(\|\vec{a}\|\vec{u}_1 - \lambda_1\vec{a}) + (-\|\vec{a}\|\vec{u}_1 - \lambda_1\vec{a})]$$

os vetores $\vec{u}_1,\ldots,\vec{u}_{n-1}$ e $\vec{a}$ pertencem ao subespaço vetorial $\mathcal{S}(\mathbb{V}) \subseteq \mathbb{E}$ gerado por $\mathbb{V}$. Como $\vec{u}_1,\ldots,\vec{u}_{n-1} \in \text{Im}(A)$ e $\vec{a} \in \ker(A)\backslash\{\vec{o}\}$, o conjunto $\{\vec{u}_1,\ldots,\vec{u}_{n-1},\vec{a}\}$ é uma base de $\mathbb{E}$. Logo, $\mathcal{S}(\mathbb{V}) = \mathbb{E}$. Segue-se que o conjunto $\mathbb{V}$ contém uma base $\mathbb{W}$ de $\mathbb{E}$ (pois é um conjunto de geradores de $\mathbb{E}$). Como $\mathbb{V} \subseteq \mathbb{X}$, tem-se $\mathbb{W} \subseteq \mathbb{X}$. Logo, se $\mathbb{X} \subseteq \mathbb{Y}$ então $\mathbb{W} \subseteq \mathbb{X} \subseteq \mathbb{Y}$, donde $\mathbb{Y} = \mathbb{E}$. Com isto, o teorema está demonstrado.

Em Geometria Plana, uma parábola é definida como sendo o conjunto dos pontos do plano ($\mathbb{R}^2$) equidistantes de uma reta dada $\mathbb{D}$ e de um ponto dado $\vec{q}$ que não pertence a $\mathbb{D}$. No desenvolvimento subsequente, será provado que vale uma definição análoga a esta para os parabolóides de revolução n-dimensionais, com hiperplanos em lugar de retas. Noutras palavras: Dado o espaço vetorial $\mathbb{E}$, de dimensão $n \geq 2$, um parabolóide de revolução de $\mathbb{E}$ é o conjunto formado pelos pontos $\vec{x} \in \mathbb{E}$ equidistantes de um hiperplano $\mathbb{Y} \subseteq \mathbb{E}$ dado e de um ponto dado $\vec{q}$ que não pertence a $\mathbb{Y}$. Em primeiro lugar, será demonstrado que se $\mathbb{X}$ é o conjunto dos pontos $\vec{x} \in \mathbb{E}$ tais que $d(\vec{x},\vec{q}) = d(\vec{x},\mathbb{Y})$, onde $\mathbb{Y} \subseteq \mathbb{E}$ é um hiperplano e $\vec{q}$ não

122 PARABOLÓIDES N-DIMENSIONAIS

pertence a $\mathbb{Y}$, então $\mathbb{X}$ é um parabolóide de revolução.

5-3-7 - Teorema: Sejam $\mathbb{E}$ um espaço vetorial de dimensão $n \geq 2$, $\mathbb{Y} \subseteq \mathbb{E}$ um hiperplano e $\vec{q} \in \mathbb{E} \backslash \mathbb{Y}$. Seja $\mathbb{X}$ o conjunto dos vetores $\vec{x} \in \mathbb{E}$ tais que $d(\vec{x}, \vec{q}) = d(\vec{x}, \mathbb{Y})$. Então $\mathbb{X}$ é um parabolóide de revolução.

Demonstração: Um hiperplano $\mathbb{Y}$ é a imagem $T(\mathbb{F})$, por uma translação $T : \mathbb{E} \to \mathbb{E}$, de um subespaço vetorial $\mathbb{F} \subseteq \mathbb{E}$ de dimensão $n - 1$ (Capítulo 3, itens 3-2-6 e 3-3-3). Dado um ponto $\vec{q} \in \mathbb{E}$, seja $\mathbb{X}_0$ o conjunto dos pontos $\vec{x} \in \mathbb{E}$ tais que $d(\vec{x}, T^{-1}(\vec{q})) = d(\vec{x}, \mathbb{F})$. Como $\mathbb{F} = T^{-1}(\mathbb{Y})$, tem-se (Capítulo 3, item 3-4-2) $\mathbb{X} = T(\mathbb{X}_0)$. Tem-se também (v. Observação 5-2-1-8) que a imagem de um parabolóide por uma translação é um parabolóide do mesmo tipo. Assim sendo, $\mathbb{X}$ é um parabolóide de revolução se, e somente se, $\mathbb{X}_0$ é um parabolóide de revolução. Por conseguinte, pode-se supor, sem perda de generalidade, que o hiperplano $\mathbb{Y}$ é um subespaço vetorial $\mathbb{F} \subseteq \mathbb{E}$ de dimensão $n - 1$. Sejam então $P, Q \in \text{hom}(\mathbb{E})$ respectivamente as projeções ortogonais sobre $\mathbb{F}$ e sobre $\mathbb{F}^{\perp}$. O vetor $\vec{q} - P\vec{q}$ é não-nulo, pois $\vec{q}$ não pertence a $\mathbb{F}$. Sejam então:

$$\vec{q}_0 = P\vec{q}, \quad \vec{n} = \frac{\vec{q} - \vec{q}_0}{\|\vec{q} - \vec{q}_0\|}, \quad \alpha = \frac{d(\vec{q}, \mathbb{F})}{2}$$

Como $\vec{q} - \vec{q}_0 = (I - P)\vec{q} = Q\vec{q}$ (onde $I \in \text{hom}(\mathbb{E})$ é o operador identidade), os vetores $\vec{n}$ e $\vec{q} - \vec{q}_0$ pertencem a $\mathbb{F}^{\perp}$. Como $\dim \mathbb{F}^{\perp} = 1$ e $\vec{n} \in \mathbb{F}^{\perp}$, segue-se $\mathbb{F}^{\perp} = S(\vec{n})$, e portanto $\mathbb{F} = (\mathbb{F}^{\perp})^{\perp} = [S(\vec{n})]^{\perp}$. Como $\vec{q}_0 \in \mathbb{F}$ e $\vec{n}$ é um vetor unitário, do item 3-4-3 do Capítulo 3 resulta:

$$2\alpha = d(\vec{q}, \mathbb{F}) = \|\vec{q} - \vec{q}_0\| = |\langle \vec{q} - \vec{q}_0, \vec{n} \rangle|$$

Portanto,

CAPÍTULO 5 – PARABOLÓIDES N-DIMENSIONAIS   123

(5.50)
$$\alpha = \frac{\|\vec{q} - \vec{q}_0\|}{2} = \frac{|\langle \vec{q} - \vec{q}_0, \vec{n} \rangle|}{2}$$

(5.51)
$$\vec{q} - \vec{q}_0 = \|\vec{q} - \vec{q}_0\|\vec{n} = 2\alpha\vec{n}$$

Fazendo $\vec{c} = (1/2)(\vec{q} + \vec{q}_0)$, de (5.50) e (5.51) obtém-se:

(5.52)
$$\vec{q} - \vec{c} = \frac{\vec{q} - \vec{q}_0}{2} = \alpha\vec{n}$$

(5.53)
$$\vec{q}_0 - \vec{c} = -\frac{\vec{q} - \vec{q}_0}{2} = -\alpha\vec{n}$$

Como $\mathbb{F}^\perp = S(\vec{n})$ e o vetor $\vec{n}$ é unitário, tem-se $Q\vec{x} = \langle \vec{x}, \vec{n} \rangle\vec{n}$ para todo $\vec{x} \in \mathbb{E}$. Assim sendo, vale:

(5.54)
$$\vec{x} - \vec{c} =$$
$$= P(\vec{x} - \vec{c}) + Q(\vec{x} - \vec{c}) =$$
$$= P(\vec{x} - \vec{c}) + \langle \vec{x} - \vec{c}, \vec{n} \rangle\vec{n}$$

seja qual for $\vec{x} \in \mathbb{E}$. As equações (5.52), (5.53) e (5.54) fornecem:

(5.55)
$$\vec{x} - \vec{q} = (\vec{x} - \vec{c}) - (\vec{q} - \vec{c}) =$$
$$= P(\vec{x} - \vec{c}) + (\langle \vec{x} - \vec{c}, \vec{n} \rangle - \alpha)\vec{n}$$

(5.56)
$$\vec{x} - \vec{q}_0 = (\vec{x} - \vec{c}) - (\vec{q}_0 - \vec{c}) =$$
$$= P(\vec{x} - \vec{c}) + (\langle \vec{x} - \vec{c}, \vec{n} \rangle + \alpha)\vec{n}$$

De (5.55) e da ortogonalidade dos vetores $\vec{n}$, $P(\vec{x} - \vec{c})$ obtém-se:

(5.57)
$$\|\vec{x} - \vec{q}\|^2 = \|P(\vec{x} - \vec{c})\|^2 +$$
$$+ (\langle \vec{x} - \vec{c}, \vec{n} \rangle - \alpha)^2$$

124 PARABOLÓIDES N-DIMENSIONAIS

Como $\vec{q}_0 \in \mathbb{F}$, segue do item 3-4-3 do Capítulo 3 que
$d(\vec{x}, \mathbb{F}) = |\langle \vec{x} - \vec{q}_0, \vec{n} \rangle|$. Resulta disto e de (5.56) que vale:

(5.58)
$$d(\vec{x}, \mathbb{F}) = |\langle \vec{x} - \vec{c}, \vec{n} \rangle + \alpha|$$

Os números $\|\vec{x} - \vec{q}\|$ e $d(\vec{x}, \mathbb{F})$ são não-negativos. Portanto,
as igualdades $\|\vec{x} - \vec{q}\| = d(\vec{x}, \mathbb{F})$ e $\|\vec{x} - \vec{q}\|^2 = [d(\vec{x}, \mathbb{F})]^2$ são
equivalentes. Assim sendo, (5.57) e (5.58) conduzem a:

(5.59)
$$\vec{x} \in \mathbb{X} \Leftrightarrow \|\vec{x} - \vec{q}\|^2 = [d(\vec{x}, \mathbb{F})]^2 \Leftrightarrow$$
$$\Leftrightarrow \|P(\vec{x} - \vec{c})\|^2 + (\langle \vec{x} - \vec{c}, \vec{n} \rangle - \alpha)^2 =$$
$$= (\langle \vec{x} - \vec{c}, \vec{n} \rangle + \alpha)^2 \Leftrightarrow$$
$$\Leftrightarrow \|P(\vec{x} - \vec{c})\|^2 = 4\alpha \langle \vec{x} - \vec{c}, \vec{n} \rangle$$

Por (5.54), $\vec{x} - \vec{c} = P(\vec{x} - \vec{c}) + \langle \vec{x} - \vec{c}, \vec{n} \rangle$. Esta igualdade e a
ortogonalidade dos vetores $P(\vec{x} - \vec{c})$, $\vec{n}$ fornecem:

(5.60)
$$\|P(\vec{x} - \vec{c})\|^2 = \langle P(\vec{x} - \vec{c}), P(\vec{x} - \vec{c}) \rangle =$$
$$= \langle P(\vec{x} - \vec{c}) + \langle \vec{x} - \vec{c}, \vec{n} \rangle \vec{n}, P(\vec{x} - \vec{c}) \rangle =$$
$$= \langle \vec{x} - \vec{c}, P(\vec{x} - \vec{c}) \rangle$$

Segue de (5.59) e (5.60) que $\mathbb{X}$ é o conjunto das soluções
da equação:

(5.61)
$$\langle \vec{x} - \vec{c}, P(\vec{x} - \vec{c}) \rangle = 4\alpha \langle \vec{x} - \vec{c}, \vec{n} \rangle$$

Fazendo $\vec{w} = -\vec{n}$ e $\beta = 1/4\alpha$, a equação (5.61) torna-se:
$$\langle \vec{x} - \vec{c}, \beta P(\vec{x} - \vec{c}) \rangle + \langle \vec{w}, \vec{x} - \vec{c} \rangle = 0$$

Sendo P a projeção ortogonal sobre o subespaço vetorial
$\mathbb{F} \subseteq \mathbb{E}$, tem-se $\mathrm{Im}(P) = \mathbb{F}$ e $\ker(P) = \mathbb{F}^{\perp}$. Logo, $\vec{w} \in \ker(P)$.
Como $\vec{q}$ não pertence a $\mathbb{F}$, o vetor $\vec{q} - \vec{q}_0$, e portanto o vetor
$\vec{w}$, é não-nulo. Como o número β é positivo, segue-se que
$\mathbb{X}$ é um parabolóide de revolução, como se queria
demonstrar.

CAPÍTULO 5 – PARABOLÓIDES N-DIMENSIONAIS   125

Agora, será demonstrado que se $\mathbb{X} \subseteq \mathbb{E}$ é um parabolóide de revolução então existem um hiperplano $\mathbb{Y} \subseteq \mathbb{E}$ e um ponto $\vec{q} \in \mathbb{E}\backslash\mathbb{Y}$ tais que $\mathbb{X}$ é o conjunto dos pontos $\vec{x} \in \mathbb{E}$ tais que $d(\vec{x},\vec{q}) = d(\vec{x},\mathbb{Y})$.

5-3-8 - Teorema: Dado um espaço vetorial $\mathbb{E}$ de dimensão $n \geq 2$, sejam $\mathbb{F}$ um subespaço vetorial de $\mathbb{E}$ de dimensão $n - 1$ e $P \in \hom(\mathbb{E})$ a projeção ortogonal sobre $\mathbb{F}$. Seja $g : \mathbb{E} \to \mathbb{R}$ definida por:

$$g(\vec{x}) = \langle \vec{x} - \vec{c}, \lambda P(\vec{x} - \vec{c}) \rangle + \langle \vec{w}, \vec{x} - \vec{c} \rangle$$

onde $\vec{c} \in \mathbb{E}$, $\vec{w} \in \mathbb{F}^{\perp}\backslash\{\vec{o}\}$ e λ é um número real positivo. Seja $\mathbb{X}$ o parabolóide de revolução $g^{-1}(\{0\})$. Então existem um hiperplano $\mathbb{Y} \subseteq \mathbb{E}$ e um vetor $\vec{q} \in \mathbb{E}\backslash\mathbb{Y}$ de modo que $\mathbb{X}$ é o conjunto dos pontos $\vec{x} \in \mathbb{E}$ tais que $d(\vec{x},\vec{q}) = d(\vec{x},\mathbb{Y})$.

Demonstração: Como o número λ é positivo, tem-se $\vec{w} = \lambda\vec{w}_0$, onde $\vec{w}_0 = (1/\lambda)\vec{w}$. Por esta razão, $\mathbb{X}$ é o conjunto $\varphi^{-1}(\{0\})$, onde $\varphi : \mathbb{E} \to \mathbb{R}$ é a função quadrática definida por:

$$\varphi(\vec{x}) = \frac{1}{\lambda}g(\vec{x}) = \langle \vec{x} - \vec{c}, P(\vec{x} - \vec{c}) \rangle + \langle \vec{w}_0, \vec{x} - \vec{c} \rangle$$

Sejam:

$$\vec{n} = \frac{\vec{w}}{\|\vec{w}\|} = \frac{\vec{w}_0}{\|\vec{w}_0\|}, \quad \alpha = -\frac{\|\vec{w}_0\|}{4} = -\frac{\|\vec{w}\|}{4\lambda}$$

Destas igualdades segue:

(5.62) $$\boxed{\mathbb{X} = \{\vec{x} : \langle \vec{x} - \vec{c}, P(\vec{x} - \vec{c}) \rangle = 4\alpha\langle \vec{n}, \vec{x} - \vec{c} \rangle\}}$$

Como P é a projeção ortogonal sobre $\mathbb{F}$, tem-se $\langle \vec{x} - \vec{c}, P(\vec{x} - \vec{c}) \rangle = \|P(\vec{x} - \vec{c})\|^2$. Portanto,

(5.63) $$\boxed{\mathbb{X} = \left\{\vec{x} : \|P(\vec{x} - \vec{c})\|^2 = 4\alpha\langle \vec{n}, \vec{x} - \vec{c} \rangle\right\}}$$

Sejam:

126 PARABOLÓIDES N-DIMENSIONAIS

$$\vec{q} = \vec{c} + \alpha\vec{n} = \vec{c} - \frac{1}{4\lambda}\vec{w}$$

$$\vec{p} = \vec{c} - \alpha\vec{n} = \vec{c} + \frac{1}{4\lambda}\vec{w}$$

$$\mathbb{Y} = \vec{p} + [S(\vec{n})]^{\perp}$$

e $Q \in \text{hom}(\mathbb{E})$ a projeção ortogonal sobre $\mathbb{F}^{\perp}$. Como $\vec{w} \in \mathbb{F}^{\perp}\setminus\{\vec{o}\}$, o vetor $\vec{n} = \vec{w}/\|\vec{w}\|$ também pertence a $\mathbb{F}^{\perp}\setminus\{\vec{o}\}$. Logo, $\mathbb{Y}$ é um hiperplano, representado pela equação:

(5.64)
$$\boxed{\langle \vec{x} - \vec{p}, \vec{n} \rangle = 0}$$

Segue de (5.64) que o vetor $\vec{q}$ não pertence ao hiperplano $\mathbb{Y}$, pois $\langle \vec{q} - \vec{p}, \vec{n} \rangle = 2\alpha\|\vec{n}\|^2 = 2\alpha < 0$. Sendo $\dim(\mathbb{F}^{\perp}) = 1$, segue-se $\mathbb{F}^{\perp} = S(\vec{n})$, donde $Q\vec{x} = \langle \vec{x}, \vec{n} \rangle \vec{n}$ para todo $\vec{x} \in \mathbb{E}$. Assim sendo, tem-se $\vec{x} = P\vec{x} + Q\vec{x} = P\vec{x} + \langle \vec{x}, \vec{n} \rangle \vec{n}$, seja qual for $\vec{x} \in \mathbb{E}$. Desta forma,

(5.65)
$$\boxed{\begin{aligned} \vec{x} - \vec{p} &= (\vec{x} - \vec{c}) + \alpha\vec{n} = \\ &= P(\vec{x} - \vec{c}) + (\langle \vec{n}, \vec{x} - \vec{c} \rangle + \alpha)\vec{n} \end{aligned}}$$

(5.66)
$$\boxed{\begin{aligned} \vec{x} - \vec{q} &= (\vec{x} - \vec{c}) - \alpha\vec{n} = \\ &= P(\vec{x} - \vec{c}) + (\langle \vec{n}, \vec{x} - \vec{c} \rangle - \alpha)\vec{n} \end{aligned}}$$

valendo estas igualdades para todo $\vec{x} \in \mathbb{E}$. Sendo $\|\vec{n}\| = 1$, as igualdades (5.65) fornecem:

(5.67)
$$\boxed{d(\vec{x}, \mathbb{Y}) = |\langle \vec{x} - \vec{p}, \vec{n} \rangle| = |\langle \vec{n}, \vec{x} - \vec{c} \rangle + \alpha|}$$

De (5.66) e da ortogonalidade dos vetores $\vec{n}$ e $P(\vec{x} - \vec{c})$ resulta:

(5.68)
$$\boxed{\begin{aligned} [d(\vec{x}, \vec{q})]^2 &= \|\vec{x} - \vec{q}\|^2 = \\ &= \|P(\vec{x} - \vec{c})\|^2 + (\langle \vec{n}, \vec{x} - \vec{c} \rangle - \alpha)^2 \end{aligned}}$$

Sendo os números $d(\vec{x}, \vec{q})$, $d(\vec{x}, \mathbb{Y})$ não-negativos, as

CAPÍTULO 5 – PARABOLÓIDES N-DIMENSIONAIS 127

igualdades (5.63), (5.67) e (5.68) conduzem a:

$$d(\vec{x}, \vec{q}) = d(\vec{x}, \mathbb{Y}) \Leftrightarrow$$

$$\Leftrightarrow [d(\vec{x}, \vec{q})]^2 = [d(\vec{x}, \mathbb{Y})]^2 \Leftrightarrow$$

$$\Leftrightarrow \| P(\vec{x} - \vec{c}) \|^2 + (\langle \vec{n}, \vec{x} - \vec{c} \rangle - \alpha)^2 =$$

$$= (\langle \vec{n}, \vec{x} - \vec{c} \rangle + \alpha)^2 \Leftrightarrow$$

$$\Leftrightarrow \| P(\vec{x} - \vec{c}) \|^2 = 4\alpha \langle \vec{n}, \vec{x} - \vec{c} \rangle \Leftrightarrow \vec{x} \in \mathbb{X}$$

o que encerra a demonstração.

Os Teoremas 5-3-7 e 5-3-8 mostram que um parabolóide de revolução de um espaço vetorial $\mathbb{E}$ de dimensão $n \geq 2$ pode ser definido como sendo o conjunto dos pontos $\vec{x} \in \mathbb{E}$ equidistantes de um hiperplano dado $\mathbb{Y} \subseteq \mathbb{E}$ e de um ponto $\vec{q} \in \mathbb{E}$ que não pertence a $\mathbb{Y}$. O ponto $\vec{q}$ chama-se o *foco* e $\mathbb{Y}$ diz-se o *hiperplano diretor* do parabolóide. Se $\dim \mathbb{E} = 2$, em particular se $\mathbb{E} = \mathbb{R}^2$, então as parábolas de $\mathbb{E}$ são (v. Observação 5-3-1-7) parabolóides de revolução e os hiperplanos de $\mathbb{R}^2$ são retas. De fato, um hiperplano em $\mathbb{R}^2$ é uma variedade linear de dimensão 1. Portanto, a definição de parábola em $\mathbb{R}^2$ é um caso particular dos Teoremas 5-3-7 e 5-3-8.

Capítulo 6

Posições relativas de parabolóides e variedades lineares

6-1 - Introdução:

Neste capítulo, serão obtidas importantes propriedades referentes às posições relativas dos parabolóides de um dado espaço vetorial $\mathbb{E}$ de dimensão maior ou igual a dois e das variedades lineares não-vazias do mesmo espaço vetorial.

É importante lembrar aqui as convenções do início do capítulo 4 (seção 4-1). *A menos de aviso em contrário, por espaço vetorial entender-se-á espaço euclidiano de dimensão finita maior ou igual a dois.* Os espaços $\mathbb{R}^n$ serão, a menos de aviso em contrário, dotados do *produto interno canônico*, definido pondo:

$$\langle \vec{x}, \vec{y} \rangle = x_1 y_1 + \cdots + x_n y_n$$

para todo $\vec{x} = (x_1, \ldots, x_n)$ e para todo $\vec{y} = (y_1, \ldots, y_n)$. Portanto, a base canônica $\{\vec{e}_1, \ldots, \vec{e}_n\}$ é ortonormal.

6-2 - Posições relativas de retas e parabolóides.

Dado um espaço vetorial $\mathbb{E}$ de dimensão $n \geq 2$, sejam $A : \mathbb{E} \to \mathbb{E}$ um operador auto-adjunto de posto $n - 1$, $g : \mathbb{E} \to \mathbb{R}$ a função quadrática definida por $g(\vec{x}) = \langle \vec{x}, A\vec{x} \rangle + \langle \vec{a}, \vec{x} \rangle$ onde $\vec{a}$ não pertence à imagem $\text{Im}(A)$ de A, e $\mathbb{X} \subseteq \mathbb{E}$ o parabolóide $g^{-1}(\{\alpha\})$, onde $\alpha \in \mathbb{R}$. Dada uma reta $\mathbb{D} \subseteq \mathbb{E}$, vale (v. Observação 5-2-1-10) uma, e somente uma, das seguintes afirmações:

(1) A interseção $\mathbb{D} \cap \mathbb{X}$ é vazia.

(2) A interseção $\mathbb{D} \cap \mathbb{X}$ possui um único elemento.

(3) A interseção $\mathbb{D} \cap \mathbb{X}$ possui dois elementos.

CAPÍTULO 6 – POSIÇÕES RELATIVAS... **129**

(4) Tem-se $\mathbb{D} \subseteq \mathbb{X}$.

Será demonstrado agora que se $\mathbb{D}$ é uma reta paralela ao núcleo ker(A) de A então $\mathbb{D} \cap \mathbb{X}$ possui um único elemento.

6-2-1 - Teorema: Dado um espaço vetorial $\mathbb{E}$ de dimensão n, sejam $A : \mathbb{E} \to \mathbb{E}$ um operador auto-adjunto de posto $n - 1$, $g : \mathbb{E} \to \mathbb{R}$ a função quadrática definida por $g(\vec{x}) = \langle \vec{x}, A\vec{x} \rangle + \langle \vec{a}, \vec{x} \rangle$ onde $\vec{a}$ não pertence à imagem Im(A) de A, e $\mathbb{X} \subseteq \mathbb{E}$ o parabolóide $g^{-1}(\{\alpha\})$, onde α é um número real. Seja $\mathbb{D} \subseteq \mathbb{E}$ uma reta paralela a ker(A). Então $\mathbb{D} \cap \mathbb{X}$ possui um único elemento.

Demonstração: Dado um vetor $\vec{p} \in \mathbb{E}$, seja $\mathbb{F}_{\vec{p}}$ o subespaço $[\mathcal{S}(2A\vec{p} + \vec{a})]^{\perp}$. O vetor $2A\vec{p} + \vec{a}$ é não-nulo, porque $\vec{a}$ não pertence a Im(A). Por isto,

(6.1)
$$\dim \mathbb{F}_{\vec{p}} = \\ = \dim[\mathcal{S}(2A\vec{p} + \vec{a})]^{\perp} = n - 1$$

Seja $\vec{x}_0 \in \mathbb{F}_{\vec{p}} \cap \ker(A)$. Como A é auto-adjunto, $2A\vec{p} \in \text{Im}(A)$ e $\vec{x}_0 \in \ker(A)$, tem-se $\langle 2A\vec{p}, \vec{x}_0 \rangle = 0$. Logo,

(6.2)
$$\langle 2A\vec{p} + \vec{a}, \vec{x}_0 \rangle = \langle \vec{a}, \vec{x}_0 \rangle$$

Como $\vec{x}_0$ também pertence a $\mathbb{F}_{\vec{p}}$, $\langle 2A\vec{p} + \vec{a}, \vec{x}_0 \rangle = 0$. Deste fato e da equação (6.2) segue $\langle \vec{a}, \vec{x}_0 \rangle = 0$. Desta forma, $\vec{a} \in [\mathcal{S}(\vec{x}_0)]^{\perp}$. Como $\dim[\ker(A)] = 1$, se o vetor $\vec{x}_0$ fosse não-nulo ter-se-ia $\ker(A) = \mathcal{S}(\vec{x}_0)$ (pois $\vec{x}_0 \in \ker(A)$) e portanto $\vec{a} \in [\ker(A)]^{\perp} = \text{Im}(A)$ (o operador linear A é auto-adjunto), uma contradição. Segue-se que $\vec{x}_0 = \vec{0}$. Por conseguinte,

(6.3)
$$\mathbb{F}_{\vec{p}} + \ker(A) = \mathbb{F}_{\vec{p}} \oplus \ker(A)$$

Sendo $\dim[\ker(A)] = 1$, de (6.1) e (6.3) obtém-se:

130 PARABOLÓIDES N-DIMENSIONAIS

(6.4)
$$\mathbb{E} = \mathbb{F}_{\vec{p}} \oplus \ker(A)$$

Seja agora $\mathbb{D} \subseteq \mathbb{E}$ uma reta paralela ao núcleo $\ker(A)$ de A. Como $\dim[\ker(A)] = 1$, tem-se $\mathbb{D} = \vec{p} + S(\vec{w})$, onde $\vec{w} \in \ker(A)$ é um vetor não-nulo. Pela Observação 5-2-1-10, os pontos de $\mathbb{D} \cap \mathbb{X}$ são os vetores $\vec{u} = \vec{p} + \theta\vec{w}$, onde o número real θ cumpre a condição:

(6.5)
$$\langle \vec{w}, A\vec{w} \rangle \theta^2 + \langle 2A\vec{p} + \vec{a}, \vec{w} \rangle \theta + g(\vec{p}) - \alpha = 0$$

Como $\vec{w} \in \ker(A)$ é não-nulo, se tem $\langle \vec{w}, A\vec{w} \rangle = 0$ enquanto que $\langle 2A\vec{p} + \vec{a}, \vec{w} \rangle$ é diferente de zero (caso contrário, $\vec{w}$ pertenceria à interseção $\mathbb{F}_{\vec{p}} \cap \ker(A)$, que é igual a $\{\vec{o}\}$). Segue daí e de (6.5) que $\mathbb{D} \cap \mathbb{X}$ possui um único elemento $\vec{u}_0 = \vec{p} + \theta_0 \vec{w}$, onde:

$$\theta_0 = \frac{\alpha - g(\vec{p})}{\langle 2A\vec{p} + \vec{a}, \vec{w} \rangle}$$

Com isto, o teorema está demonstrado.

Sejam $\mathbb{X}$ e $\mathbb{F}_{\vec{p}}$ como no Teorema 6-2-1. Quando $\vec{p} \in \mathbb{X}$, o subespaço vetorial $\mathbb{F}_{\vec{p}}$ chama-se *espaço vetorial tangente a* $\mathbb{X}$ *no ponto* $\vec{p}$, e é indicado com a notação $\mathbb{T}_{\vec{p}}(\mathbb{X})$. Quando não houver possibilidade de confusão, escreve-se, para simplificar, $\mathbb{T}_{\vec{p}}$ em lugar de $\mathbb{T}_{\vec{p}}(\mathbb{X})$. Pelo Teorema 6-2-1, $\dim \mathbb{T}_{\vec{p}} = (\dim \mathbb{E}) - 1$. Portanto, a variedade linear $\vec{p} + \mathbb{T}_{\vec{p}}(\mathbb{X})$ é um hiperplano para cada ponto $\vec{p} \in \mathbb{X}$. O hiperplano $\vec{p} + \mathbb{T}_{\vec{p}}(\mathbb{X})$ diz-se o *hiperplano tangente a* $\mathbb{X}$ *no ponto* $\vec{p}$. Quando $\dim \mathbb{E} = 2$ (em particular quando $\mathbb{E} = \mathbb{R}^2$) o parabolóide $\mathbb{X}$ é uma parábola, e se tem $\dim[\mathbb{T}_{\vec{p}}(\mathbb{X})] = 1$ para todo $\vec{p} \in \mathbb{X}$. O hiperplano tangente $\vec{p} + \mathbb{T}_{\vec{p}}(\mathbb{X})$ $(\vec{p} \in \mathbb{X})$ reduz-se então a uma reta, que se chama a *reta tangente a* $\mathbb{X}$ *no ponto* $\vec{p}$.

CAPÍTULO 6 – POSIÇÕES RELATIVAS... 131

O próximo teorema diz que parabolóides elípticos não podem conter retas.

6-2-2 - Teorema: Sejam $\mathbb{E}$, $A \in \text{hom}(\mathbb{E})$, $g : \mathbb{E} \to \mathbb{R}$ e $\mathbb{X} \subseteq \mathbb{E}$ como no Teorema 6-2-1. Seja $\mathbb{D} \subseteq \mathbb{E}$ uma reta. Se o parabolóide $\mathbb{X}$ é elíptico, então a interseção $\mathbb{D} \cap \mathbb{X}$ é vazia ou é um conjunto finito não-vazio que possui no máximo dois elementos.

Demonstração: Tem-se $\mathbb{D} = \vec{p} + S(\vec{w})$, onde $\vec{w} \in \mathbb{E}$ é um vetor não-nulo. Como a forma quadrática $\vec{x} \mapsto \langle \vec{x}, A\vec{x} \rangle$ é não-negativa, tem-se (Lima, 2001, p. 169) $\langle \vec{w}, A\vec{w} \rangle = 0$ se, e somente se, $\vec{w} \in \ker(A)$. Como $\vec{w}$ é não-nulo, o Teorema 6-2-1 diz que (pelo menos) um dos números reais $\langle \vec{w}, A\vec{w} \rangle$, $\langle 2A\vec{p} + \vec{a}, \vec{w} \rangle$ é diferente de zero. Logo, o resultado segue.

Seja $\mathbb{E}$ um espaço vetorial. Dados $\vec{a} \in \mathbb{E}$ e $r > 0$, o conjunto:

$$\mathbb{B}(\vec{a}; r) = \{\vec{x} \in \mathbb{E} : \|\vec{x} - \vec{a}\| < r\}$$

chama-se a *bola aberta de centro $\vec{a}$ e raio r*. Diz-se que um ponto $\vec{a} \in \mathbb{E}$ é *ponto interior* de um conjunto $\mathbb{X} \subseteq \mathbb{E}$ quando existe $\varepsilon = \varepsilon(\vec{a}) > 0$ tal que $\mathbb{B}(\vec{a}; \varepsilon) \subseteq \mathbb{X}$.

O *interior* de um conjunto $\mathbb{X} \subseteq \mathbb{E}$, indicado com a notação:

$$\text{Int}(\mathbb{X})$$

é o conjunto dos pontos interiores de $\mathbb{X}$.

Do Teorema 6-2-1 resulta uma importante propriedade: Parabolóides são conjuntos de interior vazio. É isto que mostra o próximo teorema.

6-2-3 - Teorema: Dado um espaço vetorial $\mathbb{E}$ de dimensão n, sejam $A : \mathbb{E} \to \mathbb{E}$ um operador auto-adjunto de posto n

132 PARABOLÓIDES N-DIMENSIONAIS

– 1, $g : \mathbb{E} \to \mathbb{R}$ a função quadrática definida por $g(\vec{x}) = \langle \vec{x}, A\vec{x} \rangle + \langle \vec{a}, \vec{x} \rangle$ onde $\vec{a}$ não pertence à imagem $\mathrm{Im}(A)$ de A, e $\mathbb{X} \subseteq \mathbb{E}$ o parabolóide $g^{-1}(\{a\})$, onde a é um número real. Então o interior $\mathrm{Int}(\mathbb{X})$ de $\mathbb{X}$ é vazio.

Demonstração: Sejam $\vec{w} \in \mathbb{E}$ um vetor não-nulo (o qual existe, pois $\dim[\ker(A)] = 1$) tal que $\ker(A) = \mathcal{S}(\vec{w})$. Dados $\vec{p} \in \mathbb{X}$ e $\varepsilon > 0$ arbitrários, seja $\mathbb{D} = \vec{p} + \mathcal{S}(\vec{w})$. Como $\mathbb{D}$ é paralela a $\ker(A)$, o Teorema 6-2-1 mostra que a interseção $\mathbb{D} \cap \mathbb{X}$ possui um único elemento. Como $\vec{p} \in \mathbb{X}$ e $\vec{p} \in \mathbb{D}$, tem-se $\mathbb{D} \cap \mathbb{X} = \{\vec{p}\}$. O ponto $\vec{q} = \vec{p} + (\varepsilon/2\|\vec{w}\|)\vec{w}$ pertence a $\mathbb{D}$ e é diferente de $\vec{p}$, porque $\varepsilon > 0$ e o vetor $\vec{w}$ é não-nulo. Logo, $\vec{q}$ não pertence a $\mathbb{X}$. Como $\|\vec{q} - \vec{p}\| = \varepsilon/2 < \varepsilon$, o ponto $\vec{q}$ pertence à bola aberta $\mathbb{B}(\vec{p}; \varepsilon)$. Segue-se que $\mathbb{B}(\vec{p}; \varepsilon) \cap (\mathbb{E} \backslash \mathbb{X}) \neq \emptyset$ quaisquer que sejam $\vec{p} \in \mathbb{X}$ e $\varepsilon > 0$, o que prova o teorema.

Dado um espaço vetorial $\mathbb{E}$ de dimensão n, sejam $g : \mathbb{E} \to \mathbb{R}$ a função quadrática definida por:

$$g(\vec{x}) = \langle \vec{x} - \vec{c}, \lambda P(\vec{x} - \vec{c}) \rangle + \langle \vec{w}, \vec{x} - \vec{c} \rangle$$

onde λ é um número real positivo, $P \in \mathrm{hom}(\mathbb{E})$ é a projeção ortogonal sobre um subespaço vetorial $\mathbb{F} \subseteq \mathbb{E}$ de dimensão $n - 1$ e $\vec{w} \in \mathbb{F}^{\perp}$ (e portanto $\vec{w} \in \ker(P)$) é um vetor não-nulo. Seja $\mathbb{X} \subseteq \mathbb{E}$ o parabolóide de revolução $g^{-1}(\{0\})$. Pelo Teorema 5-3-8, o foco $\vec{q}$ do parabolóide $\mathbb{X}$ é:

$$\vec{q} = \vec{c} - \frac{1}{4\lambda} \vec{w}$$

Como o operador λP é auto-adjunto, o valor $g(\vec{x})$ de g em $\vec{x} \in \mathbb{E}$ se exprime como:

$$g(\vec{x}) = \langle \vec{x}, \lambda P\vec{x} \rangle + \langle \vec{w} - 2\lambda P\vec{c}, \vec{x} \rangle + \langle \vec{c}, \lambda P\vec{c} - \vec{w} \rangle$$

Fazendo $A = \lambda P$ e $\vec{a} = \vec{w} - 2\lambda P\vec{c}$, tem-se:

$$2A\vec{p} + \vec{a} =$$

CAPÍTULO 6 – POSIÇÕES RELATIVAS... **133**

$$= 2\lambda P\vec{p} + \vec{w} - 2\lambda P\vec{c} = 2\lambda P(\vec{p} - \vec{c}) + \vec{w}$$

Como $P(\vec{p} - \vec{c}) \in \mathbb{F}$ (e portanto a $\mathrm{Im}(P)$), $\vec{w} \in \mathbb{F}^{\perp}$ e $\vec{w}$ é não-nulo, o vetor $2\lambda P(\vec{p} - \vec{c}) + \vec{w}$ é não-nulo para cada $\vec{p} \in \mathbb{X}$. Portanto, o subespaço vetorial $\mathbb{T}_{\vec{p}} = [S(2\lambda P(\vec{p} - \vec{c}) + \vec{w})]^{\perp}$ é, para cada $\vec{p} \in \mathbb{X}$, o espaço tangente a $\mathbb{X}$ no ponto $\vec{p}$, e o hiperplano $\vec{p} + \mathbb{T}_{\vec{p}}$ é o hiperplano tangente a $\mathbb{X}$ no ponto $\vec{p}$. O vetor $2\lambda P(\vec{p} - \vec{c}) + \vec{w}$ diz-se *normal* a $\mathbb{X}$ no ponto $\vec{p}$, e a reta:

$$\mathbb{D}_{\vec{p}} = \vec{p} + S(2\lambda P(\vec{p} - \vec{c}) + \vec{w})$$

chama-se a *reta normal* a $\mathbb{X}$ no ponto $\vec{p}$.

O resultado que será obtido a seguir contém, como caso particular, a conhecida propriedade refletora das parábolas do espaço $\mathbb{R}^2$.

6-2-4 - Teorema: *Propriedade refletora dos parabolóides de revolução*. Dado um espaço vetorial $\mathbb{E}$ de dimensão n, sejam $g : \mathbb{E} \to \mathbb{R}$ a função quadrática definida por:

$$g(\vec{x}) = \langle \vec{x} - \vec{c}, \lambda P(\vec{x} - \vec{c}) \rangle + \langle \vec{w}, \vec{x} - \vec{c} \rangle$$

onde λ é um número real positivo, $P \in \mathrm{hom}(\mathbb{E})$ é a projeção ortogonal sobre um subespaço vetorial $\mathbb{F} \subseteq \mathbb{E}$ de dimensão $n - 1$ e $\vec{w} \in \mathbb{F}^{\perp}$ é um vetor não-nulo. Seja $\mathbb{X} \subseteq \mathbb{E}$ o parabolóide de revolução $g^{-1}(\{0\})$. Dado um ponto $\vec{p} \in \mathbb{X}$, sejam $\mathbb{D}$ a reta $\vec{p} + S(\vec{w})$ e $R : \mathbb{E} \to \mathbb{E}$ a reflexão relativamente à reta normal a $\mathbb{X}$ no ponto $\vec{p}$. Então o foco $\vec{q}$ do parabolóide $\mathbb{X}$ pertence à imagem $R(\mathbb{D})$ de $\mathbb{D}$ por R.

Demonstração:

(i) Como $\lambda > 0$, tem-se $\vec{w} = \lambda \vec{w}_0$, onde $\vec{w}_0 = (1/\lambda)\vec{w}$. Por isto, as equações $g(\vec{x}) = 0$ e $\langle \vec{x} - \vec{c}, P(\vec{x} - \vec{c}) \rangle + \langle \vec{w}_0, \vec{x} - \vec{c} \rangle = 0$ são equivalentes. Sendo $\vec{w} \in \mathbb{F}^{\perp}$ um vetor não-nulo, o vetor $\vec{w}_0 = (1/\lambda)\vec{w}$ é não-nulo e pertence a $\mathbb{F}^{\perp}$. Assim,

134 PARABOLÓIDES N-DIMENSIONAIS

pode-se admitir, sem perda de generalidade, $\lambda = 1$. Com isto, o parabolóide $\mathbb{X}$ é o conjunto das soluções da equação:

(6.6)
$$\langle \vec{x} - \vec{c}, P(\vec{x} - \vec{c}) \rangle + \langle \vec{w}, \vec{x} - \vec{c} \rangle = 0$$

o foco $\vec{q}$ de $\mathbb{X}$ é:

$$\vec{q} = \vec{c} - \frac{\vec{w}}{4}$$

e o vetor normal a $\mathbb{X}$ em cada ponto $\vec{p} \in \mathbb{X}$ é $2P(\vec{p} - \vec{c}) + \vec{w}$.

(ii) Seja $\vec{p} \in \mathbb{X}$ arbitrário. Como P é a projeção ortogonal sobre o subespaço $\mathbb{F}$, segue-se:

(6.7)
$$\langle \vec{p} - \vec{c}, P(\vec{p} - \vec{c}) \rangle = \| P(\vec{p} - \vec{c}) \|^2$$

Sendo $\vec{p} \in \mathbb{X}$ e $\mathbb{X}$ o conjunto das soluções de (6.6), se tem:

(6.8)
$$\langle \vec{p} - \vec{c}, P(\vec{p} - \vec{c}) \rangle = -\langle \vec{w}, \vec{x} - \vec{c} \rangle$$

Seja

$$\vec{u} = 2P(\vec{p} - \vec{c}) + \vec{w}$$

o vetor normal a $\mathbb{X}$ no ponto $\vec{p}$. Como $2P(\vec{p} - \vec{c}) \in \mathbb{F}$ e $\vec{w} \in \mathbb{F}^{\perp}$, valem as igualdades:

$$\| \vec{u} \|^2 =$$
$$= \| 2P(\vec{p} - \vec{c}) \|^2 + \| \vec{w} \|^2 =$$
$$= \| \vec{w} \|^2 + 4 \| P(\vec{p} - \vec{c}) \|^2$$

Desta forma, as equações (6.7) e (6.8) levam a:

(6.9)
$$\| \vec{u} \|^2 = \| \vec{w} \|^2 - 4 \langle \vec{w}, \vec{p} - \vec{c} \rangle$$

Os vetores $\vec{w}$ e $2P(\vec{p} - \vec{c})$ sento ortogonais, $\langle \vec{w}, 2P(\vec{p} - \vec{c}) \rangle = 0$. Desta maneira, tem-se:

CAPÍTULO 6 – POSIÇÕES RELATIVAS... 135

(6.10)
$$\langle \vec{w}, \vec{u} \rangle = \langle \vec{w}, 2P(\vec{p} - \vec{c}) \rangle + \\ + \langle \vec{w}, \vec{w} \rangle = \| \vec{w} \|^2$$

Tem-se também:

$$\langle \vec{c} - \vec{p}, \vec{u} \rangle = \langle \vec{c} - \vec{p}, 2P(\vec{p} - \vec{c}) + \vec{w} \rangle =$$

$$= 2\langle \vec{c} - \vec{p}, P(\vec{p} - \vec{c}) \rangle + \langle \vec{c} - \vec{p}, \vec{w} \rangle =$$

$$= -2\langle \vec{p} - \vec{c}, P(\vec{p} - \vec{c}) \rangle - \langle \vec{w}, \vec{p} - \vec{c} \rangle$$

Destas igualdades e da equação (6.8) obtém-se:

(6.11)
$$\langle \vec{c} - \vec{p}, \vec{u} \rangle = \langle \vec{w}, \vec{p} - \vec{c} \rangle$$

As equações (6.9), (6.10) e (6.11) fornecem:

(6.12)
$$\langle \vec{q} - \vec{p}, \vec{u} \rangle =$$
$$= \left\langle \vec{c} - \vec{p} - \frac{\vec{w}}{4}, \vec{u} \right\rangle =$$
$$= \langle \vec{c} - \vec{p}, \vec{u} \rangle - \frac{1}{4}\langle \vec{w}, \vec{u} \rangle =$$
$$= \langle \vec{w}, \vec{p} - \vec{c} \rangle - \frac{1}{4}\| \vec{w} \|^2 =$$
$$= -\frac{1}{4}(\| \vec{w} \|^2 - 4\langle \vec{w}, \vec{p} - \vec{c} \rangle) = -\frac{\| \vec{u} \|^2}{4}$$

(iii) A reta normal a $\mathbb{X}$ no ponto $\vec{p}$ sendo $\vec{p} + S(\vec{u})$, a projeção ortogonal $F : \mathbb{E} \to \mathbb{E}$ sobre esta reta é definida por:

$$F(\vec{x}) = \vec{p} + \frac{\langle \vec{x} - \vec{p}, \vec{u} \rangle}{\| \vec{u} \|^2}\vec{u}$$

Portanto, vale:

$$R(\vec{x}) = 2F(\vec{x}) - \vec{x} = 2\vec{p} + \frac{2\langle \vec{x} - \vec{p}, \vec{u} \rangle}{\| \vec{u} \|^2}\vec{u} - \vec{x}$$

para todo $\vec{x} \in \mathbb{E}$. Consequentemente,

136 PARABOLÓIDES N-DIMENSIONAIS

$$R(\vec{q}) = 2\vec{p} + \frac{2\langle \vec{q} - \vec{p}, \vec{u} \rangle}{\|\vec{u}\|^2}\vec{u} - \vec{q}$$

Desta igualdade e de (6.12) tira-se:

(6.13)
$$\boxed{R(\vec{q}) = 2\vec{p} - \frac{\vec{u}}{2} - \vec{q}}$$

Seja agora $Q : \mathbb{E} \to \mathbb{E}$ a projeção ortogonal sobre $\mathbb{F}^\perp$. Como $\dim \mathbb{F} = n - 1$, tem-se $\dim \mathbb{F}^\perp = 1$. O vetor $\vec{w}$ pertence a $\mathbb{F}^\perp$ e é não-nulo, logo $\mathbb{F}^\perp = S(\vec{w})$. Assim, $Q(\vec{x}) = (\langle \vec{x}, \vec{w} \rangle / \|\vec{w}\|^2)\vec{w}$ para todo $\vec{x} \in \mathbb{E}$. Por esta razão, $Q(\vec{p} - \vec{c}) = (\langle \vec{p} - \vec{c}, \vec{w} \rangle / \|\vec{w}\|^2)\vec{w}$. Como $\vec{p} - \vec{c} = P(\vec{p} - \vec{c}) + Q(\vec{p} - \vec{c})$, segue-se $\vec{p} - \vec{c} = P(\vec{p} - \vec{c}) + (\langle \vec{p} - \vec{c}, \vec{w} \rangle / \|\vec{w}\|^2)\vec{w}$, e portanto:

(6.14)
$$\boxed{P(\vec{p} - \vec{c}) = \vec{p} - \vec{c} - \frac{\langle \vec{p} - \vec{c}, \vec{w} \rangle}{\|\vec{w}\|^2}\vec{w}}$$

Como $\vec{u} = 2P(\vec{p} - \vec{c}) + \vec{w}$, de (6.14) obtém-se:

(6.15)
$$\boxed{\vec{u} = 2(\vec{p} - \vec{c}) + \beta\vec{w}}$$

onde:

$$\beta = 1 - \frac{2\langle \vec{p} - \vec{c}, \vec{w} \rangle}{\|\vec{w}\|^2}$$

Assim, as equações (6.13) e (6.15) fornecem:

$$R(\vec{q}) = 2\vec{p} - (\vec{p} - \vec{c}) - \frac{\beta}{2}\vec{w} - \vec{q} =$$

$$= \vec{p} + \vec{c} - \frac{\beta}{2}\vec{w} - \left(\vec{c} - \frac{\vec{w}}{4}\right) =$$

$$= \vec{p} + \left(\frac{1}{4} - \frac{\beta}{2}\right)\vec{w} =$$

$$= \vec{p} + \left(\frac{\langle \vec{p} - \vec{c}, \vec{w} \rangle}{\|\vec{w}\|^2} - \frac{1}{4}\right)\vec{w}$$

Consequentemente, $R(\vec{q})$ pertence à reta $\mathbb{D} = \vec{p} + S(\vec{w})$.

CAPÍTULO 6 – POSIÇÕES RELATIVAS... **137**

Como $R(R(\vec{q})) = \vec{q}$, segue-se $\vec{q} \in R(\mathbb{D})$, o que encerra a demonstração.

6-2-5 - Observações:

6-2-5-1: Dado um espaço vetorial $\mathbb{E}$, sejam $g : \mathbb{E} \to \mathbb{R}$, $\mathbb{X}$, $\mathbb{D} = \vec{p} + S(\vec{w})$, $\vec{u}$ e $R : \mathbb{E} \to \mathbb{E}$ como no Teorema 6-2-4. Os vetores $\vec{x} \in \mathbb{D}$ se exprimem (de modo único) como $\vec{x} = \vec{p} + \theta\vec{w}$, onde $\theta \in \mathbb{R}$. Portanto, se tem:

$$R(\vec{x}) = 2\vec{p} + \frac{2\langle \vec{x} - \vec{p}, \vec{u} \rangle}{\|\vec{u}\|^2}\vec{u} - \vec{x} =$$

$$= \vec{p} + \frac{2\theta\langle \vec{w}, \vec{u} \rangle}{\|\vec{u}\|^2}\vec{u} - \theta\vec{w} =$$

$$= \vec{p} + \theta\left(\frac{2\|\vec{w}\|^2}{\|\vec{u}\|^2}\vec{u} - \vec{w} \right)$$

para todo $\vec{x} \in \mathbb{D}$. Segue-se que a imagem $R(\mathbb{D})$, da reta $\mathbb{D}$ pela reflexão R, é a variedade linear $\vec{p} + S(\vec{v})$, onde:

$$\vec{v} = \frac{2\|\vec{w}\|^2}{\|\vec{u}\|^2}\vec{u} - \vec{w}$$

Pelo Teorema 6-2-4, o foco $\vec{q} = \vec{c} - (1/4)\vec{w}$ do parabolóide $\mathbb{X}$ pertence a $R(\mathbb{D})$. Como $\vec{p} \in \mathbb{X}$ e $\vec{q}$ não pertence a $\mathbb{X}$ (com efeito, $g(\vec{q}) = -(1/4)\|\vec{w}\|^2 < 0$), o vetor $\vec{v}$ é *não-nulo*, pois do contrário ter-se-ia $R(\mathbb{D}) = \{\vec{p}\}$. Logo, $R(\mathbb{D})$ é *uma reta*. Como $\vec{p}, \vec{q} \in R(\mathbb{D})$ e $\vec{p}$ é diferente de $\vec{q}$, segue do item 3-3-1 do Capítulo 3 que $R(\mathbb{D})$ é *a única reta* de $\mathbb{E}$ que contém os pontos $\vec{p}$ e $\vec{q}$.

6-2-5-2: Seja $\mathbb{D} \subseteq \mathbb{E}$ uma reta paralela ao subespaço $S(\vec{w})$. O núcleo ker(P) da projeção P é o complemento ortogonal $\mathbb{F}^{\perp}$ de $\mathbb{F}$, portanto ker$(P) = S(\vec{w})$. Assim sendo, o Teorema 6-2-1 mostra que existe um único ponto $\vec{p} \in \mathbb{X}$

138   PARABOLÓIDES N-DIMENSIONAIS

que também pertence a $\mathbb{D}$. Tem-se então (v. item 3-3-1 do Capítulo 3) $\mathbb{D} = \vec{p} + S(\vec{w})$, onde $\vec{p} \in \mathbb{X}$. Resulta deste fato e do Teorema 6-2-4 que o foco $\vec{q}$ de $\mathbb{X}$ pertence a $R(\mathbb{D})$, onde $R : \mathbb{E} \to \mathbb{E}$ é a reflexão relativamente à reta normal a $\mathbb{X}$ no ponto $\vec{p}$.

6-2-5-3: Pelo Teorema 5-3-3, o ponto $\vec{c}$ é o vértice e a reta $\vec{c} + S(\vec{w})$ é o eixo do parabolóide $\mathbb{X}$. Assim sendo, decorre das Observações 6-2-5-1 e 6-2-5-2 que a imagem $R(\mathbb{D})$, de toda reta $\mathbb{D}$ paralela ao eixo de $\mathbb{X}$ pela reflexão relativamente à reta normal a $\mathbb{X}$ no ponto da interseção $\mathbb{D} \cap \mathbb{X}$, é uma reta que contém o foco $\vec{q}$ de $\mathbb{X}$.

6-2-5-4: Segue do Teorema 6-2-4 que se $\vec{p} = \vec{c}$, em cujo caso a reta $\mathbb{D} = \vec{p} + S(\vec{w})$ e a reta normal a $\mathbb{X}$ em $\vec{p}$ são iguais ao eixo $\vec{c} + S(\vec{w})$ de $\mathbb{X}$, então $R(\vec{q}) = \vec{q}$. Pela Observação 6-2-5-1, $R(\mathbb{D}) = \mathbb{D} = \vec{c} + S(\vec{w})$.

Seja $\mathbb{X}$ um parabolóide de revolução de um espaço vetorial (euclidiano, de dimensão finita n maior ou igual a dois) $\mathbb{E}$. O Teorema 6-2-4 mostra que, se $\mathbb{D} \subseteq \mathbb{E}$ é uma reta paralela ao eixo de $\mathbb{X}$ então sua imagem $R(\mathbb{D})$, pela reflexão $R : \mathbb{E} \to \mathbb{E}$ relativamente à reta normal a $\mathbb{X}$ no ponto da interseção $\mathbb{D} \cap \mathbb{X}$, é uma reta que contém o foco $\vec{q}$ de $\mathbb{X}$. Em primeiro lugar será mostrado que toda reta $\mathbb{D} \subseteq \mathbb{E}$ que contém o foco de $\mathbb{X}$ intersecta $\mathbb{X}$ em um ou dois pontos, e que a reflexão $R : \mathbb{E} \to \mathbb{E}$ relativamente à reta normal a $\mathbb{X}$ em um ponto $\vec{p} \in \mathbb{D} \cap \mathbb{X}$ transforma $\mathbb{D}$ em uma reta paralela ao eixo de $\mathbb{X}$. Em seguida, será mostrado que a reta $\mathbb{D}$, sua imagem por R e a reta normal a $\mathbb{X}$ no ponto $\vec{p}$ estão contidas no mesmo plano.

6-2-6 - Teorema: Dado um espaço vetorial $\mathbb{E}$ de dimensão n, sejam $\mathbb{F} \subseteq \mathbb{E}$ um subespaço vetorial de dimensão $n - 1$, P

CAPÍTULO 6 – POSIÇÕES RELATIVAS... **139**

$\in$ hom($\mathbb{E}$) a projeção ortogonal sobre $\mathbb{F}$, $\vec{w} \in \mathbb{F}^{\perp}$ um vetor não-nulo e $g : \mathbb{E} \to \mathbb{R}$ a função quadrática definida por:

$$g(\vec{x}) = \langle \vec{x} - \vec{c}, \lambda P(\vec{x} - \vec{c}) \rangle + \langle \vec{w}, \vec{x} - \vec{c} \rangle$$

onde $\lambda \in \mathbb{R}$ é um número positivo. Sejam $\mathbb{X}$ o parabolóide de revolução $g^{-1}(\{0\})$ e $\mathbb{D} \subseteq \mathbb{E}$ uma reta que contém o foco $\vec{q}$ de $\mathbb{X}$. Valem as seguintes afirmações:

(a) Tem-se card($\mathbb{D} \cap \mathbb{X}$) = 1 ou card($\mathbb{D} \cap \mathbb{X}$) = 2. Noutras palavras, $\mathbb{D}$ intersecta $\mathbb{X}$ em um ou em dois pontos.

(b) Para todo ponto $\vec{p} \in \mathbb{D} \cap \mathbb{X}$, a imagem de $\mathbb{D}$ pela reflexão relativamente à reta normal a $\mathbb{X}$ em $\vec{p}$ é a reta $\vec{p} + S(\vec{w})$.

Demonstração:

(a) Pelo Teorema 6-2-4 pode-se admitir, sem perda de generalidade, $\lambda = 1$. Portanto, $\mathbb{X}$ é o conjunto das soluções da equação:

(6.16)
$$\boxed{\langle \vec{x} - \vec{c}, P(\vec{x} - \vec{c}) \rangle + \langle \vec{w}, \vec{x} - \vec{c} \rangle = 0}$$

e o foco $\vec{q}$ do parabolóide $\mathbb{X}$ é:

$$\vec{q} = \vec{c} - \frac{\vec{w}}{4}$$

Como $\vec{w} \in \mathbb{F}^{\perp}$ (portanto $\vec{w} \in \ker(P)$) se tem $P(\vec{w}) = \vec{o}$, donde $P(\vec{x} - \vec{q}) = P(\vec{x} - \vec{c})$. Uma vez que $\vec{w} \in \mathbb{F}^{\perp}$ e $P(\vec{x} - \vec{c}) \in \mathbb{F}$, tem-se também $\langle \vec{w}, P(\vec{x} - \vec{c}) \rangle = 0$. Logo,

$$\langle \vec{x} - \vec{q}, P(\vec{x} - \vec{q}) \rangle =$$

$$= \left\langle \vec{x} - \vec{c} + \frac{\vec{w}}{4}, P(\vec{x} - \vec{c}) \right\rangle =$$

$$= \langle \vec{x} - \vec{c}, P(\vec{x} - \vec{c}) \rangle$$

Da igualdade $\langle \vec{w}, \vec{x} - \vec{q} \rangle = \langle \vec{w}, \vec{x} - \vec{c} \rangle + \|\vec{w}\|^2/4$ obtém-se $\langle \vec{w}, \vec{x} - \vec{c} \rangle = \langle \vec{w}, \vec{x} - \vec{q} \rangle - \|\vec{w}\|^2/4$. Desta maneira, a equação (6.16) fica:

140   PARABOLÓIDES N-DIMENSIONAIS

(6.17)
$$\langle \vec{x} - \vec{q}, P(\vec{x} - \vec{q}) \rangle + \langle \vec{w}, \vec{x} - \vec{q} \rangle - \frac{\|\vec{w}\|^2}{4} = 0$$

Seja $\mathbb{D}$ a reta $\vec{q} + \mathcal{S}(\vec{v})$. Como $\langle \vec{v}, P\vec{v} \rangle = \|P\vec{v}\|^2$, resulta de (6.17) que $\vec{x} \in \mathbb{D} \cap \mathbb{X}$ se, e somente se, $\vec{x} = \vec{p} + \theta\vec{v}$, onde o número θ satisfaz:

(6.18)
$$\|P\vec{v}\|^2 \theta^2 + \langle \vec{v}, \vec{w} \rangle \theta - \frac{\|\vec{w}\|^2}{4} = 0$$

Sendo $\langle \vec{v}, \vec{w} \rangle^2 - 4\|P\vec{v}\|^2(-\|\vec{w}\|^2/4) = \|P\vec{v}\|^2\|\vec{w}\|^2 + \langle \vec{v}, \vec{w} \rangle^2 \geq 0$, a equação (6.18) possui uma ou duas soluções.

(b) Dado $\vec{p} \in \mathbb{D} \cap \mathbb{X}$, seja $R : \mathbb{E} \to \mathbb{E}$ a reflexão relativamente à reta normal a $\mathbb{X}$ em $\vec{p}$. Pela Observação 6-2-5-1, a imagem $R(\vec{p} + \mathcal{S}(\vec{w}))$ da reta $\vec{p} + \mathcal{S}(\vec{w})$ por R é a reta que passa pelos pontos $\vec{p}$ e $\vec{q}$, os quais são distintos. Como $\vec{p} \in \mathbb{D}$ e $\vec{q} \in \mathbb{D}$, segue-se $\mathbb{D} = R(\vec{p} + \mathcal{S}(\vec{w}))$. Como $R \circ R$ é o operador identidade $I \in \text{hom}(\mathbb{E})$, se tem:

$$R(\mathbb{D}) = R[R(\vec{p} + \mathcal{S}(\vec{w}))] =$$

$$= (R \circ R)(\vec{p} + \mathcal{S}(\vec{w})) = \vec{p} + \mathcal{S}(\vec{w})$$

e o teorema está demonstrado.

6-2-7 - Teorema: Dado um espaço vetorial $\mathbb{E}$ de dimensão n, sejam $\mathbb{F}$, $P \in \text{hom}(\mathbb{E})$, $\vec{w}$, $g : \mathbb{E} \to \mathbb{R}$ e $\mathbb{X}$ como no Teorema 6-2-6. Dado $\vec{p} \in \mathbb{X}$, sejam $R : \mathbb{E} \to \mathbb{E}$ a reflexão relativamente à reta normal $\mathbb{D}^*$ a $\mathbb{X}$ no ponto $\vec{p}$ e $\mathbb{D}$ a reta $\vec{p} + \mathcal{S}(\vec{w})$. Então existe um plano $\mathbb{Y} \subseteq \mathbb{E}$ que contém as retas $\mathbb{D}$, $R(\mathbb{D})$ e a reta normal $\mathbb{D}^*$.

Demonstração:

(i) Tomando $\lambda = 1$ (o que pode ser feito sem perda de generalidade), seja $\vec{p} \in \mathbb{X}$ arbitrário. Se $P(\vec{p} - \vec{c}) = \vec{0}$ então $\vec{p} - \vec{c}$ pertence a $\text{ker}(P)$, portanto pertence a $\mathbb{F}^\perp$. Segue deste fato que $\vec{p} - \vec{c} = \beta\vec{w}$, onde $\beta \in \mathbb{R}$ (com efeito, $\mathbb{F}^\perp = \mathcal{S}(\vec{w})$

$$\text{CAPÍTULO 6 – POSIÇÕES RELATIVAS...} \quad 141$$

porque $\dim \mathbb{F}^{\perp} = 1$, $\vec{w} \in \mathbb{F}^{\perp}$ e $\vec{w}$ é não-nulo). Como $\vec{p}$ é solução de (6.16), tem-se $\langle \vec{w}, \vec{p} - \vec{c} \rangle = \beta \|\vec{w}\|^2 = 0$, e portanto $\beta = 0$. Logo, $\vec{p} = \vec{c}$. Segue-se que $P(\vec{p} - \vec{c})$ é diferente de $\vec{o}$ para todo ponto $\vec{p} \in \mathbb{X}$ diferente de $\vec{c}$.

(ii) Seja $\vec{p} \in \mathbb{X}$ diferente de $\vec{c}$. Pelo item (i) acima, $P(\vec{p} - \vec{c})$ é um vetor não-nulo. Como $\vec{w}$ é também não-nulo e é ortogonal a $P(\vec{p} - \vec{c})$, os vetores $\vec{w}$ e $P(\vec{p} - \vec{c})$ são LI. Logo, $S(\vec{w}, P(\vec{p} - \vec{c}))$ é um subespaço vetorial de $\mathbb{E}$ de dimensão 2. Por esta razão, a variedade linear $\mathbb{Y} = \vec{p} + S(\vec{w}, P(\vec{p} - \vec{c}))$ é um plano. Tem-se $S(\vec{w}) \subseteq S(\vec{w}, P(\vec{p} - \vec{c}))$, portanto $\mathbb{D} = \vec{p} + S(\vec{w}) \subseteq \mathbb{Y}$. O vetor normal $\vec{u}$ a $\mathbb{X}$ no ponto $\vec{p}$ é $\vec{u} = 2P(\vec{p} - \vec{c}) + \vec{w}$, logo $\vec{u} \in S(\vec{w}, P(\vec{p} - \vec{c}))$. Segue deste fato que $\mathbb{D}^* = \vec{p} + S(\vec{u}) \subseteq \mathbb{Y}$. Como $R(\mathbb{D})$ é a reta que contém o ponto $\vec{p}$ e o foco $\vec{q} = \vec{c} - (1/4)\vec{w}$ (v. Observação 6-2-5-1) tem-se $R(\mathbb{D}) = \vec{p} + S(\vec{p} - \vec{q})$. Uma vez que valem:

$$\vec{p} - \vec{q} = \vec{p} - \vec{c} + \frac{\vec{w}}{4} =$$

$$= P(\vec{p} - \vec{c}) + \left(\frac{\langle \vec{p} - \vec{c}, \vec{w} \rangle}{\|\vec{w}\|^2} + \frac{1}{4} \right) \vec{w}$$

o vetor $\vec{p} - \vec{q}$ também pertence ao subespaço $S(\vec{w}, P(\vec{p} - \vec{c}))$. Assim sendo, $R(\mathbb{D}) \subseteq \mathbb{Y}$.

(iii) Se $\vec{p} = \vec{c}$ então (v. Observação 6-2-5-4) $\mathbb{D} = \mathbb{D}^* = R(\mathbb{D}) = \vec{c} + S(\vec{w})$. Sendo $\dim \mathbb{E} \geq 2$, existe um vetor $\vec{v} \in \mathbb{E}$ tal que $\vec{v}$ e $\vec{w}$ são LI. Desta forma, tem-se $\vec{c} + S(\vec{w}) \subseteq \vec{c} + S(\vec{v}, \vec{w})$. Como $\vec{v}$ e $\vec{w}$ são LI, a variedade linear $\mathbb{Y} = \vec{c} + S(\vec{v}, \vec{w})$ é um plano. Com isto, a demonstração está concluída.

Os Teoremas 6-2-4, 6-2-6 e 6-2-7 são válidos em espaços euclidianos n-dimensionais, *qualquer que seja n maior ou igual a dois*. Eles contêm, como caso particular, as propriedades refletoras das parábolas, que são usadas

142 PARABOLÓIDES N-DIMENSIONAIS

em Ótica para a construção gráfica das imagens de objetos por espelhos parabólicos.

A Geometria Analítica clássica mostra que parabolóides hiperbólicos em $\mathbb{R}^3$ são regrados. Será demonstrado no desenvolvimento subseqüente que qualquer parabolóide hiperbólico n-dimensional $\mathbb{X}$ é regrado. Se $n > 3$ então não só $\mathbb{X}$ é regrado, como existe, para cada ponto $\vec{p} \in \mathbb{X}$, uma *classe infinita não enumerável* formada por retas contidas em $\mathbb{X}$ e concorrentes no ponto $\vec{p}$. Isto é o que mostra o próximo teorema.

6-2-8 - Teorema: Sejam $\mathbb{E}$ um espaço euclidiano de dimensão $n \geq 3$, $A \in \mathrm{hom}(\mathbb{E})$ um operador linear auto-adjunto de posto $n - 1$, $\vec{a} \in \mathbb{E} \setminus \mathrm{Im}(A)$ e $g : \mathbb{E} \to \mathbb{R}$ definida por $g(\vec{x}) = \langle \vec{x}, A\vec{x} \rangle + \langle \vec{a}, \vec{x} \rangle$, onde o vetor $\vec{a}$ não pertence a imagem $\mathrm{Im}(A)$ de A. Seja $\mathbb{X}$ o parabolóide hiperbólico $g^{-1}(\{\alpha\})$, onde $\alpha \in \mathbb{R}$. Então, valem as seguintes afirmações:

(a) Se $\dim(\mathbb{E}) > 3$ então existe, para cada ponto $\vec{p} \in \mathbb{X}$, uma classe infinita não enumerável de retas que contêm $\vec{p}$ e estão todas contidas em $\mathbb{X}$.

(b) Se $\dim(\mathbb{E}) = 3$ então existem, para cada ponto $\vec{p} \in \mathbb{X}$, duas, e somente duas retas que contêm $\vec{p}$ e estão contidas em $\mathbb{X}$.

Demonstração:

(a) Dado $\vec{p} \in \mathbb{X}$ arbitrário, seja $\mathbb{T}_{\vec{p}} = [S(2A\vec{p} + \vec{a})]^{\perp}$ o espaço vetorial tangente a $\mathbb{X}$ no ponto $\vec{p}$. Sejam $\xi : \mathbb{E} \to \mathbb{R}$ a forma quadrática $\vec{x} \mapsto \langle \vec{x}, A\vec{x} \rangle$ e $G : \mathbb{E} \to \mathbb{R}$ a função quadrática definida por $G(\vec{x}) = \langle \vec{x}, A\vec{x} \rangle + \langle 2A\vec{p} + \vec{a}, \vec{x} \rangle$. Seja $F : \mathbb{E} \to \mathbb{E}$ a translação definida por $F(\vec{x}) = \vec{x} - \vec{p}$. Esta função é bijetiva, sendo sua inversa dada por $F^{-1}(\vec{x}) = \vec{x} + \vec{p}$. Como $\vec{p} \in \mathbb{X}$, $g(\vec{p}) = \alpha$. Logo $\mathbb{X}$ é (v. Observação 5-2-1-10)

CAPÍTULO 6 – POSIÇÕES RELATIVAS... **143**

o conjunto dos vetores $\vec{x} \in \mathbb{E}$ que cumprem:

(6.19)
$$\langle \vec{x} - \vec{p}, A(\vec{x} - \vec{p}) \rangle +$$
$$+ \langle 2A\vec{p} + \vec{a}, \vec{x} - \vec{p} \rangle = G \circ F(\vec{x}) = 0$$

Do fato de ser $\mathbb{X}$ o conjunto dos vetores que satisfazem (6.19), resulta:

(6.20)
$$\mathbb{X} = (G \circ F)^{-1}(\{0\}) =$$
$$= F^{-1}(G^{-1}(\{0\})) = \vec{p} + G^{-1}(\{0\})$$

O hiperplano tangente $\vec{p} + \mathbb{T}_{\vec{p}}$ é a imagem $F^{-1}(\mathbb{T}_{\vec{p}})$ do subespaço vetorial $\mathbb{T}_{\vec{p}}$ pela translação F^{-1}. Assim sendo, as igualdades (6.20) e a bijetividade de F^{-1} conduzem a:

(6.21)
$$\mathbb{X} \cap (\vec{p} + \mathbb{T}_{\vec{p}}) =$$
$$= F^{-1}(G^{-1}(\{0\})) \cap F^{-1}(\mathbb{T}_{\vec{p}}) =$$
$$= F^{-1}[\mathbb{T}_{\vec{p}} \cap G^{-1}(\{0\}))] =$$
$$= F^{-1}[(G|\mathbb{T}_{\vec{p}})^{-1}(\{0\})] =$$
$$= \vec{p} + (G|\mathbb{T}_{\vec{p}})(\{0\})$$

Uma vez que $\langle 2A\vec{p} + \vec{a}, \vec{x} \rangle = 0$ para todo $\vec{x} \in \mathbb{T}_{\vec{p}}$, tem-se, pelas definições de ξ e G dadas acima, que $G(\vec{x}) = \xi(\vec{x})$, seja qual for $\vec{x} \in \mathbb{T}_{\vec{p}}$. Por esta razão, $G|\mathbb{T}_{\vec{p}} = \xi|\mathbb{T}_{\vec{p}}$. Daí e das igualdades (6.21) tira-se:

(6.22)
$$\mathbb{X} \cap (\vec{p} + \mathbb{T}_{\vec{p}}) = \vec{p} + (\xi|\mathbb{T}_{\vec{p}})^{-1}(\{0\})$$

A equação (6.22) diz que $\mathbb{X} \cap (\vec{p} + \mathbb{T}_{\vec{p}})$ é a imagem, pela translação F^{-1} definida acima, do conjunto $(\xi|\mathbb{T}_{\vec{p}})^{-1}(\{0\}) \subseteq \mathbb{T}_{\vec{p}}$. A forma quadrática $\xi : \vec{x} \mapsto \langle \vec{x}, A\vec{x} \rangle$ é indefinida, porque $\mathbb{X}$ é, por hipótese, um parabolóide hiperbólico. O Teorema 6-2-1 conta que $\mathbb{E}$ admite a decomposição em soma direta $\mathbb{E} = \mathbb{T}_{\vec{p}} \oplus \ker(A)$. Segue desta igualdade e do

144 PARABOLÓIDES N-DIMENSIONAIS

Teorema 4-3-11 que a restrição $\xi\,|\,\mathbb{T}_{\vec{p}} : \mathbb{T}_{\vec{p}} \to \mathbb{R}$ é uma forma quadrática indefinida, cujo domínio é o espaço vetorial $\mathbb{T}_{\vec{p}}$. Se $\dim \mathbb{E} \geq 4$ então $\dim \mathbb{T}_{\vec{p}} \geq 3$, porque $\dim[\ker(A)] = 1$ e $\mathbb{E} = \mathbb{T}_{\vec{p}} \oplus \ker(A)$. Desta forma, o Teorema 4-3-12 mostra que existe uma classe infinita não enumerável $\mathfrak{V}$ de subespaços vetoriais $\mathbb{V} \subseteq \mathbb{E}$, com $\dim \mathbb{V} = 1$ para cada $\mathbb{V} \in \mathfrak{V}$, de modo que se tem:

(6.23)
$$\boxed{\bigcup_{\mathbb{V} \in \mathfrak{V}} \mathbb{V} \subseteq (\xi\,|\,\mathbb{T}_{\vec{p}})^{-1}(\{0\})}$$

De (6.22) e (6.23) segue:

(6.24)
$$\boxed{\bigcup_{\mathbb{V} \in \mathfrak{V}} (\vec{p} + \mathbb{V}) \subseteq \mathbb{X} \cap (\vec{p} + \mathbb{T}_{\vec{p}}) \subseteq \mathbb{X}}$$

Sendo $\dim \mathbb{V} = 1$, a variedade linear $\vec{p} + \mathbb{V}$ é uma reta para cada subespaço $\mathbb{V} \in \mathfrak{V}$. Como a translação $\vec{x} \mapsto \vec{x} + \vec{p}$ é bijetiva, a classe $\mathfrak{D} = \{\vec{p} + \mathbb{V} : \mathbb{V} \in \mathfrak{V}\}$ é infinita e não-enumerável.

(b) Se $\dim \mathbb{E} = 3$ então $\dim \mathbb{T}_{\vec{p}} = 2$. Resulta disto e do Teorema 4-3-12 que se tem:

(6.25)
$$\boxed{(\xi\,|\,\mathbb{T}_{\vec{p}})^{-1}(\{0\}) = \mathcal{S}(\vec{w}_1) \cup \mathcal{S}(\vec{w}_2)}$$

onde os vetores $\vec{w}_1, \vec{w}_2 \in (\xi\,|\,\mathbb{T}_{\vec{p}})^{-1}(\{0\})$ são linearmente independentes. De (6.25) obtém-se:

(6.26)
$$\boxed{\begin{aligned} \mathbb{X} \cap (\vec{p} + \mathbb{T}_{\vec{p}}) &= \vec{p} + (\xi\,|\,\mathbb{T}_{\vec{p}})^{-1}(\{0\}) = \\ &= [\vec{p} + \mathcal{S}(\vec{w}_1)] \cup [\vec{p} + \mathcal{S}(\vec{w}_2)] \end{aligned}}$$

Segue de (6.26) que as retas $\mathbb{D}_1 = \vec{p} + \mathcal{S}(\vec{w}_1)$ e $\mathbb{D}_2 = \vec{p} + \mathcal{S}(\vec{w}_2)$ estão contidas em $\mathbb{X}$. Seja agora $\mathbb{D} = \vec{p} + \mathcal{S}(\vec{w})$ uma reta contida em $\mathbb{X}$. Pela Observação 5-2-1-10, $\langle \vec{w}, A\vec{w} \rangle = \langle 2A\vec{p} + \vec{a}, \vec{w} \rangle = 0$ (note que $\vec{p} \in \mathbb{X}$, logo $g(\vec{p}) = \alpha$), portanto $\vec{w}$ pertence a $\mathbb{T}_{\vec{p}} \cap \xi^{-1}(\{0\}) = (\xi\,|\,\mathbb{T}_{\vec{p}})^{-1}(\{0\})$. Por (6.25), $\vec{w} \in \mathcal{S}(\vec{w}_1) \cup \mathcal{S}(\vec{w}_2)$. Segue deste fato e do item 3-1-5 do Capítulo 3 que $\mathbb{D} = \mathbb{D}_1$ ou $\mathbb{D} = \mathbb{D}_2$. Isto prova a propriedade

CAPÍTULO 6 – POSIÇÕES RELATIVAS... 145

(b) e encerra a demonstração.

O Teorema 6-2-8 diz que todo parabolóide hiperbólico n-dimensional $\mathbb{X}$ (onde $n \geq 3$) é regrado. Isto significa que $\mathbb{X}$ é a reunião da classe $\mathfrak{X}$ formada pelas retas nele contidas. Por outro lado, o Teorema 6-2-2 conta que parabolóides elípticos não podem conter retas. Logo, um parabolóide n-dimensional $\mathbb{X}$ é regrado se, e somente se, é hiperbólico.

6-3 - Interseções entre variedades lineares e parabolóides.

Seja $\mathbb{E}$ um espaço vetorial de dimensão $n \geq 3$. Sejam $A \in \hom(\mathbb{E})$ um operador auto-adjunto de posto $n - 1$, $\xi : \mathbb{E} \to \mathbb{R}$ a forma quadrática $\vec{x} \mapsto \langle \vec{x}, A\vec{x} \rangle$ e $g : \mathbb{E} \to \mathbb{R}$ a função quadrática $\vec{x} \mapsto \langle \vec{x}, A\vec{x} \rangle + \langle \vec{a}, \vec{x} \rangle$, onde $\vec{a}$ não pertence a $\text{Im}(A)$. Seja $\mathbb{X}$ o parabolóide $g^{-1}(\{\alpha\})$, onde $\alpha \in \mathbb{R}$. Pela Observação 5-2-8-3, se $\mathbb{X}$ é um parabolóide hiperbólico (noutros termos, se a forma quadrática ξ é indefinida) então corresponde a $\mathbb{X}$ um único número inteiro positivo $v(\mathbb{X})$, que é:

$$v(\mathbb{X}) = \max\{\iota(\xi), \sigma(\xi)\}$$

onde $\iota(\xi)$ e $\sigma(\xi)$ são respectivamente o índice a a assinatura da forma quadrática ξ. Dada uma base ortonormal $\mathbb{B} \subseteq \mathbb{E}$ formada por autovetores do operador A, sejam $\mathbb{B}_-$ o conjunto dos autovetores $\vec{u} \in \mathbb{B}$ que correspondem a autovalores negativos e $\mathbb{B}_+$ o conjunto dos vetores $\vec{u} \in \mathbb{B}$ que correspondem a autovalores positivos. O Teorema 4-3-7 diz que $\iota(\xi) = \text{card}(\mathbb{B}_-)$ e $\sigma(\xi) = \text{card}(\mathbb{B}_+)$. Portanto,

$$v(\mathbb{X}) = \max\{\text{card}(\mathbb{B}_-), \text{card}(\mathbb{B}_+)\}$$

Será mostrado em seguida que, dado um

146 PARABOLÓIDES N-DIMENSIONAIS

parabolóide hiperbólico $\mathbb{X} \subseteq \mathbb{E}$, a interseção $\mathbb{X} \cap \mathbb{Y}$ é *não-vazia, seja qual for* a variedade linear $\mathbb{Y} \subseteq \mathbb{E}$ *de dimensão maior do que* $v(\mathbb{X})$.

6-3-1 - Teorema: Dado um espaço vetorial $\mathbb{E}$ de dimensão $n \geq 3$, sejam $A \in \hom(\mathbb{E})$ um operador auto-adjunto de posto $n - 1$, $\xi : \mathbb{E} \to \mathbb{R}$ a forma quadrática $\vec{x} \mapsto \langle \vec{x}, A\vec{x} \rangle$ e $g : \mathbb{E} \to \mathbb{R}$ a função quadrática $\vec{x} \mapsto \langle \vec{x}, A\vec{x} \rangle + \langle \vec{w}, \vec{x} \rangle$, onde $\vec{w}$ não pertence a $\text{Im}(A)$. Sejam $\mathbb{X}$ o parabolóide hiperbólico $g^{-1}(\{\alpha\})$, onde $\alpha \in \mathbb{R}$, e $\mathbb{Y} \subseteq \mathbb{E}$ uma variedade linear com $\dim \mathbb{Y} > v(\mathbb{X})$. Então, a interseção $\mathbb{X} \cap \mathbb{Y}$ é não-vazia.

Demonstração:

(i) Sendo a composta de duas translações uma translação, a imagem de uma variedade linear $\mathbb{V} \subseteq \mathbb{E}$ por qualquer translação $T : \mathbb{E} \to \mathbb{E}$ é uma variedade linear de mesma dimensão. Como translações são funções bijetivas, para toda translação T definida em $\mathbb{E}$ tem-se $T(\mathbb{A} \cap \mathbb{B}) = T(\mathbb{A}) \cap T(\mathbb{B})$, sejam quais forem os conjuntos $\mathbb{A}, \mathbb{B} \subseteq \mathbb{E}$. Por sua vez, o Teorema 5-3-3 mostra que existem um único vetor não-nulo $\vec{u} \in \ker(A)$ e uma única translação $T : \mathbb{E} \to \mathbb{E}$ tais que $\mathbb{X}$ é a imagem $T(\mathbb{X}_0)$ por T do conjunto $\mathbb{X}_0$ das soluções da equação $\langle \vec{x}, A\vec{x} \rangle + \langle \vec{u}, \vec{x} \rangle = 0$. Assim sendo, pode-se supor, sem perda de generalidade, $\vec{w} \in \ker(A) \backslash \{\vec{o}\}$ e $\alpha = 0$. Desta forma, $\mathbb{X} = g^{-1}(\{0\})$. Tem-se também:

(6.27)
$$\boxed{\ker(A) = S(\vec{w})}$$

pois $\dim[\ker(A)] = 1$, e o vetor $\vec{w} \in \ker(A)$ é não-nulo.

(ii) Seja $\mathbb{Y} \subseteq \mathbb{E}$ uma variedade linear com $\dim \mathbb{Y} > v(\mathbb{X})$. Tem-se $\mathbb{Y} = \vec{p} + \mathbb{F}$, onde $\vec{p} \in \mathbb{E}$ e $\mathbb{F} \subseteq \mathbb{E}$ é um subespaço vetorial cuja dimensão é maior do que $v(\mathbb{X})$. Se $\vec{w} \in \mathbb{F}$ então $S(\vec{w}) \subseteq \mathbb{F}$, e de (6.27) segue $\vec{p} + \ker(A) = \vec{p} + S(\vec{w}) \subseteq \mathbb{Y}$. Seja $\mathbb{D}$ a reta $\vec{p} + \ker(A)$. Pelo Teorema 6-2-1, a interseção $\mathbb{D} \cap \mathbb{X}$

CAPÍTULO 6 – POSIÇÕES RELATIVAS... **147**

é não-vazia. Resulta deste fato e da inclusão $\mathbb{D} \subseteq \mathbb{Y}$ que $\mathbb{X} \cap \mathbb{Y}$ é não-vazia. Se, por outro lado, $\vec{w}$ não pertence a $\mathbb{F}$ então $\mathbb{F} \cap \mathcal{S}(\vec{w}) = \{\vec{o}\}$. Desta igualdade e de (6.27) segue:

(6.28)
$$\boxed{\mathbb{F} \cap \ker(A) = \{\vec{o}\}}$$

A forma quadrática ξ é indefinida, porque o parabolóide $\mathbb{X}$ é hiperbólico. Como $\dim(\mathbb{F}) > v(\mathbb{X})$, decorre de (6.28) e do Teorema 4-3-9 que a restrição $\xi|\mathbb{F} : \mathbb{F} \to \mathbb{R}$ de ξ a $\mathbb{F}$ é também indefinida. Pelo Teorema 4-4-4, existe um vetor $\vec{v} \in \mathbb{F}$ tal que $g(\vec{p} + \vec{v}) = 0$. Para este $\vec{v}$, $\vec{p} + \vec{v} \in \mathbb{X}$, porque $\mathbb{X} = g^{-1}(\{0\})$. Como $\vec{v} \in \mathbb{F}$ e $\mathbb{Y} = \vec{p} + \mathbb{F}$, tem-se também $\vec{p} + \vec{v} \in \mathbb{Y}$. Segue-se que $\vec{p} + \vec{v} \in \mathbb{X} \cap \mathbb{Y}$. Portanto, a interseção $\mathbb{X} \cap \mathbb{Y}$ é não-vazia. Com isto, o teorema está demonstrado.

6-3-2 - Corolário: Sejam $\mathbb{E}$ e $\mathbb{X}$ como no Teorema 6-3-1. Para qualquer hiperplano $\mathbb{Y} \subseteq \mathbb{E}$, a interseção $\mathbb{X} \cap \mathbb{Y}$ é não-vazia.

Demonstração: O parabolóide $\mathbb{X}$ sendo hiperbólico, tem-se $v(\mathbb{X}) \leq n - 2$ (de fato, a forma quadrática $\vec{x} \mapsto \langle \vec{x}, A\vec{x} \rangle$ é indefinida e o posto do operador linear A é $n - 1$). Como os hiperplanos de $\mathbb{E}$ são variedades lineares de dimensão $n - 1$, do Teorema 6-3-1 segue o enunciado acima.

Resulta do Teorema 6-3-1 que, se $\mathbb{X}$ é um parabolóide hiperbólico de um espaço vetorial $\mathbb{E}$, então a interseção $\mathbb{X} \cap \mathbb{Y}$ entre $\mathbb{X}$ e qualquer variedade $\mathbb{Y} \subseteq \mathbb{E}$ de dimensão maior do que $v(\mathbb{X})$ é não-vazia. Por outro lado, para cada inteiro positivo m com $1 \leq m \leq v(\mathbb{X})$ existe uma variedade linear linear $\mathbb{Y} \subseteq \mathbb{E}$ de dimensão m tal que $\mathbb{X} \cap \mathbb{Y} = \emptyset$. Isto é o que afirma o seguinte teorema:

6-3-3 - Teorema: Sejam $\mathbb{E}$ e $\mathbb{X}$ como no Teorema 6-3-1. Para todo inteiro positivo m com $1 \leq m \leq v(\mathbb{X})$ existe uma

148 PARABOLÓIDES N-DIMENSIONAIS

variedade linear $\mathbb{Y} \subseteq \mathbb{E}$ com dim $\mathbb{Y} = m$ tal que a interseção $\mathbb{X} \cap \mathbb{Y}$ é vazia.

Demonstração: Pela prova do Teorema 6-3-1, pode-se supor, sem perda de generalidade, que $\mathbb{X}$ é o conjunto dos vetores $\vec{x} \in \mathbb{E}$ que cumprem a condição:

(6.29)
$$\boxed{\langle \vec{x}, A\vec{x} \rangle + \langle \vec{w}, \vec{x} \rangle = 0}$$

onde $A \in \hom(\mathbb{E})$ é auto-adjunto de posto $n - 1$ e $\vec{w} \in \ker(A)$ é um vetor não-nulo. Com esta hipótese admitida, sejam $\mathbb{B} \subseteq \mathbb{E}$ uma base ortonormal formada por autovetores de A, $\mathbb{B}_- \subseteq \mathbb{B}$ o conjunto dos autovetores associados a autovalores negativos e $\mathbb{B}_+ \subseteq \mathbb{B}$ o conjunto dos autovetores correspondentes a autovalores positivos. Sendo a forma quadrática $\xi : \vec{x} \mapsto \langle \vec{x}, A\vec{x} \rangle$ indefinida e o posto de A igual a $n - 1$, os conjuntos $\mathbb{B}_-$ e $\mathbb{B}_+$ são ambos não-vazios, e se tem:

(6.30)
$$\boxed{\text{card}(\mathbb{B}_-) + \text{card}(\mathbb{B}_+) = n - 1}$$

Sejam:
$$\mathbb{F} = \mathcal{S}(\mathbb{B}_-), \quad \mathbb{G} = \mathcal{S}(\mathbb{B}_+)$$

Sejam $\mathbb{U} \subseteq \mathbb{E}$ a variedade linear $-\vec{w} + \mathbb{F}$ e $\mathbb{V} \subseteq \mathbb{E}$ a variedade linear $\vec{w} + \mathbb{G}$. Seja $\vec{u} \in \mathbb{U}$ arbitrário. O vetor $\vec{u}$ se escreve (de modo único) como $\vec{u} = -\vec{w} + \vec{x}$, onde $\vec{x} \in \mathbb{F}$. Como $\vec{w} \in \ker(A)$ e $\mathbb{F} = \mathcal{S}(\mathbb{B}_-) \subseteq \text{Im}(A)$, segue-se $\langle \vec{w}, \vec{x} \rangle = 0$, (o operador A é auto-adjunto). Tem-se também $\langle \vec{w}, A\vec{x} \rangle = \langle A\vec{w}, \vec{x} \rangle = 0$. Portanto,

$$\langle \vec{u}, A\vec{u} \rangle + \langle \vec{w}, \vec{u} \rangle =$$

$$= \langle -\vec{w} + \vec{x}, A(-\vec{w} + \vec{x}) \rangle + \langle \vec{w}, -\vec{w} + \vec{x} \rangle =$$

$$= \langle \vec{x}, A\vec{x} \rangle - \|\vec{w}\|^2$$

A restrição ao subespaço $\mathbb{F}$ da forma quadrática ξ é

CAPÍTULO 6 – POSIÇÕES RELATIVAS... **149**

negativa, logo o número $\langle \vec{u}, A\vec{u} \rangle + \langle \vec{w}, \vec{u} \rangle$ é negativo. De modo análogo, demonstra-se que o número $\langle \vec{v}, A\vec{v} \rangle + \langle \vec{w}, \vec{v} \rangle$ é positivo para todo $\vec{v} \in \mathbb{V}$. Como $\mathbb{X}$ é o conjunto das soluções de (6.29), segue-se:

(6.31)

$$\boxed{\mathbb{U} \cap \mathbb{X} = \mathbb{V} \cap \mathbb{X} = \varnothing}$$

De (6.31) resulta:

$$\mathbb{X} \cap (-\vec{w} + \mathbb{F}_0) = \mathbb{X} \cap (\vec{w} + \mathbb{G}_0) = \varnothing$$

sejam quais forem os subespaços vetoriais $\mathbb{F}_0 \subseteq \mathbb{F}$ e $\mathbb{G}_0 \subseteq \mathbb{G}$. Tem-se $v(\mathbb{X}) = \mathrm{card}(\mathbb{B}_-) = \dim \mathbb{F}$ ou $v(\mathbb{X}) = \mathrm{card}(\mathbb{B}_+) = \dim \mathbb{G}$. Logo, o resultado segue.

Pelo Corolário 6-3-2, a interseção entre um parabolóide hiperbólico $\mathbb{X}$ de um espaço vetorial $\mathbb{E}$ e qualquer hiperplano deste espaço vetorial é não-vazia. Será demonstrado agora que a recíproca é válida: Se a interseção entre um parabolóide $\mathbb{X} \subseteq \mathbb{E}$ e qualquer hiperplano de $\mathbb{X}$ é não-vazia, então $\mathbb{X}$ é um parabolóide hiperbólico.

6-3-4 - Teorema: Dado um espaço vetorial $\mathbb{E}$ de dimensão n, sejam $A \in \mathrm{hom}(\mathbb{E})$ auto-adjunto de posto $n - 1$ e $g : \mathbb{E} \to \mathbb{R}$ a função quadrática definida por $g(\vec{x}) = \langle \vec{x}, A\vec{x} \rangle + \langle \vec{a}, \vec{x} \rangle$, onde $\vec{a}$ não pertence a $\mathrm{Im}(A)$. Seja $\mathbb{X} \subseteq \mathbb{E}$ o parabolóide $g^{-1}(\{\alpha\})$, onde $\alpha \in \mathbb{R}$. Se a interseção $\mathbb{X} \cap \mathbb{Y}$ é não-vazia para qualquer hiperplano $\mathbb{Y} \subseteq \mathbb{E}$ então o parabolóide $\mathbb{X}$ é hiperbólico.

Demonstração: Seja $\vec{p} \in \mathbb{X}$. Segue da Observação 5-2-1-9 que $\mathbb{X}$ é o conjunto das soluções $\vec{x} \in \mathbb{E}$ da equação:

(6.32)

$$\boxed{\langle \vec{x} - \vec{p}, A(\vec{x} - \vec{p}) \rangle = - \langle 2A\vec{p} + \vec{a}, \vec{x} - \vec{p} \rangle}$$

Sejam $\mathbb{T}_{\vec{p}} = [\mathcal{S}(2A\vec{p} + \vec{a})]^{\perp}$ o espaço vetorial tangente a $\mathbb{X}$ no

150 PARABOLÓIDES N-DIMENSIONAIS

ponto $\vec{p}$. Seja, para cada $\lambda \in \mathbb{R}$, $\mathbb{Y}_\lambda \subseteq \mathbb{E}$ o hiperplano $\vec{p} + \lambda(2A\vec{p} + \vec{a}) + \mathbb{T}_{\vec{p}}$, imagem do hiperplano tangente $\vec{p} + \mathbb{T}_{\vec{p}}$ pela translação $\vec{x} \mapsto \vec{x} + \lambda(2A\vec{p} + \vec{a})$. O hiperplano $\mathbb{Y}_\lambda$ é, para cada $\lambda \in \mathbb{R}$, o conjunto dos pontos $\vec{x} \in \mathbb{E}$ que cumprem:

(6.33)
$$\langle 2A\vec{p} + \vec{a}, \vec{x} - \vec{p} \rangle = \lambda \| 2A\vec{p} + \vec{a} \|^2$$

Se $\mathbb{X} \cap \mathbb{Y}$ é não-vazia para todo hiperplano $\mathbb{Y} \subseteq \mathbb{E}$ então, em particular, $\mathbb{X} \cap \mathbb{Y}_\lambda$ é não-vazia para todo número real λ. Portanto, existem $\vec{x}_1 \in \mathbb{X} \cap \mathbb{Y}_1$ e $\vec{x}_2 \in \mathbb{X} \cap \mathbb{Y}_{-1}$. Como $\vec{x}_1 \in \mathbb{Y}_1$ e $\vec{x}_2 \in \mathbb{Y}_{-1}$, de (6.33) segue:

(6.34)
$$\langle 2A\vec{p} + \vec{a}, \vec{x}_1 - \vec{p} \rangle = \| 2A\vec{p} + \vec{a} \|^2$$

(6.35)
$$\langle 2A\vec{p} + \vec{a}, \vec{x}_2 - \vec{p} \rangle = -\| 2A\vec{p} + \vec{a} \|^2$$

Como $\vec{x}_1, \vec{x}_2 \in \mathbb{X}$ e $\mathbb{X}$ é o conjunto das soluções da equação (6.32), tem-se:

$$\langle \vec{x}_1 - \vec{p}, A(\vec{x}_1 - \vec{p}) \rangle = -\| 2A\vec{p} + \vec{a} \|^2$$

$$\langle \vec{x}_2 - \vec{p}, A(\vec{x}_2 - \vec{p}) \rangle = \| 2A\vec{p} + \vec{a} \|^2$$

O vetor $2A\vec{p} + \vec{a}$ é não-nulo, porque $\vec{a}$ não pertence a $\text{Im}(A)$. Desta forma, segue das igualdades acima que a forma quadrática $\vec{x} \mapsto \langle \vec{x}, A\vec{x} \rangle$ é indefinida. Logo, $\mathbb{X}$ é um parabolóide hiperbólico, como se queria demonstrar.

Dado um espaço vetorial $\mathbb{E}$ de dimensão $n \geq 2$, seja $\mathbb{Y} \subseteq \mathbb{E}$ o hiperplano $\vec{p} + [S(\vec{n})]^\perp$, onde $\vec{p} \in \mathbb{E}$ e $\vec{n} \in \mathbb{E}$ é um vetor não-nulo. Diz-se que os pontos $\vec{x}_1, \vec{x}_2 \in \mathbb{E}$ *estão do mesmo lado* do hiperplano $\mathbb{Y}$ quando os números $\langle \vec{x}_1 - \vec{p}, \vec{n} \rangle$ e $\langle \vec{x}_2 - \vec{p}, \vec{n} \rangle$ são ambos positivos ou ambos negativos. Noutros termos, $\vec{x}_1$ e $\vec{x}_2$ estão do mesmo lado de $\mathbb{Y}$ quando se tem:

CAPÍTULO 6 – POSIÇÕES RELATIVAS... **151**

$$\langle \vec{x}_1 - \vec{p}, \vec{n} \rangle \langle \vec{x}_2 - \vec{p}, \vec{n} \rangle > 0$$

Diz-se que $\vec{x}_1, \vec{x}_2 \in \mathbb{E}$ *estão de lados opostos* do hiperplano $\mathbb{Y}$ quando um dos números $\langle \vec{x}_k - \vec{p}, \vec{n} \rangle$ $(k = 1,2)$ é negativo, enquanto que o outro é positivo. Portanto, $\vec{x}_1$ e $\vec{x}_2$ estão de lados opostos de $\mathbb{Y}$ quando vale:

$$\langle \vec{x}_1 - \vec{p}, \vec{n} \rangle \langle \vec{x}_2 - \vec{p}, \vec{n} \rangle < 0$$

O teorema que será provado em seguida mostra que os conceitos expostos acima fornecem condições necessárias e suficientes para que um dado parabolóide $\mathbb{X}$ seja hiperbólico.

6-3-5 - Teorema: Dado um espaço vetorial $\mathbb{E}$, seja $\mathbb{X} \subseteq \mathbb{E}$ um parabolóide. Então, as seguintes afirmações são equivalentes:

(a) $\mathbb{X}$ é um parabolóide hiperbólico.

(b) Para todo hiperplano $\mathbb{Y} \subseteq \mathbb{E}$ existem pontos $\vec{x}_1, \vec{x}_2 \in \mathbb{X}$ de lados opostos de $\mathbb{Y}$.

(c) Para todo $\vec{p} \in \mathbb{X}$ existem pontos $\vec{x}_1, \vec{x}_2$ de lados opostos do hiperplano tangente a $\mathbb{X}$ em $\vec{p}$.

(d) Existe um ponto $\vec{p} \in \mathbb{X}$ tal que $\mathbb{X}$ contém pontos de lados opostos do hiperplano tangente a $\mathbb{X}$ em $\vec{p}$.

Demonstração:
(a) $\Rightarrow$ (b): Admitindo que $\mathbb{X}$ é um parabolóide hiperbólico, seja $\mathbb{Y} \subseteq \mathbb{E}$ um hiperplano dado arbitrariamente. Como o espaço vetorial $\mathbb{E}$ é euclidiano e de dimensão finita, existem (Capítulo 3, item 3-3-6) $\vec{p} \in \mathbb{E}$ e um vetor não-nulo $\vec{n}$ tais que $\mathbb{Y} = \vec{p} + [\mathcal{S}(\vec{n})]^{\perp}$. Sejam $\mathbb{Y}_1 = \vec{p} - \vec{n} + [\mathcal{S}(\vec{n})]^{\perp}$ e $\mathbb{Y}_2 = \vec{p} + \vec{n} + [\mathcal{S}(\vec{n})]^{\perp}$. O hiperplano $\mathbb{Y}_1$ é o conjunto das soluções da equação $\langle \vec{x} - \vec{p}, \vec{n} \rangle = -\|\vec{n}\|^2$, e o hiperplano $\mathbb{Y}_2$ é o conjunto das soluções da equação $\langle \vec{x} - \vec{p}, \vec{n} \rangle = \|\vec{n}\|^2$. Como $\mathbb{X}$ é um parabolóide hiperbólico, resulta do Corolário

152 PARABOLÓIDES N-DIMENSIONAIS

6-3-2 que as interseções $\mathbb{X} \cap \mathbb{Y}_1$ e $\mathbb{X} \cap \mathbb{Y}_2$ são ambas não-vazias. Logo, existe $\vec{x}_1 \in \mathbb{X}$ tal que $\langle \vec{x}_1 - \vec{p}, \vec{n} \rangle = -\|\vec{n}\|^2 < 0$ e existe $\vec{x}_2 \in \mathbb{X}$ tal que $\langle \vec{x}_2 - \vec{p}, \vec{n} \rangle = \|\vec{n}\|^2 > 0$.

(b) $\Rightarrow$ (c): Se $\mathbb{X}$ contém pontos de lados opostos de qualquer hiperplano, então, em particular, $\mathbb{X}$ contém pontos de lados opostos de qualquer um de seus hiperplanos tangentes.

(c) $\Rightarrow$ (d): O conjunto $\mathbb{X}$ é não-vazio, portanto existe $\vec{p}_0 \in \mathbb{X}$. Logo, se (b) é válida então, para este $\vec{p}_0$ em particular, $\mathbb{X}$ contém pontos $\vec{x}_1$, $\vec{x}_2$ de lados opostos do hiperplano tangente a $\mathbb{X}$ no ponto $\vec{p}_0$.

(d) $\Rightarrow$ (a): Seja $\vec{p} \in \mathbb{X}$ tal que $\mathbb{X}$ contém pontos de lados opostos do hiperplano tangente a $\mathbb{X}$ em $\vec{p}$. Pelo Teorema 6-3-4, $\mathbb{X}$ é, para este $\vec{p}$, o conjunto das soluções da equação:

$$\langle \vec{x} - \vec{p}, A(\vec{x} - \vec{p}) \rangle = - \langle 2A\vec{p} + \vec{a}, \vec{x} - \vec{p} \rangle$$

onde $A \in \mathrm{hom}(\mathbb{E})$ é auto-adjunto de posto igual a $\dim \mathbb{E} - 1$ e $\vec{a}$ não pertence a $\mathrm{Im}(A)$. O hiperplano tangente $\mathbb{Y}_{\vec{p}}$ a $\mathbb{X}$ no ponto $\vec{p}$ é $\mathbb{Y}_{\vec{p}} = \vec{p} + [S(2A\vec{p} + \vec{a})]^{\perp}$, normal ao vetor $2A\vec{p} + \vec{a}$. Como $\mathbb{X}$ contém pontos de lados opostos de $\mathbb{Y}_{\vec{p}}$, existem $\vec{x}_1, \vec{x}_2 \in \mathbb{X}$ tais que $\langle 2A\vec{p} + \vec{a}, \vec{x}_1 - \vec{p} \rangle > 0$ e $\langle 2A\vec{p} + \vec{a}, \vec{x}_2 - \vec{p} \rangle < 0$. Como $\vec{x}_1, \vec{x}_2 \in \mathbb{X}$, tem-se:

$$\langle \vec{x}_1 - \vec{p}, A(\vec{x}_1 - \vec{p}) \rangle = - \langle 2A\vec{p} + \vec{a}, \vec{x}_1 - \vec{p} \rangle < 0$$

$$\langle \vec{x}_2 - \vec{p}, A(\vec{x}_2 - \vec{p}) \rangle = - \langle 2A\vec{p} + \vec{a}, \vec{x}_2 - \vec{p} \rangle > 0$$

Segue-se que a forma quadrática $\vec{x} \mapsto \langle \vec{x}, A\vec{x} \rangle$ é indefinida, portanto $\mathbb{X}$ é um parabolóide hiperbólico. Com isto, o teorema está demonstrado.

Seja $\mathbb{X}$ um parabolóide elíptico de um espaço vetorial $\mathbb{E}$. Será demonstrado a seguir que a interseção entre $\mathbb{X}$ e qualquer um dos seus hiperplanos tangentes

CAPÍTULO 6 – POSIÇÕES RELATIVAS... **153**

possui um único elemento.

6-3-6 - Teorema: Seja $\mathbb{X}$ um parabolóide elíptico de um espaço vetorial $\mathbb{E}$. Para cada $\vec{p} \in \mathbb{X}$, seja $\mathbb{Y}_{\vec{p}} \subseteq \mathbb{E}$ o hiperplano tangente a $\mathbb{X}$ no ponto $\vec{p}$. Para todo $\vec{p} \in \mathbb{E}$ se tem $\mathbb{X} \cap \mathbb{Y}_{\vec{p}} = \{\vec{p}\}$.

Demonstração: Tem-se que $\mathbb{X}$ é o conjunto das soluções da equação $\langle \vec{x}, A\vec{x} \rangle + \langle \vec{a}, \vec{x} \rangle = \alpha$, onde $\alpha \in \mathbb{R}$, $A \in \text{hom}(\mathbb{E})$ é auto-adjunto de posto igual a $\dim\mathbb{E} - 1$ e $\vec{a}$ não pertence a $\text{Im}(A)$. Seja $\xi : \mathbb{E} \to \mathbb{R}$ a forma quadrática $\vec{x} \mapsto \langle \vec{x}, A\vec{x} \rangle$. Para cada $\vec{p} \in \mathbb{X}$, o hiperplano tangente $\mathbb{Y}_{\vec{p}}$ é $\mathbb{Y}_{\vec{p}} = \vec{p} + \mathbb{T}_{\vec{p}}$, onde $\mathbb{T}_{\vec{p}} = [S(2A\vec{p} + \vec{a})]^{\perp}$ é o espaço vetorial tangente a $\mathbb{X}$ em $\vec{p}$. Deste fato e da prova do Teorema 6-2-4 segue:

(6.36)
$$\mathbb{X} \cap \mathbb{Y}_{\vec{p}} = \vec{p} + [(\xi \mid \mathbb{T}_{\vec{p}})^{-1}(\{0\})]$$

Como $\mathbb{X}$ é um parabolóide elíptico, a forma quadrática ξ é não-negativa. Pelo Teorema 6-2-1, $\mathbb{E} = \mathbb{T}_{\vec{p}} \oplus \ker(A)$. Assim sendo, o Teorema 4-3-10 diz que a restrição $\xi \mid \mathbb{T}_{\vec{p}} : \mathbb{T}_{\vec{p}} \to \mathbb{R}$ é uma forma quadrática positiva (cujo domínio é o espaço vetorial $\mathbb{T}_{\vec{p}}$). Logo,

(6.37)
$$(\xi \mid \mathbb{T}_{\vec{p}})^{-1}(\{0\}) = \{\vec{o}\}$$

De (6.36) e (6.37) obtém-se $\mathbb{X} \cap \mathbb{Y}_{\vec{p}} = \vec{p} + \{\vec{o}\} = \{\vec{p}\}$, como se queria.

Serão obtidos agora, como aplicação do Teorema 6-3-1, resultados interessantes sobre a existência de soluções de sistemas não-lineares.

6-3-7 - Teorema: Dado um espaço vetorial $\mathbb{E}$ de dimensão n, sejam $A \in \text{hom}(\mathbb{E})$ auto-adjunto de posto $n - 1$ e $\xi : \mathbb{E} \to \mathbb{R}$ a forma quadrática indefinida dada por $\xi(\vec{x}) =$

154 PARABOLÓIDES N-DIMENSIONAIS

$\langle \vec{x}, A\vec{x} \rangle$. Seja $p = \max\{\iota(\xi), \sigma(\xi)\}$. Dado m inteiro positivo menor do que $n - p$, sejam $\vec{a}_1, \ldots, \vec{a}_m \in \mathbb{E}$ e $B \in \hom(\mathbb{E}; \mathbb{R}^m)$ definida por $B\vec{x} = (\langle \vec{a}_1, \vec{x} \rangle, \ldots, \langle \vec{a}_m, \vec{x} \rangle)$. Se a equação linear $B\vec{x} = \vec{c}$ tiver solução, também terá solução o sistema não-linear:

$$\begin{cases} B\vec{x} = \vec{c} \\ \langle \vec{x}, A\vec{x} \rangle + \langle \vec{a}, \vec{x} \rangle = \alpha \end{cases}$$

para quaisquer que sejam $\vec{a} \in \mathbb{E} \setminus \operatorname{Im}(A)$ e $\alpha \in \mathbb{R}$.

Demonstração: Dados arbitrariamente $\vec{a} \in \mathbb{E} \setminus \operatorname{Im}(A)$ e $\alpha \in \mathbb{R}$, seja $\mathbb{X} \subseteq \mathbb{E}$ o conjunto das soluções da equação $\langle \vec{x}, A\vec{x} \rangle + \langle \vec{a}, \vec{x} \rangle = \alpha$. Como a forma quadrática ξ é indefinida e $\vec{a}$ não pertence a $\operatorname{Im}(A)$, $\mathbb{X}$ é um parabolóide hiperbólico e se tem $v(\mathbb{X}) = p$. Se a equação linear $B\vec{x} = \vec{c}$ tem solução, o conjunto $\mathbb{Y} = B^{-1}(\{\vec{c}\})$ das soluções de $B\vec{x} = \vec{c}$ é não-vazio. Pelo item 3-3-1 do Capítulo 3, $\mathbb{Y}$ é uma variedade linear paralela ao núcleo $\ker(B)$ de B. Como $\operatorname{Im}(B) \subseteq \mathbb{R}^m$, tem-se $\dim[\operatorname{Im}(B)] \leq m$. Portanto, o Teorema do Núcleo e da Imagem fornece:

$$\dim[\ker(B)] =$$

$$= n - \dim[\operatorname{Im}(B)] \geq$$

$$\geq n - m > p$$

Portanto, o Teorema 6-3-1 diz que a interseção $\mathbb{X} \cap \mathbb{Y}$ é não-vazia, o que prova o teorema.

6-3-8 - Corolário: Dado um espaço vetorial $\mathbb{E}$ de dimensão n, sejam $A \in \hom(\mathbb{E})$, $\xi : \mathbb{E} \to \mathbb{R}$, m e p como no Teorema 6-3-7. Dados os vetores $\vec{a}_1, \ldots, \vec{a}_m \in \mathbb{E}$, seja $B \in \hom(\mathbb{E}; \mathbb{R}^m)$ como no Teorema 6-3-7. Se os vetores $\vec{a}_1, \ldots, \vec{a}_m$ são LI, então o sistema não-linear:

CAPÍTULO 6 – POSIÇÕES RELATIVAS... **155**

$$\begin{cases} B\vec{x} = \vec{c} \\ \langle \vec{x}, A\vec{x} \rangle + \langle \vec{a}, \vec{x} \rangle = \alpha \end{cases}$$

tem solução, para quaisquer que sejam $\vec{c} \in \mathbb{R}^m$, $\vec{a} \in \mathbb{E} \setminus \operatorname{Im}(A)$ e $\alpha \in \mathbb{R}$.

Demonstração: Com efeito, se os vetores $\vec{a}_1, \dots, \vec{a}_m$ são LI então (v. item 3-2-9 do Capítulo 3) a equação linear $B\vec{x} = \vec{c}$ tem solução para todo $\vec{c} \in \mathbb{R}^m$.

6-3-9 - Observações:

6-3-9-1: Seja $\mathbb{X}$ um parabolóide hiperbólico de um espaço vetorial $\mathbb{E}$ de dimensão 3. Tem-se que $\mathbb{X}$ é o conjunto das soluções da equação:

$$\langle \vec{x}, A\vec{x} \rangle + \langle \vec{a}, \vec{x} \rangle = \alpha$$

onde $A \in \operatorname{hom}(\mathbb{E})$ é um operador auto-adjunto de posto 2 e $\vec{a}$ não pertence a $\operatorname{Im}(A)$. Como a forma quadrática $\vec{x} \mapsto \langle \vec{x}, A\vec{x} \rangle$ é indefinida, o operador linear A possui um autovalor negativo, um autovalor positivo e um autovalor nulo. Assim sendo, $\nu(\mathbb{X}) = 1$. Desta forma, os Teoremas 6-3-1 e 6-3-3 dizem que a interseção $\mathbb{X} \cap \mathbb{Y}$ entre $\mathbb{X}$ e qualquer plano $\mathbb{Y} \subseteq \mathbb{E}$ é não-vazia, e que existe uma reta $\mathbb{D} \subseteq \mathbb{E}$ tal que $\mathbb{D} \cap \mathbb{X} = \emptyset$.

6-3-9-2: Seja $\mathbb{X}$ um parabolóide elíptico de um espaço vetorial $\mathbb{E}$. Dado $\vec{p} \in \mathbb{E}$, seja $\mathbb{Y}_{\vec{p}}$ o hiperplano tangente a $\mathbb{X}$ no ponto $\vec{p}$. Pelos Teoremas 6-3-5 e 6-3-6, os pontos de $\mathbb{X}$ diferentes de $\vec{p}$ estão do mesmo lado do hiperplano tangente $\mathbb{Y}_{\vec{p}}$.

6-3-10 - Exemplos:

6-3-10-1: Seja $A \in \operatorname{hom}(\mathbb{R}^7)$ definido por:

156 PARABOLÓIDES N-DIMENSIONAIS

$$A\vec{e}_k = \vec{e}_k, \quad k = 1, 2, 3$$

$$A\vec{e}_k = -\vec{e}_k, \quad k = 4, 5, 6$$

$$A\vec{e}_7 = \vec{o}$$

O operador A definido acima é auto-adjunto, porque a base canônica de $\mathbb{R}^7$ é formada por autovetores de A (Lima, 2001, p. 168). Seja $g : \mathbb{R}^7 \to \mathbb{R}$ a função quadrática definida pondo:

$$g(\vec{x}) = \langle \vec{x}, A\vec{x} \rangle + \langle \vec{e}_7, \vec{x} \rangle$$

Pela definição de A, o posto de A é 6, o vetor $\vec{e}_7$ não pertence à imagem $\text{Im}(A)$ de A e a forma quadrática $\vec{x} \mapsto \langle \vec{x}, A\vec{x} \rangle$ é indefinida. Logo, a quádrica $\mathbb{X} = g^{-1}(\{a\})$ é um *parabolóide hiperbólico* para todo $a \in \mathbb{R}$. Os vetores $\vec{e}_1$, $\vec{e}_2$ e $\vec{e}_3$ correspondem ao autovalor $\lambda_1 = 1$, e os vetores $\vec{e}_4$, $\vec{e}_5$ e $\vec{e}_6$ correspondem ao autovalor $\lambda_2 = -1$. Portanto, $\nu(\mathbb{X}) = 3$. Assim sendo, o Teorema 6-3-1 diz que a interseção $\mathbb{X} \cap \mathbb{Y}$ é *não-vazia*, para toda variedade linear $\mathbb{Y} \subseteq \mathbb{R}^7$ com $\dim \mathbb{Y} \geq 4$. Pelo Teorema 6-3-3, existem retas, planos e variedades lineares de dimensão 3 cuja interseção com $\mathbb{X}$ é vazia.

6-3-10-2: Seja $g : \mathbb{R}^7 \to \mathbb{R}$ a função quadrática do Exemplo 6-3-10-1. O parabolóide hiperbólico $g^{-1}(\{a\})$ é representado, relativamente à base canônica de $\mathbb{R}^7$, pela equação:

$$-(x_1^2 + x_2^2 + x_3^2) + x_4^2 + x_5^2 + x_6^2 + x_7 = a$$

Seja $\vec{a} = (a_1, \dots, a_7) \in \mathbb{R}^7$ um vetor não-nulo qualquer. A equação:

$$a_1 x_1 + a_2 x_2 + \cdots + a_7 x_7 = \beta$$

representa um hiperplano de $\mathbb{R}^7$, seja qual for $\beta \in \mathbb{R}$. Desta forma, o Corolário 6-3-2 conta que o sistema:

$$\begin{cases} -(x_1^2 + x_2^2 + x_3^2) + x_4^2 + x_5^2 + x_6^2 + x_7 = \alpha \\ a_1 x_1 + a_2 x_2 + \cdots + a_7 x_7 = \beta \end{cases}$$

admite solução.

6-3-10-3: Sejam $g : \mathbb{R}^7 \to \mathbb{R}$ e $\mathbb{X}$ como no Exemplo 6-3-10-1. Dados os vetores $\vec{a}_k = (a_{k1}, \ldots, a_{k7}) \in \mathbb{R}^7$ ($k = 1,2,3$), seja $B = \mathrm{hom}(\mathbb{R}^7; \mathbb{R}^3)$ definida pondo:

$$B\vec{x} = (\langle \vec{a}_1, \vec{x} \rangle, \langle \vec{a}_2, \vec{x} \rangle, \langle \vec{a}_3, \vec{x} \rangle)$$

Seja $\vec{c} = (c_1, c_2, c_3) \in \mathbb{R}^3$. Pelo Exemplo 6-3-10-1, $v(\mathbb{X}) = 3$. Segue daí e do Teorema 6-3-7 que sempre que o sistema linear:

$$\begin{cases} a_{11} x_1 + \cdots + a_{17} x_7 = c_1 \\ a_{21} x_1 + \cdots + a_{27} x_7 = c_2 \\ a_{31} x_1 + \cdots + a_{37} x_7 = c_3 \end{cases}$$

tiver solução, o seguinte sistema não-linear:

$$\begin{cases} a_{11} x_1 + \cdots + a_{17} x_7 = c_1 \\ a_{21} x_1 + \cdots + a_{27} x_7 = c_2 \\ a_{31} x_1 + \cdots + a_{37} x_7 = c_3 \\ -(x_1^2 + x_2^2 + x_3^2) + x_4^2 + x_5^2 + x_6^2 + x_7 = \alpha \end{cases}$$

tem solução, seja qual for $\alpha \in \mathbb{R}$.

6-3-10-4: Pelo Corolário 6-3-8, se os vetores $\vec{a}_1, \vec{a}_2, \vec{a}_3$ forem LI, então o sistema não-linear do Exemplo 6-3-10-3 tem solução, *sejam quais forem* os números α, c_1, c_2 e c_3.

6-3-10-5: Como pode ser verificado sem dificuldade, os vetores:

$$\vec{a}_1 = (1, 0, 0, a_{14}, \ldots, a_{17})$$

158 PARABOLÓIDES N-DIMENSIONAIS

$$\vec{a}_2 = (0, 1, 0, a_{24}, \ldots, a_{27})$$

$$\vec{a}_3 = (0, 0, 1, a_{34}, \ldots, a_{37})$$

são LI, *sejam quais forem* os números a_{ik} ($i = 1,2,3$, $k = 4,\ldots,7$). Portanto, o sistema não-linear:

$$\begin{cases} x_1 + a_{14}x_4 + \cdots + a_{17}x_7 = c_1 \\ x_2 + a_{24}x_4 + \cdots + a_{27}x_7 = c_2 \\ x_3 + a_{34}x_4 + \cdots + a_{37}x_7 = c_3 \\ -(x_1^2 + x_2^2 + x_3^2) + x_4^2 + x_5^2 + x_6^2 + x_7 = \alpha \end{cases}$$

tem solução para quaisquer que sejam os números a_{ik} ($i = 1,2,3$, $k = 4,\ldots,7$), c_k ($k = 1,2,3$) e α.

6-3-10-6: Sejam $\alpha, \beta, \lambda \in \mathbb{R}$ diferentes de zero. A equação:

$$\frac{x^2}{\alpha^2} - \frac{y^2}{\beta^2} = \lambda z$$

representa um parabolóide hiperbólico do espaço $\mathbb{R}^3$. Com efeito, para todo vetor $\vec{x} = (x, y, z) \in \mathbb{R}^3$ se tem:

$$\frac{x^2}{\alpha^2} - \frac{y^2}{\beta^2} - \lambda z = \langle \vec{x}, A\vec{x} \rangle + \langle \vec{a}, \vec{x} \rangle$$

onde $A \in \text{hom}(\mathbb{R}^3)$ é definido pondo:

$$A\vec{e}_1 = \frac{1}{\alpha^2}\vec{e}_1, \quad A\vec{e}_2 = -\frac{1}{\beta^2}\vec{e}_2, \quad A\vec{e}_3 = \vec{o}$$

e $\vec{a}$ é o vetor $-\lambda\vec{e}_3 = (0, 0, -\lambda)$. Seja $(a, b, c) \in \mathbb{R}^3$ um vetor não-nulo. A equação:

$$ax + by + cz = d$$

representa um plano do espaço $\mathbb{R}^3$. Segue da Observação 6-3-7-1 que, se (pelo menos) um dos números a, b, c é diferente de zero então o conjunto das soluções do seguinte sistema:

CAPÍTULO 6 – POSIÇÕES RELATIVAS... **159**

$$\begin{cases} (x^2/\alpha^2) - (y^2/\beta^2) = \lambda z \\ ax + by + cz = d \end{cases}$$

é não-vazio.

6-3-10-7: Dado um espaço vetorial $\mathbb{E}$ de dimensão $n \geq$ 3, seja $\mathbb{B} = \{\vec{u}_1, \ldots, \vec{u}_n\}$ uma base ortonormal de $\mathbb{E}$. Sejam $A \in \text{hom}(\mathbb{E})$ definida pondo:

$$A\vec{u}_k = \vec{u}_k, \quad k = 1, \ldots, n - 2$$

$$A\vec{u}_{n-1} = -\vec{u}_{n-1}$$

$$A\vec{u}_n = \vec{o}$$

e $g : \mathbb{E} \to \mathbb{R}$ a função quadrática definida por:

$$g(\vec{x}) = \langle \vec{x}, A\vec{x} \rangle + \langle \vec{u}_n, \vec{x} \rangle$$

Segue da definição de A que o posto de A é $n - 1$, a forma quadrática $\vec{x} \mapsto \langle \vec{x}, A\vec{x} \rangle$ é indefinida e o vetor $\vec{u}_n$ não pertence a $\text{Im}(A)$. Logo, a quádrica $\mathbb{X} = g^{-1}(\{0\})$ é um parabolóide hiperbólico. Os vetores $\vec{u}_1, \ldots, \vec{u}_{n-2}$ correspondem ao autovalor $\lambda_1 = 1$ e o vetor $\vec{u}_{n-1}$ corresponde ao autovalor $\lambda_2 = -1$. Como $n \geq 3$, tem-se $v(\mathbb{X}) = n - 2$. Assim sendo, resulta do Teorema 6-3-3 que existe, para cada $m = 1, \ldots, n - 2$, uma variedade linear $\mathbb{Y} \subseteq \mathbb{E}$ de dimensão m tal que a interseção $\mathbb{X} \cap \mathbb{Y}$ é vazia.

6-4 - Conexidade de parabolóides hiperbólicos.

Sejam $\vec{x}$, $\vec{y}$ pontos de um espaço vetorial $\mathbb{E}$. O *segmento de reta de extremos* $\vec{x}$ e $\vec{y}$, indicado com a notação $[\vec{x}, \vec{y}]$, é o conjunto:

$$[\vec{x}, \vec{y}] =$$

$$= \{\vec{x} + \theta(\vec{y} - \vec{x}) : 0 \leq \theta \leq 1\} =$$

160 PARABOLÓIDES N-DIMENSIONAIS

$$= \{(1 - \theta)\vec{x} + \theta\vec{y} : 0 \le \theta \le 1\}$$

O ponto $\vec{x}$ diz-se a *origem* e o ponto $\vec{y}$ a *extremidade* do segmento $[\vec{x}, \vec{y}]$.

Diz-se que um conjunto $\mathbb{X} \subseteq \mathbb{E}$ é *poligonalmente conexo por caminhos* quando para quaisquer que sejam $\vec{x}, \vec{y} \in \mathbb{X}$ existem $\vec{x}_0, \vec{x}_1, \ldots, \vec{x}_n \in \mathbb{X}$ (onde n depende de $\vec{x}$ e de $\vec{y}$) tal que $\vec{x}_0 = \vec{x}$, $\vec{x}_n = \vec{y}$ e $\bigcup_{k=1}^{n} [\vec{x}_{k-1}, \vec{x}_k] \subseteq \mathbb{X}$.

6-4-1 - Observações:

6-4-1-1: Sejam $\vec{x}$, $\vec{y}$ pontos de um espaço vetorial $\mathbb{E}$. Se $\vec{x} = \vec{y}$, então o segmento de reta $[\vec{x}, \vec{y}]$ se reduz ao conjunto $\{\vec{x}\}$.

6-4-1-2: O segmento de reta $[\vec{x}, \vec{y}]$ é a imagem $f([0, 1])$ do intervalo $[0, 1]$ pela função $f : \mathbb{R} \to \mathbb{E}$ definida por $f(\theta) = \vec{x} + \theta(\vec{y} - \vec{x})$. Tem-se $f(0) = \vec{x}$ e $f(1) = \vec{y}$.

6-4-1-3: Se $\vec{x}$ é diferente de $\vec{y}$, o vetor $\vec{y} - \vec{x}$ é não-nulo, portanto a função f da Observação 6-4-1-2 é injetiva. Assim sendo, f define uma bijeção entre o intervalo $[0, 1]$ e o segmento de reta $[\vec{x}, \vec{y}]$. Segue-se que se $\vec{x}$ é diferente de $\vec{y}$ então o segmento de reta $[\vec{x}, \vec{y}]$ é um conjunto infinito não enumerável.

6-4-1-4: Decorre da Observação 6-4-1-2 que se $\vec{x}$ é diferente de $\vec{y}$ então o segmento de reta $[\vec{x}, \vec{y}]$ está contido na reta $\vec{x} + \mathcal{S}(\vec{y} - \vec{x})$ que passa pelos pontos $\vec{x}$ e $\vec{y}$.

6-4-1-5: Seja $T : \mathbb{E} \to \mathbb{E}$ a translação definida por $T(\vec{x}) = \vec{x} + \vec{a}$. Dados $\vec{x}, \vec{y} \in \mathbb{E}$, tem-se:

$$T(\vec{x} + \theta(\vec{y} - \vec{x})) =$$

CAPÍTULO 6 – POSIÇÕES RELATIVAS... **161**

$$= T((1 - \theta)\vec{x} + \theta\vec{y}) =$$

$$= (1 - \theta)\vec{x} + \theta\vec{y} + \vec{a} =$$

$$= (1 - \theta)\vec{x} + \theta\vec{y} + (1 - \theta)\vec{a} + \theta\vec{a} =$$

$$= (1 - \theta)(\vec{x} + \vec{a}) + \theta(\vec{y} + \vec{a}) =$$

$$= (1 - \theta)T(\vec{x}) + \theta T(\vec{y})$$

seja qual for $\theta \in [0, 1]$. Por conseguinte, a imagem $T([\vec{x}, \vec{y}])$ de $[\vec{x}, \vec{y}]$ pela translação T é o segmento de reta $[T(\vec{x}), T(\vec{y})]$.

6-4-1-6: Sejam $T : \mathbb{E} \to \mathbb{E}$ uma translação e $\mathbb{X} \subseteq \mathbb{E}$ um conjunto poligonalmente conexo por caminhos. Sejam $\mathbb{Y} \subseteq \mathbb{E}$ a imagem $T(\mathbb{X})$ de $\mathbb{X}$ por T e $\vec{u}, \vec{v} \in \mathbb{Y}$ dados arbitrariamente. Existem $\vec{x}, \vec{y} \in \mathbb{X}$ tais que $\vec{u} = T(\vec{x})$ e $\vec{v} = T(\vec{y})$. Como $\mathbb{X}$ é poligonalmente conexo por caminhos, existem $\vec{x}_0, \vec{x}_1, \ldots, \vec{x}_n \in \mathbb{X}$ tais que $\vec{x}_0 = \vec{x}$, $\vec{x}_n = \vec{y}$ e $\bigcup_{k=1}^{n} [\vec{x}_{k-1}, \vec{x}_k] \subseteq \mathbb{X}$. Fazendo $\vec{u}_k = T(\vec{x}_k)$, $k = 0, 1, \ldots, n$, tem-se $\vec{u}_0, \vec{u}_1, \ldots, \vec{u}_n \in \mathbb{Y}$, $\vec{u}_0 = T(\vec{x}_0) = T(\vec{x}) = \vec{u}$ e $\vec{u}_n = T(\vec{x}_n) = T(\vec{y}) = \vec{v}$. Como $\bigcup_{k=1}^{n} [\vec{x}_{k-1}, \vec{x}_k] \subseteq \mathbb{X}$, da Observação 6-4-1-5 segue:

$$\bigcup_{k=1}^{n} [\vec{u}_{k-1}, \vec{u}_k] = \bigcup_{k=1}^{n} [T(\vec{x}_{k-1}), T(\vec{x}_k)] =$$

$$= \bigcup_{k=1}^{n} T([\vec{x}_{k-1}, \vec{x}_k]) = T(\bigcup_{k=1}^{n} [\vec{x}_{k-1}, \vec{x}_k]) \subseteq$$

$$\subseteq T(\mathbb{X}) = \mathbb{Y}$$

Logo, $\mathbb{Y} = T(\mathbb{X})$ é um conjunto poligonalmente conexo por caminhos.

6-4-1-7: Seja $T : \mathbb{E} \to \mathbb{E}$ uma translação. A função T é bijetiva, portanto $\mathbb{X} = T^{-1}(T(\mathbb{X}))$ para todo conjunto $\mathbb{X} \subseteq \mathbb{E}$. A função inversa T^{-1} de T é também uma translação. Portanto, segue da Observação 6-4-1-6 que um conjunto $\mathbb{X} \subseteq \mathbb{E}$ é poligonalmente conexo por caminhos se, e somente

162 PARABOLÓIDES N-DIMENSIONAIS

se, sua imagem $T(\mathbb{X})$ por T também o é.

6-4-1-8: O segmento de reta $[\vec{x}, \vec{y}]$ é o conjunto dos vetores $\vec{u} \in \mathbb{E}$ que se escrevem como $\vec{u} = (1 - \theta)\vec{x} + \theta\vec{y}$, onde $0 \le \theta \le 1$. Fazendo $\lambda = 1 - \theta$, tem-se $0 \le \lambda \le 1$ e $\vec{u} = \lambda\vec{y} + (1 - \lambda)\vec{x}$. Portanto, $[\vec{x}, \vec{y}] = [\vec{y}, \vec{x}]$.

Seja $\mathbb{E}$ um espaço vetorial (euclidiano, de dimensão finita n maior ou igual a dois). Será demonstrado em seguida que parabolóides hiperbólicos de $\mathbb{E}$ são poligonalmente conexos por caminhos. Pelo Teorema 5-3-3 e pela Observação 6-4-1-7, pode-se admitir, sem perda de generalidade, que um parabolóide hiperbólico $\mathbb{X} \subseteq \mathbb{E}$ é o conjunto das soluções de uma equação da forma $\langle \vec{x}, A\vec{x} \rangle + \langle \vec{a}, \vec{x} \rangle = 0$, onde $A \in \text{hom}(\mathbb{E})$ é auto-adjunto de posto igual a $\dim \mathbb{E} - 1$, a forma quadrática $\vec{x} \mapsto \langle \vec{x}, A\vec{x} \rangle$ é indefinida e $\vec{a} \in \ker(A)$ é um vetor não-nulo. Em primeiro lugar, será demonstrado o seguinte teorema:

6-4-2 - Teorema: Dado um $\mathbb{E}$ um espaço vetorial de dimensão $n \ge 3$, sejam $A \in \text{hom}(\mathbb{E})$ auto-adjunto de posto $n - 1$ tal que a forma quadrática $\vec{x} \mapsto \langle \vec{x}, A\vec{x} \rangle$ é indefinida e $\vec{a} \in \ker(A)$ um vetor não-nulo. Sejam $g : \mathbb{E} \to \mathbb{R}$ a funcão quadrática definida por $g(\vec{x}) = \langle \vec{x}, A\vec{x} \rangle + \langle \vec{a}, \vec{x} \rangle$ e $\mathbb{X}$ o parabolóide hiperbólico $g^{-1}(\{0\})$. Seja $\vec{p} \in \mathbb{X}$ arbitrário. Então existe um ponto $\vec{q} \in \text{Im}(A)$ tal que o segmento de reta $[\vec{p}, \vec{q}]$ está contido em $\mathbb{X}$.

Demonstração:

(i) Sejam $\xi : \mathbb{E} \to \mathbb{R}$ a forma quadrática $\vec{x} \mapsto \langle \vec{x}, A\vec{x} \rangle$, $\mathbb{F} = \mathbb{T}_{\vec{p}}$ o espaço vetorial tangente a $\mathbb{X}$ no ponto $\vec{p}$ e $\chi : \mathbb{F} \to \mathbb{R}$ a restrição $\xi | \mathbb{F}$ de ξ a $\mathbb{F}$. Pelo Teorema 6-2-1, $\mathbb{E} = \mathbb{F} \oplus \ker(A)$. Sendo ξ indefinida, o Teorema 4-3-11 mostra que χ é indefinida. Como χ é uma forma quadrática definida no

CAPÍTULO 6 – POSIÇÕES RELATIVAS... 163

espaço vetorial $\mathbb{F}$, segue do Corolário 4-3-2 que existe um único operador linear auto-adjunto $B \in \mathrm{hom}(\mathbb{F})$ tal que $\chi(\vec{x}) = \langle \vec{x}, B\vec{x} \rangle$ para todo $\vec{x} \in \mathbb{F}$. Sejam m o posto de χ e $\mathbb{B} = \{\vec{w}_1, \ldots, \vec{w}_{n-1}\}$ (observe-se que $\dim \mathbb{F} = n - 1$, porque $\dim[\ker(A)] = 1$) uma base ortonormal de $\mathbb{F}$ formada por autovetores do operador B. O conjunto $\mathbb{K} \subseteq \mathbb{B}$ dos autovetores correspondentes aos autovalores não-nulos gera a imagem $\mathrm{Im}(B)$ (Capítulo 3, item 3-5-2) e é a reunião disjunta $\mathbb{K} = \mathbb{B}_- \uplus \mathbb{B}_+$, onde $\mathbb{B}_-$ é o conjunto dos autovetores $\vec{u} \in \mathbb{B}$ associados aos autovalores negativos e $\mathbb{B}_+$ é o conjunto dos autovetores $\vec{u} \in \mathbb{B}$ associados aos autovalores positivos. Os conjuntos $\mathbb{B}_-$ e $\mathbb{B}_+$ são ambos não-vazios, porque χ é indefinida. Seja $\mathbb{B}$ enumerada de modo que:

$$\mathbb{K} = \{\vec{w}_1, \ldots, \vec{w}_m\}$$

$$\mathbb{B}_- = \{\vec{w}_1, \ldots, \vec{w}_s\}$$

$$\mathbb{B}_+ = \{\vec{w}_{s+1}, \ldots, \vec{w}_m\}$$

Sejam λ_k $(k = 1, \ldots, m)$ os autovalores dos autovetores $\vec{w}_k$ $(k = 1, \ldots, m)$ nesta ordem. Seja $\mathbb{Y} = \chi^{-1}(\{0\})$. Fazendo:

$$a_k = \frac{1}{\sqrt{|\lambda_k|}}, \quad k = 1, \ldots, m$$

tem-se que $\mathbb{Y}$ é o conjunto das soluções $\vec{x} \in \mathbb{F}$ da equação:

(6.38)
$$-\sum_{k=1}^{s} \frac{\langle \vec{x}, \vec{w}_k \rangle^2}{a_k^2} + \sum_{k=s+1}^{m} \frac{\langle \vec{x}, \vec{w}_k \rangle^2}{a_k^2} = 0$$

Como $\mathbb{Y}$ é o conjunto das soluções de (6.38), segue-se:

(6.39)
$$a_\mu \vec{w}_\mu \pm a_\nu \vec{w}_\nu \in \mathbb{Y}$$

valendo (6.39) para cada $\mu \in \{1, \ldots, s\}$ e para cada $\nu \in \{s+1, \ldots, m\}$. Seja $\mathbb{V} \subseteq \mathbb{F}$ o conjunto dos vetores $a_\mu \vec{w}_\mu \pm a_\nu \vec{w}_\nu$, onde $\mu \in \{1, \ldots, s\}$ e $\nu \in \{s+1, \ldots, m\}$. Tem-se:

164 PARABOLÓIDES N-DIMENSIONAIS

(6.40)
$$\boxed{V \subseteq Y}$$

Para cada $i = 1, \ldots s$ e para cada $k = s + 1, \ldots, m$, valem as seguintes igualdades:

$$\vec{w}_i = \frac{1}{2a_i}[a_i\vec{w}_i + a_m\vec{w}_m + (a_i\vec{w}_i - a_m\vec{w}_m)]$$

$$\vec{w}_k = \frac{1}{2a_k}[a_1\vec{w}_1 + a_k\vec{w}_k - (a_1\vec{w}_1 - a_k\vec{w}_k)]$$

Uma vez que $a_i\vec{w}_i \pm a_m\vec{w}_m \in V$ para $i = 1, \ldots, s$ e $a_1\vec{w}_1 \pm a_k\vec{w}_k \in V$ para $k = s + 1, \ldots, m$, segue-se:

(6.41)
$$\boxed{\mathbb{K} = \{\vec{w}_1, \ldots, \vec{w}_m\} \subseteq \mathcal{S}(\mathbb{V})}$$

e a relação (6.41) fornece:

(6.42)
$$\boxed{\text{Im}(B) = \mathcal{S}(\mathbb{K}) \subseteq \mathcal{S}(\mathbb{V})}$$

Os vetores do conjunto $\mathbb{V}$ pertencem a $\text{Im}(B)$, pois são combinações lineares dos vetores $\vec{w}_k$ $(k = 1, \ldots, m)$. Por esta razão, se tem $\mathcal{S}(\mathbb{V}) \subseteq \text{Im}(B)$. Desta inclusão e de (6.42) resulta:

(6.43)
$$\boxed{\mathcal{S}(\mathbb{V}) = \text{Im}(B)}$$

Decorre de (6.43) que $\mathbb{V}$ é um conjunto de geradores do espaço vetorial $\text{Im}(B)$. Logo existe uma base $\mathbb{B}_1$ de $\text{Im}(B)$ tal que $\mathbb{B}_1 \subseteq \mathbb{V}$. Por (6.40), tem-se $\mathbb{B}_1 \subseteq \mathbb{Y}$. Seja agora $\mathbb{B}_2$ uma base de $\ker(B)$. Como $\chi(\vec{x}) = \langle \vec{x}, B\vec{x} \rangle = 0$ seja qual for $\vec{x} \in \ker(B)$, segue-se que $\mathbb{B}_2 \subseteq \mathbb{Y}$. Como $\mathbb{F} = \ker(B) \oplus \text{Im}(B)$, a reunião $\mathbb{B}_1 \uplus \mathbb{B}_2$ é uma base de $\mathbb{F}$. Portanto, o conjunto $\mathbb{Y} = \chi^{-1}(\{0\})$ contém uma base de $\mathbb{F}$.

(ii) Sendo o posto de A igual a $n - 1$, a dimensão de $\ker(A)$ é igual a um. Como $\vec{a} \in \ker(A)$ é não-nulo, segue-se que $\ker(A)$ é o subespaço $\mathcal{S}(\vec{a})$ gerado pelo vetor $\vec{a}$. Assim sendo, se $2A\vec{p} + \vec{a} \in \ker(A)$ então $2A\vec{p} + \vec{a} = \lambda\vec{a}$ para algum $\lambda \in \mathbb{R}$. Para este λ, tem-se $2A\vec{p} = (\lambda - 1)\vec{a}$. Como $\mathbb{E} = \text{Im}(A)$

CAPÍTULO 6 – POSIÇÕES RELATIVAS... 165

$\oplus \ker(A)$ (o operador A é auto-adjunto), $\vec{a} \in \ker(A)$ e $2A\vec{p} \in$ Im(A), a igualdade $2A\vec{p} = (\lambda - 1)\vec{a}$ dá $2A\vec{p} = (\lambda - 1)\vec{a} = \vec{o}$. Portanto, $A\vec{p} = \vec{o}$, donde $\vec{p} \in \ker(A)$. Logo, $\vec{p} = \theta\vec{a}$ para algum $\theta \in \mathbb{R}$. Como $\vec{p}$ pertence a $\mathbb{X}$, tem-se $\langle \vec{p}, A\vec{p} \rangle + \langle \vec{a}, \vec{p} \rangle = \theta^2\vec{a} = 0$. Desta igualdade obtém-se $\theta = 0$, e $\vec{p} = \theta\vec{a} = \vec{o}$. Comclui-se então que $2A\vec{p} + \vec{a} \in \ker(A)$ se, e somente se, $\vec{p} = \vec{o}$. No caso afirmativo, $\mathbb{T}_{\vec{p}} = [\mathcal{S}(2A\vec{p} + \vec{a})]^{\perp} = [\mathcal{S}(\vec{a})]^{\perp} = [\ker(A)]^{\perp} = $ Im(A).

(iii) Se $\vec{p} \in$ Im(A) então $\langle \vec{a}, \vec{p} \rangle = 0$, porque $\vec{a} \in \ker(A)$ e $\ker(A) = [$Im$(A)]^{\perp}$. Como $\vec{p} \in \mathbb{X}$, tem-se $\langle \vec{p}, A\vec{p} \rangle + \langle \vec{a}, \vec{p} \rangle = 0$, e portanto $\langle \vec{p}, A\vec{p} \rangle = 0$. Logo, $g(\theta\vec{p}) = \theta^2\langle \vec{p}, A\vec{p} \rangle + \theta\langle \vec{a}, \vec{p} \rangle = 0$ para todo $\theta \in \mathbb{R}$. Segue-se que o subespaço $\mathcal{S}(\vec{p})$ gerado por $\vec{p}$ está contido em $\mathbb{X}$. Assim sendo, $[\vec{o}, \vec{p}] = [\vec{p}, \vec{o}] \subseteq \mathbb{X}$. Supondo agora que $\vec{p}$ não pertence a Im(A), seja:

$$\mathbb{W}_{\vec{p}} = \{\vec{w} \in \mathbb{E} \setminus \{\vec{o}\} : \vec{p} + \mathcal{S}(\vec{w}) \subseteq \mathbb{X}\}$$

Noutros termos, $\mathbb{W}_{\vec{p}}$ é o conjunto dos vetores não-nulos $\vec{w} \in \mathbb{E}$ tais que a reta $\vec{p} + \mathcal{S}(\vec{w}) \subseteq \mathbb{X}$. Como $\mathbb{X}$ é um parabolóide hiperbólico, o Teorema 6-2-8 mostra que o conjunto $\mathbb{W}_{\vec{p}}$ é não-vazio. Por sua vez, a Observação 5-2-1-11 conduz a:

$$\vec{w} \in \mathbb{W}_{\vec{p}} \iff \vec{p} + \mathcal{S}(\vec{w}) \subseteq \mathbb{X} \iff$$

$$\iff \langle \vec{w}, A\vec{w} \rangle = \langle 2A\vec{p} + \vec{a}, \vec{w} \rangle = 0 \iff$$

$$\iff \vec{w} \in \mathbb{T}_{\vec{p}} \cap \xi^{-1}(\{0\})$$

Logo,

(6.44)
$$\boxed{\mathbb{W}_{\vec{p}} = \mathbb{T}_{\vec{p}} \cap \xi^{-1}(\{0\}) = (\xi | \mathbb{T}_{\vec{p}})^{-1}(\{0\})}$$

A forma quadrática ξ sendo indefinida, segue de (6.44) e do item (i) acima que $\mathbb{W}_{\vec{p}}$ contém uma base $\mathbb{B}$ do espaço vetorial $\mathbb{T}_{\vec{p}}$. Se fosse $\langle \vec{a}, \vec{w} \rangle = \vec{o}$ para todo $\vec{w} \in \mathbb{B}$, ter-se-ia $\mathbb{B} \subseteq \{\vec{a}\}^{\perp} = [\mathcal{S}(\vec{a})]^{\perp} = [\ker(A)]^{\perp} = $ Im(A), e portanto $\mathbb{T}_{\vec{p}} = \mathcal{S}(\mathbb{B}) \subseteq$ Im(A). Como $\dim \mathbb{T}_{\vec{p}} = \dim[Im(A)] = n - 1$, a inclusão $\mathbb{T}_{\vec{p}}$

166 PARABOLÓIDES N-DIMENSIONAIS

$\subseteq \text{Im}(A)$ dá $\mathbb{T}_{\vec{p}} = \text{Im}(A)$. Desta igualdade e do item (ii) segue $\vec{p} = \vec{o}$, uma contradição. Logo, existe $\vec{w} \in \mathbb{B}$ tal que o número $\langle \vec{a}, \vec{w} \rangle$ é diferente de zero. Para este $\vec{w}$, a interseção $[\vec{p} + \mathcal{S}(\vec{w})] \cap \text{Im}(A)$ possui um único elemento $\vec{q}$, que é:

$$\vec{q} = \vec{p} - \frac{\langle \vec{a}, \vec{p} \rangle}{\langle \vec{a}, \vec{w} \rangle} \vec{w}$$

(observe-se que $\text{Im}(A) = [\mathcal{S}(\vec{a})]^{\perp}$, portanto é o conjunto das soluções da equação $\langle \vec{a}, \vec{x} \rangle = 0$). Como $\vec{w} \in \mathbb{B}$ e $\mathbb{B} \subseteq \mathbb{W}_{\vec{p}}$, tem-se $\vec{w} \in \mathbb{W}_{\vec{p}}$, donde $\vec{p} + \mathcal{S}(\vec{w}) \subseteq \mathbb{X}$. Como $\vec{q} \in \vec{p} + \mathcal{S}(\vec{w})$ e $\vec{p}$ é diferente de $\vec{q}$ (pois $\vec{q}$ pertence a $\text{Im}(A)$ e $\vec{p}$ não pertence a $\text{Im}(A)$) segue-se $\vec{p} + \mathcal{S}(\vec{w}) = \vec{p} + \mathcal{S}(\vec{q} - \vec{p})$. Desta forma, tem-se $[\vec{p}, \vec{q}] \subseteq \vec{p} + \mathcal{S}(\vec{w}) \subseteq \mathbb{X}$. Com isto, termina a demonstração.

6-4-3 - Teorema: Dado um espaço vetorial $\mathbb{E}$, seja $\mathbb{X} \subseteq \mathbb{E}$ um parabolóide hiperbólico. Então $\mathbb{X}$ é poligonalmente conexo por caminhos.

Demonstração: Pelo Teorema 5-3-3 e pela Observação 6-4-1-7, pode-se admitir, sem perda de generalidade, que $\mathbb{X}$ é o conjunto das soluções $\vec{x} \in \mathbb{E}$ de uma equação da forma:

$$\langle \vec{x}, A\vec{x} \rangle + \langle \vec{a}, \vec{x} \rangle = 0$$

onde $A \in \text{hom}(\mathbb{E})$ é auto-adjunto de posto igual a $\dim \mathbb{E} - 1$ e $\vec{a} \in \ker(A)$ é não-nulo. Sejam então $\vec{p}_1, \vec{p}_2 \in \mathbb{X}$ quaisquer. Pelo Teorema 6-4-2, existem $\vec{q}_1, \vec{q}_2 \in \text{Im}(A)$ de modo que $[\vec{p}_1, \vec{q}_1] \subseteq \mathbb{X}$ e $[\vec{q}_2, \vec{p}_2] \subseteq \mathbb{X}$ (v. Observação 6-4-1-8). Como $\vec{q}_1, \vec{q}_2 \in \mathbb{X} \cap \text{Im}(A)$, o Teorema 6-4-2 mostra que se tem $[\vec{q}_1, \vec{o}] \subseteq \mathbb{X}$ e $[\vec{o}, \vec{q}_2] \subseteq \mathbb{X}$. Portanto, $[\vec{p}_1, \vec{q}_1] \cup [\vec{q}_1, \vec{o}] \cup [\vec{o}, \vec{q}_2] \cup [\vec{q}_2, \vec{p}_2] \subseteq \mathbb{X}$, e o resultado segue.

O Teorema 6-4-3 diz que parabolóides hiperbólicos

CAPÍTULO 6 – POSIÇÕES RELATIVAS... 167

são poligonalmente conexos por caminhos. Será mostrado em seguida que *somente* os parabolóides hiperbólicos têm esta propriedade. Noutros termos, um parabolóide X de um espaço vetorial (euclidiano, de dimensão finita n maior ou igual a dois) é poligonalmente conexo por caminhos se, e somente se, é hiperbólico. Para tanto, será mostrado que parabolóides elípticos não são poligonalmente conexos por caminhos.

6-4-4 - Teorema: Dado um espaço vetorial $\mathbb{E}$, seja $X \subseteq \mathbb{E}$ um parabolóide elíptico. Então X não é poligonalmente conexo por caminhos.

Demonstração: Pelo Teorema 5-3-3 e pela Observação 6-4-1-7, pode-se admitir, sem perda de generalidade, que X é o conjunto das soluções $\vec{x} \in \mathbb{E}$ de uma equação da forma $\langle \vec{x}, A\vec{x} \rangle + \langle \vec{a}, \vec{x} \rangle = 0$, onde $A \in \hom(\mathbb{E})$ é auto-adjunto de posto igual a $\dim \mathbb{E} - 1$, a forma quadrática $\vec{x} \mapsto \langle \vec{x}, A\vec{x} \rangle$ é *não-negativa* e $\vec{a} \in \ker(A)$ é não-nulo. Desta forma, sejam $\vec{p}, \vec{q} \in X$ com $\vec{p}$ diferente de $\vec{q}$ (pela Observção 5-3-5-4 X é um conjunto infinito, logo estes pontos existem). Supondo que X é poligonalmente conexo por caminhos, sejam $\vec{x}_0, \vec{x}_1, \ldots, \vec{x}_n \in X$ de modo que $\vec{x}_0 = \vec{p}$, $\vec{x}_n = \vec{q}$ e $\bigcup_{k=1}^{n} [\vec{x}_{k-1}, \vec{x}_k] \subseteq X$. Como $\vec{x}_0 = \vec{p}$, $\vec{x}_1 = \vec{q}$ e $\vec{p}$ é diferente de $\vec{q}$, existe $l \in \{1, \ldots, n\}$ tal que $\vec{x}_{l-1}$ é diferente de $\vec{x}_l$. Para este l, o segmento de reta $[\vec{x}_{l-1}, \vec{x}_l]$ é um conjunto infinito e está contido na reta $\mathbb{D} = \vec{x}_{l-1} + \mathcal{S}(\vec{x}_l - \vec{x}_{l-1})$. Como $[\vec{x}_{l-1}, \vec{x}_l] \subseteq \bigcup_{k=1}^{n} [\vec{x}_{k-1}, \vec{x}_k] \subseteq X$, segue-se $[\vec{x}_{l-1}, \vec{x}_l] \subseteq \mathbb{D} \cap X$. Logo, a interseção $\mathbb{D} \cap X$ é um conjunto infinito. Por outro lado, o Teorema 6-2-2 diz que $\mathbb{D} \cap X$ é um conjunto finito. Resulta desta contradição que X não é poligonalmente conexo por caminhos, como se queria demonstrar.

Bibliografia

AXLER, S. *Linear Algebra done right*. Nova York: Springer, 1997. 251p.

BIRKHOFF, G., MacLANE, S. – *Algebra*. New York: MacMillan, 1967. 400p.

BOULOS, P., CAMARGO, I. – *Geometria Analítica, Um Tratamento Vetorial*. São Paulo: McGraw-Hill, 1986. 382 p.

COELHO, F. U., LOURENÇO, M. L. *Um curso de Álgebra Linear*. São Paulo: Edusp, 2001. 245p.

CRISPINO, M. L. *Variedades Lineares e Hiperplanos*. Rio de Janeiro: Ciência Moderna, 2008. 288 p.

DIEUDONNÉ, J. *Algèbre Linéaire et Géometrie Élémentaire*. Paris: Hermann, 1964. 222p.

DILLSTRÖM, P. ProSINTAP – A probabilistic program implementing the SINTAP procedure. *Engineerig Fracture Mechanics*, Londres, n° 67, p. 647-668, 2000.

FRANCIS, M., RAHMAN, S. – Probabilistic Analysis of Weld Cracks in Center-craked Tension Specimens. Computers and Structures n° 76, New York, 2000, p. 483-506.

GODEMENT, R. *Cours d'Algebre*. Paris: Hermann, 1970. 663p.

GREUB, W. *Linear Algebra*. Nova York: Springer, 1981. 453p.

GUIDORIZZI, H. L. *Um Curso de Cálculo, Vol. 2*. Rio de Janeiro: LTC, 2001. 476 p.

HALMOS, P. R. *Espaços Vetoriais de Dimensão Finita*. Rio de Janeiro: Campus, 1978. 199 p.

HERSTEIN, I. *Tópicos de Álgebra*. São Paulo: Polígono, 1978. 414p.

HOFFMAN, K., KUNZE, R. *Álgebra Linear*. São Paulo. Polígono, 1971. 354p.

KWON, S. et al. – Fitting Range Data to Primitives For

BIBLIOGRAFIA 169

Rapid Local 3D Modeling Using Sparse Range Point Clouds. Automation in Construction nº 13, New York, 2004, p. 67-81.

LANG, S. *Álgebra Linear.* Rio de Janeiro: Ciência Moderna, 2003. 405p.

LIMA, E. L. *Análise Real, Vol 1.* Rio de Janeiro: IMPA, CNPq, 1993. 189 p.

LIMA, E. L. *Álgebra Linear.* 5ª ed. Rio de Janeiro: IMPA, CNPq, 2001. 357p.

MELOUN, M. et al. – The Thermodinamic Dissociation Constants of Haemanthamine, Lisuride, Metergoline and Nicergoline by the Regression Analysis of Spectrophotometric Data. Analytica Chimica Acta nº 543, New York, 2005, p. 254-266.

MITTEAU, J. – Error Evaluations For The Computation of Failure Probability in Static Structural Reliability Problems. Probablistic Engineering Mechanics nº 14, New York, 1999, p. 119-135.

MOURA, C. A. – *Análise Funcional Para Aplicações, Posologia.* Rio de Janeiro: Ciência Moderna, 2002. 217p.

NIEVERGELT, Y. – A Tutorial History of Least Squares With Applications to Astronomy and Geodesy. Journal of Computational and Applied Mathematics, v. 121, New York, 2000, p. 37-72.

PASTOR, J. R. et al. – *Geometria Analitica.* Buenos Aires: Kapelusz, 1955. 535 p.

RAHMAN, S. – Probabilistic Fracture Mechanics: *J*-Estimation And Finite Element Methods. Engineering Fracture Mechanics nº 68, New York, 2001, p. 107-125.

RODRIGUES, A. A. M., OLIVA, W. M. – *Quádricas num Espaço Afim Euclidiano.* São Paulo: Sociedade Matemática de São Paulo, 1961. 52 p.

RODRIGUES, A. A. M. – *Álgebra Linear e Geometria*

170 PARABOLÓIDES N-DIMENSIONAIS

Euclideana. Poços de Caldas: IMPA, CNPq, 1965. 155p.
TAYLOR, A. – *Introduction to Functional Analysis*. New York:
John Wiley, 1958. 423 p.

ÍNDICE

A
Assinatura 52

B
Base
  canônica de $\mathbb{R}^n$ 5
  dual 20
Bola aberta 131

C
Cônica, 73
Conjunto
  poligonalmente conexo por caminhos 160
  simétrico relativamente a uma reta 115

D
Dimensão de uma variedade linear 6
Distância
  de um conjunto a outro 7
  de um ponto a um conjunto 7,8
  de um ponto a um hiperplano 26
  de um ponto a outro 7

E
Eixo 112
Equação
  característica 75
  de uma quádrica 73
Espaço vetorial
  euclidiano 8
  isomorfo a outro 7
  tangente 130

F
Foco 127
Forma bilinear 30
  anti-simétrica 30
  simétrica 30
Forma quadrática 37
  indefinida 52
  não-negativa 52
  não-positiva 52
  negativa 52
  positiva 52
Função quadrática 64

H
Hiperplano 7
  com vetor normal 23
  diretor 127
  tangente 130

I
Índice 52

Isomorfismo 7
L
LD 5
LI 5

M
MATHCAD® 52,75,105,108
MATLAB® 52,75
Matriz
  de Gram 8
  de uma forma bili- near 31,32
  de uma forma quadrática 39

172 PARABOLÓIDES *N*-DIMENSIONAIS

N
Normal 133

P
Parábola 101
Parabolóide 101
  de revolução 101
  elíptico 101
  hiperbólico 101
Plano 6
Polinômio característico 48, 49
Produto interno canônico 29, 72, 128
Projeção ortogonal sobre uma reta 113
Propriedade refletora dos parabolóides de revolução, 133
Propriedades refletoras das parábolas, 141, 142

Q
Quádrica, 72
  rotacionada, 76

R
Reflexão 113
Reta 6
  normal a um parabolóide de revolução 133

que passa por dois pontos 21
  tangente 130

S
Segmento de reta 159, 160
Simétrico 113
Subespaço maximal 6, 7

T
Teorema da Extensão 15
Transformação afim 7

U
Unicidade da representação 92

V
Variedade linear 6
  de dimensão n 6
Vértice 112
Vetor normal
  a um hiperplano 23
  a um parabolóide de revolução 133

Impressão e acabamento
Gráfica da Editora Ciência Moderna Ltda.
Tel: (21) 2201-6662